环境工程实用技术丛书

工业脱硫脱硝技术

GONGYE TUOLIU TUOXIAO JISHU

丁真真 曹利 主编

化学工业出版社
·北京·

内容简介

本书从脱硫脱硝基础知识入手，对燃烧前煤炭洗选和煤炭转化脱硫技术、燃烧中脱硫技术、燃烧后烟气脱硫技术、氮氧化物排放控制技术及烟气同时脱硫脱硝技术的原理、工艺特点以及在应用中的注意问题和国内外技术的发展状况做了解答，最后还简单介绍了 SO_2、NO_x 与其他污染物协同控制技术。

本书资料翔实、实用性强，可供从事工业脱硫脱硝污染治理及控制的初、中级环境保护职业技术和管理人员参考使用，也适合高等院校相关专业师生、环保爱好者和宣传工作者参考。

图书在版编目（CIP）数据

工业脱硫脱硝技术 / 丁真真，曹利主编. -- 北京：化学工业出版社，2024.11. --（环境工程实用技术丛书）. -- ISBN 978-7-122-39039-4

Ⅰ. X701

中国国家版本馆 CIP 数据核字第 2024HA6119 号

责任编辑：左晨燕　　　　装帧设计：史利平
责任校对：宋　玮

出版发行：化学工业出版社
（北京市东城区青年湖南街 13 号　邮政编码 100011）
印　　装：北京天宇星印刷厂
787mm×1092mm　1/16　印张 15¼　字数 349 千字
2025 年 1 月北京第 1 版第 1 次印刷

购书咨询：010-64518888　　售后服务：010-64518899
网　　址：http：//www. cip. com. cn
凡购买本书，如有缺损质量问题，本社销售中心负责调换。

定　　价：128.00 元　

前言

随着工业的飞速发展，我国工业废气排放量与日俱增，从而带来严重的环境问题。在此背景下，我国对工业废气进行了重点治理，相关举措已初见成效。近十年来，我国工业废气排放标准日益严格，排放总量逐年下降。工业废气治理的重点内容是对其进行脱硫脱硝，主要涉及火电、钢铁、化工等行业，其中火电行业脱硫脱硝发展最为迅速，技术工艺相对成熟；其他行业废气治理则发展相对缓慢。近年来，为推进重点行业废气脱硫脱硝深度处理，国家密集地出台了一系列相关政策和法规，以期解决工业废气治理当中存在的问题，与此同时，促进工业废气脱硫脱硝行业的技术发展。

为响应国家政策号召，本书通过问答的形式，主要对国内外现有的各类脱硫脱硝工艺进行介绍，以使读者能够对工业废气脱硫脱硝技术有一个详细的认识。在编写过程中，本书既注重理论知识的梳理，又强调实际操作，希望能对从事工业废气处理的技术工作人员有所帮助。本书分为七部分，主要包括脱硫脱硝的基础知识、燃烧前煤炭洗选和煤炭转化脱硫技术、燃烧中脱硫技术、燃烧后烟气脱硫技术、氮氧化物排放控制技术、烟气同时脱硫脱硝技术及 SO_2、NO_x 与其他污染物的协同控制等。

本书在编写过程中参考了许多期刊、教材以及其他专业书籍，在此向有关作者表示敬意和感谢。由于参考文献众多，可能存在文献遗漏，在此对原作者表示歉意，并在今后加以补充修正。

本书由丁真真、曹利担任主编，参加编写的人员有西安国祯环保工程有限公司冯博、崔静，西安建筑科技大学秦彩虹等。

由于编者水平有限，本书有些问题研究还不够深入，论述也未必适当，加之时间仓促，疏误之处在所难免，恳请专家和广大读者批评指正。在此谨向为本书的出版辛勤工作的同志们致以深切的谢意。

编者

2024.3

目 录

一、基础知识 1

基础知识

（一）脱硫脱硝基本概念

1 大气中 SO_2 的危害有哪些?

SO_2 是一种无色、具有强烈刺激性气味的气体，是目前大气污染物中含量较大、影响面较广的一种气态污染物。SO_2 排入大气后将对人体健康和生态环境造成很大危害。

SO_2 对人体健康的影响主要是通过呼吸道系统进入人体，与呼吸器官作用，引起或加重呼吸器官疾病，如呼吸道炎症、支气管炎、肺气肿，也会因为刺激性导致眼结膜炎症等。对植物，主要是通过叶面气孔进入植物体内，在细胞或细胞液中生成 SO_3^{2-}、HSO_3^- 和 H^+，从而对植物造成危害。研究表明，在高浓度 SO_2 环境中，植物会产生急性反应，叶片表面产生坏死斑甚至叶片直接枯萎脱落；在低浓度 SO_2 环境中，植物的生长机能受到影响，对农产品而言，会造成产量下降，品质变差。

大气中的 SO_2 及其生成物也是形成酸雨的主要污染物，其通过干、湿沉降两种方式回到地面，造成严重危害，损害生物和自然生态系统，使金属表面产生严重的腐蚀，使纺织品、纸品、皮革制品等腐蚀破损，使金属涂料变质，降低其保护作用。SO_2 对金属的腐蚀，特别是对钢材的腐蚀，每年给国民经济造成很大的损失。据估计，工业发达国家每年因为金属腐蚀而造成的直接损失约占国民经济总产值的 2%～4%。

当大气中的 SO_2 氧化形成硫酸和硫酸烟雾时，其刺激和危害更加显著。根据动物实验表明，硫酸烟雾引起的生理反应要比单一 SO_2 气体强 4～20 倍。

2 大气中氮氧化物对人体的危害有哪些?

氮氧化物（NO_x）是造成大气污染的主要污染物之一。我们通常所说的氮氧化物主要包括一氧化二氮（N_2O）、一氧化氮（NO）、三氧化二氮（N_2O_3）、二氧化氮（NO_2）、四氧化二氮（N_2O_4）、五氧化二氮（N_2O_5）等，其中 NO 和 NO_2 所占比例最大。

各种污染源产生的氮氧化物中，绝大部分为 NO，其危害主要表现为与血红蛋白作用，降低血液的输氧功能。在无氧条件下，NO 对血红蛋白的亲和性是 CO 的 1400 倍，相当于氧的30万倍，所以吸入NO可使机体迅速处于缺氧窒息状态，引起大脑受损，产生中枢神经麻痹和痉挛。在室温条件下，NO能够转化为NO_2。NO_2的毒性高于NO，主要表现在对眼睛的刺激和对呼吸机能的影响，刺激和腐蚀灼伤肺组织，使呼吸急促。NO_2深入下呼吸道，引发支气管扩张症，甚至中毒性肺炎和肺水肿，呈现呼吸道阻力增加，动脉血氧分压降低，肺泡巨噬细胞障碍和牙齿酸蚀等症状。NO_2还会损坏心、肝、肾的功能和造血组织，严重的可导致死亡。人体暴露在NO_2环境中，体积浓度在25×10^{-6}就能致病，在500×10^{-6}的浓度下将造成死亡。此外，NO_2溶于水会生成硝酸和亚硝酸，与碱性物质反应生成硝酸盐和亚硝酸盐，人体一旦摄入并积聚此类物质，就有可能导致肝癌和食道癌。

NO_x是光化学烟雾和酸雨的前体物质。大气中NO_x和挥发性有机物（VOCs）达到一定浓度时，在太阳光照射下，经过一系列复杂的光化学反应，就会产生以O_3和过氧乙酰硝酸酯（PAN）等为主要产物的光化学烟雾。由于我国大气中VOCs浓度较高，光化学烟雾的产生主要受NO_x制约，大气NO_x浓度的微小增加都会加重光化学烟雾的污染。光化学烟雾不仅对人的眼睛和呼吸系统产生强烈的刺激和危害，而且也是能见度的主要影响因素。此外，光化学烟雾也能使植物组织机能衰退，生长受阻、落叶、落果，造成作物产量下降。

NO_x也是形成酸雨的前体物。值得注意的是，硝酸型酸雨的危害强于硫酸型酸雨，这是因为它对水体的酸化、对土壤的淋溶贫化、对作物和森林的灼伤毁坏、对建筑物和文物的腐蚀损伤等方面作用能力更强，因此造成的社会经济损失不会低于硫酸型酸雨。不同的是，NO_x干、湿沉降能给土地增添有益氮分，但这种利远小于弊。实际上，在某些地方，还可能因为NO_x的干、湿沉降而加速地表水富营养化，从而对水生和陆地的生态系统造成破坏。除此之外，NO_x还会参与臭氧层的破坏。

3 我国二氧化硫和氮氧化物的人为排放污染源有哪些？

SO_2的人为排放源有以煤和石油为燃料的火力发电厂、工业锅炉、垃圾焚烧、生活取暖、柴油发动机、金属冶炼厂、造纸厂等。

NO_x的人为排放源分为固定源和流动源。固定源以燃料燃烧过程产生的量最多，其中在所有燃料燃烧排放的NO_x中，70%来自煤炭的直接燃烧，固定源是NO_x排放的主要来源；流动源排放的NO_x主要指机动车尾气，流动源排放的NO_x已成为我国少数大城市空气中的主要污染物。

4 我国的能源结构情况如何？

我国的能源结构总体呈现出以下主要特征。

（1）以煤为主的能源结构

从总量看，我国水能资源、煤炭探明储量、石油探明储量和天然气探明储量分别居世界第1位、第3位、第15位和第12位。截至2011年底，我国煤炭已探明储量为1145亿吨，占世界总探明储量的13.3%，石油占0.9%，天然气占1.5%；但从人均探明煤炭储量来看，我国仅相当于世界平均水平的68%（石油仅为4.6%，天然气仅为7.5%）。据专家分析，我国石油、天然气资源短缺，人均水资源相对不足，煤炭是保障国家能源安全最重要的资源。

（2）能源结构不断优化

我国能源资源的基本特点（富煤、贫油、少气）决定了煤炭在一次能源中的重要地位。自2009年起，国家大力发展太阳能、生物质、风力发电等可再生能源，煤炭在我国能源消费中的比重逐渐下降，清洁能源比重逐渐提高。2010年，我国能源消费总量为32.5亿吨标准煤，煤炭消费量占能源消费总量的66.1%，天然气、核电、水电及其他可再生能源占能源消费总量约13.4%；2023年，我国的能源消费总量为57.2亿吨标准煤，煤炭消费量占能源消费总量的比重下降至55.3%，天然气、水电、核电、风电、太阳能发电等清洁能源消费量的比重增加至26.4%。在碳达峰、碳中和的背景下，我国能源结构将不断优化，到2060年，非化石能源消费比重将达到80%以上。

5 燃烧过程中 SO_2 是如何形成的?

大部分有机燃料都含有一定的硫。硫在燃料中的化学形态因燃料而异。在天然气中，硫主要以 H_2S 的形式存在。在石油制品中，硫与羟类化合物化学键合，以有机硫形式存在。煤中很大一部分硫分以细的黄铁矿晶体的形式存在，也有一部分硫以有机硫形式存在。在燃料燃烧时，无论是有机硫还是无机硫，大部分都转化为 SO_2，还有少量转化为 SO_3。

实际上，不论是在贫燃状态还是富燃状态下，SO_3 的生成量都比较小。在富燃状态下，还有其他形式的硫氧化物生成，如一氧化硫（SO）及其二聚物［$(SO)_2$］，少量一氧化二硫（S_2O）等。不过由于这些硫氧化物的化学反应能力强，所以在各种氧化反应中仅以中间产物的形式出现。燃料燃烧时，若空气过剩系数大于1，则全部生成 SO_2；若空气过剩系数小于1，有机硫主要分解成 SO_2，还有S、H_2S、SO等；在完全燃烧时，约有0.5%～2.0%的 SO_2 进一步氧化生成 SO_3。

6 燃烧过程中氮氧化物是怎样形成的?

NO_x 按照形成机理可以分为三类：

① 瞬时型 NO_x 是低温火焰区碳自由基与助燃气中的 N_2 反应生成原子N，后者与氧反应生成的 NO_x。

② 热力型 NO_x 是空气中的氮气和氧气在高温下反应生成的 NO_x，温度对 NO_x 的形成有重要的作用。根据这一机理，只要降低燃烧区的温度，避免产生局部高温区，就可以减少 NO_x 的形成。

③ 燃料型 NO_x 是由燃料中固定氮生成的 NO_x。燃料中氮的形态多为含C—N键的有机化合物，燃烧时，大部分燃料氮首先在火焰中转化为HCN，然后转化为NH或

NH_2。NH 和 NH_2 能够与氧反应生成 NO。

7 我国 SO_2 污染现状如何？

我国是世界上最大的煤炭生产和消费国，也是世界上少数几个以燃煤为主要能源的国家之一，我国排放的 SO_2 绝大部分来源于燃煤。1995 年，我国 SO_2 排放量达到了 2370 万吨，已经超过欧洲和美国，位居世界首位。随着国家对 SO_2 等主要污染物实施总量控制和能源结构的调整，我国 SO_2 排放总量在逐步减少，但是目前在全球仍居高位。

2006 年，我国燃煤电厂全面启动以工程减排为主要手段的 SO_2 污染控制工作，因此，SO_2 排放量在达到 2589 万吨的峰值后逐年降低。2010 年，全国 SO_2 排放量约 2185 万吨，2020 年 318.22 万吨，2022 年 243.52 万吨，表明我国 SO_2 污染治理成效巨大。

SO_2 的大量排放还造成了我国酸雨污染的迅速发展。2006 年全国酸雨发生频率在 5%以上的区域占国土面积的 32.6%，酸雨发生频率在 25%以上的区域占国土面积的 15.4%；2022 年，酸雨区面积约占陆域国土面积的 5%，全国酸雨发生频率在 25%以上的区域占国土面积的 14.5%，较重酸雨区面积占 0.07%。历经二十余年，我国 SO_2 污染在得到有效控制的同时，全国酸雨区和较重酸雨区面积显著降低，酸雨污染也得到了有效控制。

8 我国氮氧化物污染现状如何？

大气中的 NO_x 几乎有一半以上是由人为污染源所产生的。NO_x 污染主要来源于生活中所使用的煤、石油、天然气等化石燃料的燃烧，是电力、化学、国防等工业以及锅炉和内燃机等设备所排放气体中的有毒物质之一。NO_x 以燃料燃烧过程中所产生的量最多，约占 30%以上，其中 70%来自煤炭直接燃烧。

由于我国能源消耗量将随着经济发展不断增长，据估计，如果不进行有效的控制，我国到 2030 年 NO_x 排放量将达到 3540 万吨。NO_x 将对我国大气环境造成严重的污染。《节能减排“十二五”规划》首次将 NO_x 排放量纳入控制指标，提出到 2015 年全国 NO_x 排放总量比 2010 年减少 10%。《“十三五”节能减排综合工作方案》则要求到 2020 年，全国 NO_x 排放总量比 2015 年减少 15%。根据国家统计局数据，2010 年我国 NO_x 排放量约为 2274 万吨，2015 年为 1851.02 万吨，2020 年为 1019.66 万吨。2011 年至今，我国氮氧化物排放量呈现波动下降的趋势。虽通过电力行业全面实现超低排放和汽柴油车全面实施国Ⅴ/国Ⅵ排放标准，2020 年 NO_x 排放量仍超过 1000 万吨，其中 90%来自固定源烟气和流动源尾气排放。

随着 NO_x 排放问题的凸显，酸雨污染已从硫酸型向硫酸、硝酸复合型转变，许多大中城市 $PM_{2.5}$ 中硝酸盐占比超过硫酸盐占比，使得 NO_x 排放控制更加迫切。

9 酸雨是如何形成的？

酸雨是指 pH 小于 5.6 的雨雪或其他形式的降水，主要是人为地向大气中排放大量酸性物质所造成的。酸雨中的阴离子主要是硝酸根和硫酸根，根据两者在酸雨样品中的浓度可以判定降水的主要影响因素是二氧化硫还是氮氧化物。我国的酸雨多数为硫酸雨，少数为硝酸雨。

酸雨的形成机理可以大致分为两个过程：一是污染物的云内成雨清除过程；二是云下冲刷清除过程。第一个过程为水蒸气凝结在硫酸盐、硝酸盐等微粒组成的凝结核上，形成液滴，液滴吸收 SO_2、NO_x 和气溶胶粒子，并相互碰撞、合并、絮凝而结合在一起形成云和雨滴。第二个过程是云下微量物质（包括各种气体和各种组成的微粒物质）被雨滴从大气中捕获、吸收、冲刷带走。

SO_2 转化为硫酸主要有两种途径：一种是催化氧化作用，由 Fe、Mn 等为催化剂，SO_2 经氧化生成为 SO_3，与水结合成为硫酸气溶胶；另一种是光催化氧化，SO_2 经光量子催化形成 SO_3。另外 SO_2 和光合作用形成的自由基结合也会形成 SO_3。反应如下：

$$HO\cdot + SO_2 \longrightarrow HOSO_2\cdot$$

$$HOSO_2\cdot + HO\cdot \longrightarrow H_2SO_4$$

$$HO_2\cdot + SO_2 \longrightarrow HO\cdot + SO_3$$

$$SO_3 + H_2O \longrightarrow H_2SO_4$$

同样，氮氧化物转化为硝酸的反应如下：

$$HO\cdot + NO_2 \longrightarrow HNO_3$$

$$N_2O_5 + H_2O \longrightarrow 2HNO_3$$

10 我国的酸雨污染情况如何？

我国酸雨污染呈区域性特征。20 世纪 80 年代，我国的酸雨主要发生在以重庆、贵阳和柳州为代表的西南地区，酸雨面积约为 170 万平方千米。20 世纪 90 年代中期，酸雨发展到长江以南、青藏高原以东和四川盆地的大部分地区，酸雨面积扩大了 100 多万平方千米，以长沙、赣州、南昌、怀化为代表的华中酸雨区已成为全国酸雨污染最严重的地区，华东、西南成为主要的酸雨区，华北和东北的部分地区也频频出现酸雨。2010 年，全国一半以上的监测市（县）出现酸雨，三成以上监测市（县）的酸雨发生频率在 25%以上。随着节能减排工作的不断推进和实施，我国 SO_2 排放不断减少，酸雨污染控制效果显著。根据《2023 中国生态环境状况公报》，2023 年，我国酸雨区面积约 44.3 万平方千米，占陆域国土面积的 4.6%，其中较重酸雨区面积占 0.04%。酸雨主要分布在长江以南、云贵高原以东地区，主要包括浙江大部分地区、福建北部、江西中部、湖南中东部、广西东北部和南部，以及重庆、广东、上海、江苏部分区域。

我国酸雨的化学特征是 pH 值低，硫酸根、硝酸根、铵根和钙离子浓度均远高于欧美国家。2023 年，全国降水中主要阳离子为钙离子和铵离子，主要阴离子为硫酸根离子。2016—2023 年，降水中硫酸根离子当量浓度比例总体下降，硝酸根离子当量浓度比例总体上升。硝酸根与硫酸根离子当量浓度比总体呈上升趋势，由 2016 年的 0.32 上升至 2023 年的 0.52，说明近年来我国酸雨类型由以硫酸型为主向硫酸-硝酸复合型转变，因此，应实行 SO_2 和 NO_x 多污染物的协同控制。

11 酸雨对环境的危害有哪些?

酸雨的危害是多方面的，对人体健康、生态系统和建筑设施都有直接和潜在的危害。酸雨可以使儿童免疫功能下降，慢性咽炎、支气管哮喘发病率增加，同时可以使老人眼部、呼吸道患病率增加。

酸雨还可以使农作物大幅度减产，特别是小麦，大豆、蔬菜也容易受到酸雨的危害，导致蛋白质含量和产量下降。酸雨对森林和其他植物的危害也较大，常使植物叶子枯黄、病虫害增加，造成大面积死亡。

酸雨对森林的影响在很大程度上是通过对土壤的物理化学性质的恶化作用造成的。在酸雨的作用下，土壤中的营养元素钾、钠、钙、镁会释放出来，并随着雨水被淋溶掉，所以长期的酸雨会使土壤中大量营养元素被淋失，造成土壤中营养元素的严重不足，从而使土壤变得贫瘠。此外，酸雨能使土壤中的铝从稳定态中释放出来，使活性铝增加而有机络合态铝减少。土壤中的活性铝会严重地抑制林木的增长。

酸雨还会造成巨大的经济损失，是制约我国经济和社会发展的重要环境因素。有关研究指出，我国每排放 1t SO_2 造成的经济损失约 2 万元。据估算，酸雨给我国造成的损失每年超过 1100 亿元。

12 细颗粒物污染是如何形成的?

细颗粒物（$PM_{2.5}$）是指空气动力学直径小于 2.5μm 的颗粒物。研究表明，50%以上的细颗粒物为水溶性无机盐和含碳组分，而硫酸盐、硝酸盐是水溶性无机盐的主要组成成分，主要由 SO_2、NO_x 在长距离输送过程中经化学转化形成，如 SO_2 可在均相条件下或在水滴、炭颗粒和有机物颗粒表面等多相条件下转化为 SO_3，再与水反应生成硫酸，并和金属氧化物的微尘反应生成硫酸盐。近年来我国部分城市的研究表明，SO_2、NO_x 经大气化学转化形成的硫酸盐、硝酸盐对大气细颗粒物污染的贡献率为 10%～20%。此外，细颗粒物的主要化学成分还包括铜、氯等无机元素，氯离子、氟离子、铵根离子等水溶性无机盐，多环芳烃等有机物和炭黑等含碳组分，主要来源包括煤烟尘、机动车尾气、建筑尘、土壤尘、钢铁尘等。

13 光化学烟雾是如何形成的?

光化学烟雾是一种具有刺激性的浅蓝色烟雾，是排入大气中的氮氧化物和烃类化合物等在太阳光的紫外线照射下发生化学反应产生的产物及其混合物，是典型的二次污染。光化学烟雾常出现于中午或午后，臭氧浓度升高是产生光化学烟雾污染的标志，因为臭氧约占光化学烟雾反应终产物的 85%，另外还有过氧乙酰硝酸酯、过氧苯酰硝酸酯、醛类等。其大致形成过程为：

① NO_2 的光解导致了 O_3 的生成；

② 烃类化合物被氧化成了活性自由基；

③ 活性自由基引起了 NO 向 NO_2 转化，进一步提供了生成 O_3 的 NO_2 源，同时形成了含氮的二次污染物，如过氧乙酰硝酸酯（PAN）、硝酸等。

14 我国的细颗粒物污染和光化学烟雾情况如何？

“十四五”期间，全国共布设 1734 个国家城市环境空气质量检测点位，检测范围覆盖全国 339 个地级及以上城市，对 SO_2、NO_2、CO、O_3、$PM_{2.5}$、PM_{10} 六项污染物进行检测。根据《2023 中国生态环境状况公报》，2023 年全国 339 个城市 $PM_{2.5}$ 年均浓度在 5～54μg/m^3 之间，平均 30μg/m^3，其中，105 个城市细颗粒物（$PM_{2.5}$）超标，占 31.0%。$PM_{2.5}$ 中的组分包括有机物、硝酸盐、硫酸盐、铵盐、氯盐、元素碳及其他组分。339 个城市中环境空气质量优良天数比例在 16.7%～100%，平均为 85.5%，平均超标天数比例 14.5%，以 $PM_{2.5}$ 为首要污染物的超标天数占总超标天数的 35.5%。

光化学烟雾的发生主要集中在石油化工区和机动车保有量较大的城市，O_3 浓度升高是光化学烟雾污染的标志。根据《2023 中国生态环境状况公报》，2023 年全国 339 个城市臭氧日最大 8h 平均值第 90 百分位数浓度在 89～198μg/m^3，平均为 144μg/m^3，比 2022 年下降 0.7%，其中，京津冀地区及周边上升 1.1%、长江三角地区下降 2.5%。339 个城市中，79 个城市 O_3 超标，占 23.3%，以 O_3 为首要污染物的超标天数占总超标天数的 40.1%。

15 细颗粒物污染和光化学烟雾的危害有哪些？

细颗粒物污染和光化学烟雾有以下危害。

（1）危害人体健康

细颗粒物粒径小、比表面积大，易于富集空气中的有毒有害物质和细菌、病毒。细颗粒物由于不能被鼻孔、喉咙所阻挡，会随着人的呼吸进入体内甚至进入肺泡，或经血液循环系统到达其他器官，对肺组织细胞和生物膜造成损伤。国外大量流行病学研究资料显示，环境空气中细颗粒物浓度的上升与疾病的发病率、死亡率关系密切，尤其是呼吸系统疾病和心肺疾病。

光化学烟雾对人体有很大的刺激性和毒害作用：臭氧具有与 NO_2 类似的对呼吸道黏膜和眼睛的刺激作用，低浓度长时间接触会引起慢性呼吸道疾病及其他疾病，还可能造成眼睛反应迟钝、甲状腺功能受损、骨骼早期钙化等；过氧乙酰硝酸酯有强烈刺激眼睛和呼吸系统的作用，引发眼睛红肿、流泪、喉咙疼、咳嗽、头痛、胸闷、疲劳感等一系列症状。

（2）降低大气能见度

细颗粒物不仅对人体健康造成危害，也是导致大气能见度降低的重要因素，导致“灰霾”天气的发生。细颗粒物对光存在散射效应，部分入射到大气中的光被细颗粒物散射到宇宙空间中而使得光强度减弱，从而影响大气能见度。北京市研究表明，细颗粒物与大气能见度线性相关系数高达 0.96。不少学者认为硫酸盐、硝酸盐颗粒在细颗粒物中的散光效应最强。光化学烟雾的颗粒大小一般为 0.3～1.0μm，属于细颗粒物，也会因散射太阳光而明显降低大气能见度，从而妨害交通工具安全运行，导致交通事故增多。

(3) 对植物、材料、建筑物等的危害

光化学烟雾会使植物表皮褪色，影响植物生长，降低植物对病虫害的抵抗力，造成作物减产甚至绝收。有关统计显示，1970 年美国加利福尼亚州的光化学烟雾事件导致农作物损失 2500 多万美元。此外，光化学烟雾还能造成橡胶制品老化、脆裂，使染料褪色，并损害涂料、纺织纤维和塑料制品等。

16 SO_2 污染控制技术如何分类?

我国燃煤 SO_2 污染控制技术可以按照煤燃烧前、燃烧中、燃烧后三个不同阶段分为三大类：燃烧前控制技术、燃烧中控制技术和燃烧后控制技术。

① 燃烧前控制技术也称源头控制技术，主要是通过物理、化学、生物方法，进行煤炭的洗选，减少燃煤含硫量，或进行煤炭转化（如煤的液化、气化）而脱硫。

② 燃烧中控制技术主要指清洁燃烧技术，目的是减少燃烧过程中的污染物排放，提高燃料利用率。燃烧中 SO_2 控制技术主要有型煤固硫技术、循环流化床燃烧技术和水煤浆燃烧技术等。

③ 燃烧后控制技术指的是烟气脱硫技术（flue gas desulfurization，FGD)，也称末端控制技术，是对燃烧后的烟气采用脱硫技术进行控制，目前石灰石-石膏湿法烟气脱硫工艺是火电厂燃煤锅炉广泛采用的工艺。

17 NO_x 污染控制技术如何分类?

我国燃煤 NO_x 的控制技术主要分为三类：

① 燃料脱氮，即燃烧前控制技术。该技术至今尚未得到很好开发，有待今后深入研究。

② 改进燃烧方式和工艺，即燃烧中控制技术。由于 NO_x 的生成量与燃烧条件密切相关，燃烧中控制就是通过改善燃烧方式、改变锅炉运行条件等措施降低 NO_x 的生成量，如低氧燃烧、两段燃烧、烟气再循环等。

③ 燃烧后烟气脱氮，即燃烧后控制技术。即从烟气中去除 NO_x，是控制 NO_x 最为重要的方法，目前燃煤电厂商业化应用的燃烧后 NO_x 控制技术主要为选择性催化还原脱硝和选择性非催化还原脱硝技术。

18 SO_2 燃烧前控制技术主要有哪些?

SO_2 燃烧前控制技术主要指煤炭利用前的脱硫技术，包括煤脱硫技术和煤转化技术等。

（1）煤脱硫技术

煤脱硫技术大致可分为物理法、化学法和生物法。

① 物理法　利用煤中有机质和黄铁矿物理性质（如密度、表面性质、电磁特性等）的差异来实现硫的分离，具有工艺较简单、投资少、操作成本低的特点。目前各国主要采用重力分选法，去除原煤中的无机硫。该法可使原煤中的硫含量降低40%～90%，硫的脱除率取决于煤中黄铁矿的颗粒大小及无机硫的含量。物理脱硫法换算为每减排1kg的SO_2的运行成本约为0.5～1.0元，是最廉价的脱硫方法。我国高、中硫煤产量占原煤总产量的11%，物理法是脱除这部分煤中硫的重要可行方法，而我国动力煤的入洗率很低，增加动力煤的入洗比例为大势所趋。

② 化学法　指利用不同的化学反应将煤中的硫转化为不同的形态而分离。这类方法一般具有脱硫率高、能脱除煤中的有机硫等优点，但反应常需在高温高压下进行，投资和运行费用均较高，商业化的应用成本较高。

③ 生物法　煤中无机硫大多以黄铁矿（FeS_2）的形态存在。在微生物的作用下，无机硫被氧化、溶解而脱除。在实验室的试验条件下，微生物脱除煤中的无机硫需1～2周。煤微生物脱硫技术仍处于试验或半工业性试验阶段。

化学方法和微生物方法虽能去除煤中一部分有机硫，但成本高，反应条件严格，一般仅用于对煤质要求较高的特殊场合。

（2）煤转化技术

煤转化技术主要指煤的气化和液化技术。这些技术可明显提高煤炭资源的利用价值和使用效率，大幅度减少煤炭后续利用过程中硫及其他污染物的排放。

① 煤炭气化　是指以煤炭为原料，采用空气、氧气、CO_2和水蒸气为气化剂，在气化炉内进行煤的气化反应，生成H_2、CO、CH_4等可燃混合气体，称作煤气。由于去除了煤中的灰分与硫化物，煤气是一种清洁燃料。煤炭气化过程中，硫主要以H_2S形式进入煤气。我国目前煤气化炉技术水平较低，煤炭气化率不高。未来的发展趋势是改造现有固定床技术，推广流化床技术，发展煤炭地下气化技术和煤气化多联产一体化技术。

② 煤炭液化　是把固体的煤炭通过化学加工过程，使其转化为液体产品的技术。煤炭通过液化可将硫等有害元素以及灰分脱除，得到洁净的二次能源。由于实现提高煤中含氢量的过程不同，从而形成不同的煤炭液化工艺，可分为直接液化、间接液化和煤油共炼三种工艺。煤炭液化脱硫率高，但费用高。

19 SO_2燃烧中控制技术主要有哪些?

SO_2燃烧中控制技术主要指燃烧中的固硫技术和减少污染物排放的燃烧技术。我国中小型工业锅炉采用层燃方式的仍占大多数。这类锅炉的燃烧中固硫技术采用最多的是燃烧中添加石灰石固硫剂，脱硫率一般在30%～40%。其次，采用添加固硫剂的型煤燃烧技术也取得了较好的脱硫和降尘效果，添加固硫剂的型煤脱硫率一般为30%～40%，比原煤散烧节煤20%～30%。我国的型煤工业正逐渐向产业化和规模化发展，在民用及中小型工业锅炉的应用前景非常广阔。

水煤浆是一种煤炭深加工产品，一般由65%～70%不同粒度分布的煤、30%～35%的水和1%的添加剂组成，是一种低污染代油产品。水煤浆添加脱硫剂后在燃烧过程中可脱除40%左右的硫。水煤浆低污染燃烧技术可用于中小型工业锅炉和电厂锅炉，但需对炉窑进行必要的改造。

燃煤电厂的大型锅炉的炉内脱硫技术，国内普遍采用的是循环流化床脱硫工艺。煤与脱硫剂在床层内充分混合，脱硫剂多次循环，烟气与脱硫剂也充分混合，脱硫率可达90%以上。此外，煤洁净燃烧和提高发电效率的技术由于减少了燃料的用量，相应减少了污染物排放量，也视为燃中控制技术。我国燃煤电厂今后拟采用的高效燃烧和发电技术包括增压流化床燃烧技术、整体煤气化联合循环发电技术、蒸汽超临界参数发电技术等，可以提高发电热效率3%～6%，是减排硫氧化物的重要技术。

配煤技术也是燃烧中 SO_2 控制的重要技术，它将不同品质的煤经过破碎、筛选，按比例配合，并辅以一定的添加剂，以适应用户对煤质的要求。统计表明，锅炉采用配煤后，平均节煤可达5%。煤中本身含有各种脱硫成分，通过配煤和添加脱硫剂可以实现燃烧中脱硫。我国目前已有年产动力配煤8000万吨的能力，预计今后发展势头迅速。

20 SO_2 燃烧后控制技术主要有哪些?

SO_2 燃烧后控制技术即烟气脱硫技术（FGD技术）。经过长期的研究、开发和应用，烟气脱硫工艺流程多达180种，然而具有工业应用价值的不过十多种。烟气脱硫技术分类方法很多，按照操作特点分为干法、湿法和半干法；按照生成产物的处置方式分为回收法和抛弃法；按照脱硫剂是否循环使用分为再生法和非再生法。按照净化原理又可分为吸收法、吸附法及催化法；按照脱硫剂不同又可将烟气脱硫技术分为以石灰石、生石灰为基础的钙法，以氧化镁为基础的镁法，以氨为基础的氨法，以海水为基础的海水法，以及碳酸钠、氢氧化钠为基础的钠法等。

运行实践表明，湿式石灰石/石灰-石膏法为目前运行最为可靠的技术，烟气的脱硫率可达95%以上；炉内喷钙和管道喷射法等干法工艺，脱硫效率一般为50%～70%；属半干法工艺的喷雾干燥法脱硫效率一般为70%～95%，工艺能耗较低，但存在喷雾嘴易堵塞磨损等问题；氨法和氧化镁法脱硫效率高，没有石灰石/石灰-石膏法的结垢和堵塞问题，在脱硫剂氨和氧化镁有稳定供应或资源的地区非常有竞争力和吸引力；海水脱硫工艺利用天然海水为吸收剂，工艺简单，投资和运行费用较低，适于沿海地区低硫煤电厂的脱硫；电子束辐照法利用高能电子束照射产生光化学反应，用氨为吸收剂，生成硫铵等混合肥料，脱硫脱硝同时完成，可达到90%以上的脱硫率和80%以上的脱硝率。

21 NO_x 燃烧中控制技术主要有哪些?

NO_x 燃烧中控制技术可分为无氮燃烧技术和低 NO_x 燃烧技术两类。

(1) 无氮燃烧技术

无氮燃烧技术通过调控进入燃烧过程的物质，从源头上控制 NO_x 的生成。化学链燃烧技术是一种无火焰燃烧技术，燃料不直接与空气接触燃烧，而是通过 Fe 基、Ni 基等载氧体在两个反应器之间的循环交替反应来实现燃烧过程。该反应不会产生燃料型 NO_x，且由于无火焰的气固反应温度远远低于常规燃烧温度，所以可控制热力型 NO_x 的生成。而 O_2/CO_2 燃烧技术则预先把空气中的 N_2 分离出来，使煤在纯 O_2 或 O_2/循环烟气或 O_2/CO_2 气氛下燃烧，O_2/CO_2 气氛比相同氧含量的 O_2/N_2 气氛下的火焰温度低，NO_x 在 CO_2 再循环过程中大量分解，NO_x 排放不到常规空气燃烧的 1/3。

(2) 低 NO_x 燃烧技术

低 NO_x 燃烧技术即通过各种技术手段改变 NO_x 生成条件，抑制 NO_x 生成，主要通过降低燃烧速率和温度控制热力型 NO_x 的生成，通过中间产物促使已生成的 NO_x 还原分解。

降低氧浓度有助于控制 NO_x 生成，减少排烟热损失，提高热效率，是最简单的降低 NO_x 排放的方法，可使 NO_x 排放降低 15%～20%。

空气分级燃烧是目前使用最为普遍的低 NO_x 燃烧技术之一，通过将煤粉燃烧过程分成两个阶段来实现 NO_x 排放量降低 30%～40%的控制效果，其原理是将燃烧用空气分两次喷入炉膛：第一阶段供给理论所需空气量的 80%左右，使燃料在缺氧的富燃料条件下燃烧，从而降低燃烧速率和温度，抑制热力型 NO_x 的生成，同时通过中间产物（如 NH、CN、CO 等）与 NO 相互作用，使 NO 还原分解，以抑制燃料型 NO_x 的生成；第二阶段将剩余所需空气送入形成富氧燃烧，火焰温度低，NO_x 生成量不大，从而实现整个燃烧过程 NO_x 生成量的降低。

烟气再循环技术也是常用的降低 NO_x 排放量的方法之一，将 10%～20%的锅炉尾部的低温烟气混入助燃空气中再次送入炉内，从而降低燃烧温度和氧浓度，最终降低 NO_x 生成量。

此外，还可通过燃料分级燃烧来降低 40%～50%的 NO_x 排放。先将 80%～85%的燃料送入主燃区进行燃料稀薄燃烧，然后将剩余 15%～20%的燃料作为二次燃料送入炉内，此时燃料中含有的烃基和未完全燃烧产物 CO、H_2、C_nH_m 等可将前一阶段生成的 NO_x 还原成 N_2，同时抑制新的 NO_x 生成。

22 NO_x 燃烧后控制技术主要有哪些？

NO_x 燃烧后控制技术即烟气脱硝技术，可分为湿法和干法脱硝技术。

(1) 湿法烟气脱硝技术

包括稀硝酸吸收法、碱性溶液吸收法、氧化还原吸收法、络合吸收法等，主要通过溶液吸收烟气中的 NO_x，在实验装置上可达到 90%的 NO_x 脱除率，具有工艺过程简单、可供应的吸收剂多、可回收利用废气中的 NO_x 等优点，但在工业装置上不易实现，存在能耗高、吸收后溶液难处理、容易造成二次污染、费用高等问题。

（2）干法烟气脱硝技术

这是目前各国使用的主要技术，主要包括以下几种。

① 选择性催化还原法（SCR） SCR法是目前世界各国最广泛应用的脱硝技术，脱硝效率达到85%以上，其原理是将氨气稀释到空气或蒸汽中后，在催化剂表面与NO_x反应生成氮气和水。催化剂原材料包括Pt-Rh和Pd等贵金属类催化剂、金属氧化物类催化剂（包括V_2O_5等）、沸石分子筛型催化剂（主要采用离子交换方法制成的金属离子交换型沸石）以及目前研究活跃的新型复合型催化剂。

② 选择性非催化还原法（SNCR） SNCR装置可应用于电站锅炉、工业锅炉、市政垃圾焚烧炉等燃烧装置，该方法的原理为：在高温（900～1100℃）条件下向烟气中喷氨气或尿素等还原剂，将烟气中的NO_x还原为N_2和H_2O，脱硝效率为25%～50%。实际中也可将SNCR法和SCR法结合使用，在烟气处理的前段（高温段900～1100℃）用SNCR法，后段（低温段320～400℃）用SCR法，总体脱硝效率为40%～70%。

除了上述技术以外，电子束辐照法（EBA）、脉冲电晕法（PPCP）、微生物法、吸附法、光催化氧化法等其他烟气脱硝技术也在快速发展。

23 我国控制酸雨和SO_2排放的政策有哪些?

针对酸雨和SO_2污染问题，我国从20世纪70年代末开始进行酸雨监测，80年代中期开展了典型区域酸雨攻关研究，90年代初开展了全国酸沉降研究并着手进行酸雨防治，对燃煤烟气脱硫技术和设备进行攻关。1995年通过了修订的《中华人民共和国大气污染防治法》，根据该法的要求，划定了我国的酸雨控制区和SO_2控制区，即“两控区”。“两控区”的面积为109万平方千米，占国土面积的11.4%。

为确保“两控区”分阶段控制目标的实现，1998年国家环境保护总局、国家发展计划委员会、财政部和国际经济贸易委员会联合颁发了《关于在酸雨控制区和SO_2污染控制区开展征收SO_2排污费扩大试点的通知》，将1993年在两省九市的SO_2收费范围扩大到“两控区”。2000年，第九届全国人大通过了第二次修订的《大气污染防治法》，这次修订明显加大了大气污染防治的力度，国务院和有关部门相继颁布了一系列规定，例如：实施排污总量控制和许可证制度；依法划定“禁煤区”，强制改用清洁能源；限期关停小火电机组，提高经济及环境效益；划定大气污染防治重点城市；关闭非法和布局不合理的煤矿等。

“十五”以来，《燃煤二氧化硫排放污染防治技术政策》《排污费征收使用管理条例》以及新修订的《火电厂大气污染物排放标准》相继颁布。“两控区”各省市和电力等重点行业通过前述措施以及将酸雨和SO_2污染防治工作纳入国民经济和社会发展计划，加强建设火电脱硫项目，推广低硫煤使用，开展SO_2排污交易试点，落实火电机组脱硫电价等新举措，控制酸雨和SO_2污染，“十一五”时期成功实现全国SO_2总量下降14.3%。“十三五”规划目标提出了2020年的目标：SO_2排放总量比2015年下降15%，基本消除重度酸沉降区域，城市空气SO_2年均浓度达标，致酸物质硫、氮沉降强度基本达到临界负荷要求，酸雨区受到损害的生态环境逐步恢复。2011年，新的火电厂标准GB 13223—2011实施，火电厂烟气 SO_2 排放浓度限值更加严格；2015 年，国家三部委印发《全面实施燃煤电厂超低排放和节能改造工作方案》通知，要求到 2020 年，全国所有具备改造条件的燃煤电厂力争实现超低排放，烟气 SO_2 排放浓度不高于 35mg/m^3，使得我国成为世界上火电厂烟气排放标准最严的国家。

24 我国 SO_2 控制重点措施有哪些?

国家生态环境部在借鉴各国酸雨和 SO_2 污染控制经验的同时，结合我国的国情，提出的我国 SO_2 控制重点措施可概括如下：

① 把酸雨和 SO_2 污染防治工作纳入国民经济和社会发展计划；

② 从源头抓起，调整能源结构，优化能源质量，提高能源利用率，对煤炭中的硫进行全过程控制，减少燃煤 SO_2 的排放；

③ 抓好工业 SO_2 排放治理工作，重点治理火电厂污染，削减二氧化硫排放总量，防治化工、冶金、有色、建材等行业生产过程中排放的 SO_2；

④ 大力研究开发适合国情的 SO_2 治理技术和设备；

⑤ 加强环境管理，强化环保执法。

25 我国控制 NO_x 排放的政策有哪些?

相比于国外氮氧化物排放控制的历史，我国对氮氧化物排放的治理尚处于起步阶段。2004 年修订的《大气污染防治法》第 30 条规定，“企业应当对燃料燃烧过程中产生的氮氧化物采取控制措施”;《排污费征收使用管理条例》中规定排放氮氧化物自 2004 年 7 月 1 日起按 0.6 元/污染当量收费。在“十一五”期间，氮氧化物因子被纳入到环境统计范畴，2007 年开展的污染源普查工作对全国氮氧化物排放系数和排放现状进行了全面调查。2011 年，氮氧化物减排目标首次作为约束性指标列入国民经济和社会发展计划中，此后脱硝设备开始大量兴建，截至 2017 年底，全国已有 98.4%的燃煤机组安装并投运了脱硝装置。《“十四五”节能减排综合工作方案》要求到 2025 年，全国 NO_x 排放总量比 2020 年减少 10%。新政策的颁布实施对进一步优化我国能源结构及创新发展烟气脱硝技术有着重大的推动意义。

26 我国 SO_2、NO_x 污染物总量如何控制?

“十三五”期间我国 SO_2、NO_x 污染物总量控制总体思路如下：

① 推进能源结构持续优化，严格控制新增量。新建项目必须按照先进的生产技术和最严格的环保要求进行控制，大幅度降低污染物排放强度，其中电力行业新建燃煤机组全部配套低氮燃烧技术并建设脱硫脱硝设施，冶金行业新建烧结机全部脱硫，机动车实行国Ⅳ排放标准，供应配套油品。进一步改善能源消费结构，控制煤炭消费增量，促进经济发展的绿色转型。

② 巩固电力行业减排成果，推进二氧化硫全面减排。二氧化硫减排要在“十二五”电力行业取得明显成效的基础上推进全面减排，重点加大冶金、建材、石化、有色等非电力行业以及燃煤锅炉的二氧化硫减排力度，由“十二五”工程减排向工程减排、结构减排和管理减排齐头并进的方向转变。电力行业强化脱硫设施的升级改造与运行管理，显著提高综合脱硫效率，其他行业加快脱硫设施建设；燃煤锅炉走结构升级技术路线，以集中供热和热电联产替代小型燃煤锅炉，对大吨位燃煤锅炉因地制宜安装脱硫设施。

③ 推进电力行业和机动车氮氧化物排放控制，突出重点行业和重点区域减排。氮氧化物控制以电力行业和机动车为重点，强化重点区域减排。电力行业全面推行低氮燃烧技术，新建机组安装高效烟气脱硝设施，现役机组应因地制宜、因炉制宜地加快烟气脱硝设施建设，强化已建脱硝设施的运行管理；机动车提高新车准入门槛，加大在用车淘汰力度、重点地区供应国Ⅳ油品；冶金、水泥行业以及燃煤锅炉推行低氮燃烧技术或脱硝示范工程建设，其他工业行业加快氮氧化物控制技术的研发和产业化进程。

27 什么是燃煤电厂超低排放？

超低排放是指火电厂燃煤锅炉在发电运行、末端治理等过程中，采用多种污染物高效协同脱除集成系统技术，使其大气污染物排放浓度基本符合燃气机组排放限值。按照《燃煤电厂超低排放烟气治理工程技术规范》（HJ 2053—2018）中的定义，超低排放是指在基准氧含量6%条件下，燃煤电厂标准状态干烟气中颗粒物、SO_2、NO_x 排放质量浓度分别不高于 $10mg/m^3$、$35mg/m^3$、$50mg/m^3$。

2015年，环境保护部、国家发展和改革委员会、国家能源局联合发布了《全面实施燃煤电厂超低排放和节能改造工作方案》，对燃煤电厂 SO_2、NO_x 排放提出了更为严格的排放要求：到2020年，全国所有具备改造条件的燃煤电厂力争实现超低排放，全国有条件的新建燃煤发电机组达到超低排放水平。加快现役燃煤发电机组超低排放改造步伐，将东部地区原计划2020年前完成的超低排放改造任务提前至2017年前总体完成；将对东部地区的要求逐步扩展至全国有条件地区，其中，中部地区力争在2018年前基本完成，西部地区在2020年前完成。得益于技术进步，“十三五”以来，我国燃煤电厂完成超低排放改造9.5亿千瓦；目前，火电厂超低排放、大型垃圾焚烧、燃煤烟气治理技术装备达到世界领先水平，我国已建成世界最大的超低排放火电厂群。

28 我国环境空气质量和污染控制排放标准中对 SO_2 排放的要求有哪些？

目前我国实行的《环境空气质量标准》（GB 3095—2012）于2016年1月1日实施。该标准将 SO_2 浓度限值区分为一级标准和二级标准。SO_2 的环境空气浓度限值见表1-1。

表 1-1　环境空气 SO_2 浓度限值　　单位：$\mu g/m^3$

国家标准	GB 3095—2012		
取值时间	年平均	日平均	小时平均
一级标准	20	50	150
二级标准	60	150	500

以空气污染指数（API）为指标，我国城市空气质量日报分级标准中环境空气 SO_2 浓度限值见表 1-2。

表 1-2　空气污染指数中的环境空气 SO_2 浓度限值　　单位：$\mu g/m^3$

污染指数(API)	SO_2 浓度限值	污染指数(API)	SO_2 浓度限值
50	50	300	1600
100	150	400	2100
200	800	500	2620

针对 SO_2 的环境污染物排放标准体系，在我国现有的大气污染物排放标准体系中，按照综合性排放和行业性排放标准不交叉执行的原则，火电厂执行《火电厂大气污染物排放标准》(GB 13223—2011)、锅炉执行《锅炉大气污染物排放标准》(GB 13271—2014)；其他相关行业执行其相应的大气污染物排放标准。

2012 年 1 月 1 日开始实施的新修订《火电厂大气污染物排放标准》(GB 13223—2011) 中对火电锅炉及燃气轮机组的烟囱或烟道 SO_2 排放浓度限值的规定见表 1-3。自 2014 年 7 月 1 日起，现有火力发电锅炉及燃气轮机组执行表 1-3 规定的现有锅炉 SO_2 排放一般限值；自 2012 年 1 月 1 日起，新建火力发电锅炉及燃气轮机组执行表 1-3 规定的新建锅炉 SO_2 排放一般限值；重点地区的火力发电锅炉及燃气轮机组执行表 1-3 规定的 SO_2 重点地区特别排放限值，执行大气污染物特别排放限值的地域范围、时间，由国务院环境保护主管部门或省级人民政府决定。

表 1-3　火力发电锅炉及燃气轮机组的 SO_2 排放浓度限值　　单位：mg/m^3

燃料和热能转化设施类型	适用条件	一般限值	重点地区特别限值
燃煤锅炉	新建锅炉	100 200①	50
	现有锅炉	200 400①	
以油为燃料的锅炉或燃气轮机组	新建锅炉及燃气轮机组	100	50
	现有锅炉及燃气轮机组	200	
以气体为燃料的锅炉或燃气轮机组	天然气锅炉及燃气轮机组	35	35
	其他气体燃料锅炉及燃气轮机组	100	

① 位于广西壮族自治区、重庆市、四川省和贵州省的火力发电锅炉执行该限值。

火电厂烟气排放若执行超低排放要求，则烟气中 SO_2 浓度的排放限值为 $35mg/m^3$。

2014 年 7 月 1 日开始实施的《锅炉大气污染物排放标准》(GB 13271—2014) 中对锅炉烟气在烟囱或烟道中 SO_2 排放浓度限值的规定见表 1-4。自 2014 年 7 月 1 日起，新建锅炉执行表 1-4 规定的新建锅炉烟气 SO_2 排放浓度一般限值；10t/h 以上在用蒸汽锅炉和 7MW 以上在用热水锅炉自 2015 年 10 月 1 日起执行表 1-4 规定的在用锅炉烟气 SO_2 排放浓度一般限值；重点地区 SO_2 排放浓度执行表 1-4 规定的重点地区特别限值。

表 1-4 锅炉烟气 SO_2 排放浓度限值 单位：mg/m^3

燃料类型	适用条件	一般限值	重点地区特别限值
燃煤锅炉	新建锅炉	300	200
	在用锅炉	400[①] 550[①]	
燃油锅炉	新建锅炉	200	100
	在用锅炉	300	
燃气锅炉	新建锅炉	50	50
	在用锅炉	100	

① 位于广西壮族自治区、重庆市、四川省和贵州省的燃煤锅炉执行该限值。

29 我国环境空气质量和污染控制排放标准中对 NO_x 排放的要求有哪些?

2012 年新修订的《环境空气质量标准》（GB 3095—2012）于 2016 年 1 月 1 日实施，其中氮氧化物的排放要求见表 1-5。

表 1-5 环境空气氮氧化物浓度限值 单位：$\mu g/m^3$

国家标准	GB 3095—2012		
取值时间	年平均	日平均	小时平均
一级标准	50	100	250
二级标准	50	100	250

以控制污染指数（API）为指标，我国城市空气质量日报分级标准中氮氧化物限值见表 1-6。

表 1-6 空气污染指数中的环境空气氮氧化物浓度限值 单位：$\mu g/m^3$

污染指数(API)	NO_x 浓度限值	污染指数(API)	NO_x 浓度限值
50	80	300	565
100	120	400	750
200	280	500	940

我国在《火电厂大气污染物排放标准》(GB 13223)、《大气污染物综合排放标准》(GB 16297)、《锅炉大气污染物排放标准》(GB 13271)、《生活垃圾焚烧污染控制标准》(GB 18485) 和《危险废物焚烧污染控制标准》(GB 18484) 中都对 NO_x 排放浓度、排放速率限值等作出了规定。在《轻型汽车污染物排放限值及测量方法（中国第六阶段）》(GB 18352.6) 和《车用压燃式、气体燃料点燃式发动机与汽车排气污染物排放限值及测量方法（中国Ⅲ、Ⅳ、Ⅴ阶段）》(GB 17691) 中，对各阶段型式认证 NO_x 排放限值作出了规定。

在《排污费征收使用管理条例》中规定，从 2005 年 7 月开始，对氮氧化物执行与 SO_2 同样的排污费征收标准。

《火电厂大气污染物排放标准》(GB 13223—2011) 中，对 NO_x（以 NO_2 计）的最高允许浓度限值见表 1-7。自 2014 年 7 月 1 日起，现有火力发电锅炉及燃气轮机组执行表 1-7 规定的 NO_x 排放一般限值；自 2012 年 1 月 1 日起，新建火力发电锅炉及燃气轮机组执行表 1-7 规定的 NO_x 排放一般限值；重点地区的火力发电锅炉及燃气轮机组执行表 1-7 规定的 NO_x 重点地区特别限值。

火电厂烟气排放若执行超低排放要求，则烟气中 NO_x 的排放限值为 50mg/m³。

表 1-7 火力发电锅炉及燃气轮机组的 NO_x（以 NO_2 计）排放浓度限值 单位：mg/m³

燃料类型	适用条件	一般限值	重点地区特别限值
燃煤锅炉	全部	100 200①	100
以油为燃料的锅炉或燃气轮机组	新建燃油锅炉	100	100
	现有燃油锅炉	200	
	燃气轮机组	120	120
以气体为燃料的锅炉或燃气轮机组	天然气锅炉	100	100
	其他气体燃料锅炉	200	
	天然气燃气轮机组	50	50
	其他气体燃料燃气轮机组	120	

① 采用 W 型火焰炉膛的火力发电锅炉，现有循环流化床火力发电锅炉，以及 2003 年 12 月 31 日前建成投产或通过建设项目环境影响报告书审批的火力发电锅炉执行该限值。

2014 年 7 月 1 日开始实施的《锅炉大气污染物排放标准》（GB 13271—2014）中对锅炉烟气在烟囱或烟道中 NO_x 排放浓度限值的规定见表 1-8。自 2014 年 7 月 1 日起，新建锅炉执行表 1-8 规定的新建锅炉 NO_x 排放一般限值；10t/h 以上在用蒸汽锅炉和 7MW 以上在用热水锅炉自 2015 年 10 月 1 日起执行表 1-8 规定的在用锅炉 NO_x 排放一般限值；重点地区执行表 1-8 规定的 NO_x 重点地区特别排放限值。

表 1-8 锅炉烟气 NO_x 排放浓度限值 单位：mg/m³

燃料类型	适用条件	一般限值	重点地区特别限值
燃煤锅炉	新建锅炉	300	200
	在用锅炉	400	
燃油锅炉	新建锅炉	250	200
	在用锅炉	400	
燃气锅炉	新建锅炉	200	150
	在用锅炉	400	

（二）国内外发展趋势

30 日本控制燃煤烟气 SO_2 排放的技术有哪些？

目前，日本燃煤电厂装机容量约 4662 万千瓦，占总装机容量的 16.8%。日本燃煤电厂烟气污染物排放主要遵循日本固定源一般排放标准、特别排放标准及总量限制标准等。为保证区域大气环境质量和控制地方特征污染物，日本地方可制定高于国家排放标准的地方排放标准。以东京特别区为例，在该地区内火力发电厂烟尘排放限值为 8mg/m³，SO_2 排放限值为 111mg/m³，NO_x 排放限值为 70mg/m³。

稳定高效的烟气脱硫技术是燃煤电厂烟气 SO_2 排放控制的关键。湿式石灰石-石膏法烟气脱硫工艺是日本燃煤烟气脱硫的主流技术，除个别燃煤火电机组采用活性焦干法烟气脱硫工艺（1 台 350MW 机组＋2×600MW 机组）（占装机容量的 3%）及少数小机组为 CFB 机组外，其余燃煤火电机组全部采用湿式石灰石-石膏法烟气脱硫工艺。

31 日本是如何实现工业燃烧中的氮氧化物控制排放的?

日本从20世纪60年代开始经济迅速发展，也带来了严重的大气污染问题。日本的大气污染治理技术发展十分迅速，目前，日本的大气污染防治技术和装备的技术水平在世界上处于先进行列。

日本控制氮氧化物排放的主要措施有两类：

① 从锅炉燃烧入手，在燃烧过程中对氮氧化物进行控制，具体方法包括低氧燃烧、排气循环燃烧、喷水、二级燃烧、浓差燃烧及各种方法的组合。从目前情况看，效果比较好的有二级燃烧和浓差燃烧。近年来，对二级燃烧法又进行了改进，有时也被称为三级燃烧法或再燃烧法。具体方法是在一次燃烧后的气体中加入燃料，制造一个缺乏空气的还原领域，把一次燃烧时生成的NO_x还原，最后加入空气进行完全燃烧，为减轻炉内脱硝的负担，在一次燃烧时也采用低NO喷嘴或浓差燃烧法，这对于控制NO的生成比较有效。三级燃烧法的实验数据表明，燃烧产生的NO_x量比单级燃烧要低得多。

② 采用电子束法、氨接触还原法等对排烟氮氧化物进行控制。

32 什么是CAAA? CAAA通过哪些措施来实现对氮氧化物和硫氧化物的控制?

1971年美国实施了清洁空气法，简称为CAAA，规定了SO_2的排放浓度和脱硫率(表1-9)，同年通过的修正案规定73MW以上的新建电厂锅炉SO_2排放不得超过$1238mg/m^3$ (标准状态)。

表1-9 1971年修正案的SO_2的排放浓度和脱硫率

适用锅炉	煤种	排放限值(标准状态)/(mg/m^3)	脱硫率/%
73MW以上新建锅炉	低硫煤	619	70
	中硫煤	619	70～90
	高硫煤	1238	>90

1990年11月15日颁布了洁净空气法修正案 (CAAA，1990)。新修正案的主要指标是：

① 大气有害污染物至少降低75%；

② 每年削减SO_2排放量至少1000万吨，以减轻酸雨的主要成因；

③ 逐步减少氟、氯、碳化物及其他化合物对臭氧层的破坏；

④ 净化汽车、燃料燃烧等的排气。

CAAA (1990) 的第四项为酸雨控制法，规定每年SO_2排放量削减1000万吨，化石燃料电厂在1980年水平上每年削减50%。1990—2005年全面执行控制酸雨计划期间，企业投资估计每年为30亿～39亿美元，降低SO_2排放的投资将转给消费者，至2000年，全国平均电价提高0.5%～1.2%，NO_x控制法规执行后，将使全国平均电价再提高0.1%。

削减 SO_2 排放量可选择的途径包括：

① 改变燃料，即采用含硫低的煤种或天然气；

② 安装烟气脱硫装置或其他技术（如高效发电工艺节煤、洗煤等）；

③ 把电力生产从污染严重的电厂转移到比较洁净的电厂；

④ SO_2 排放许可权交易。

相比原来的洁净空气法，CAAA（1990）对 NO_x 的控制加强了。过去的洁净空气法只对汽车和新建的工厂排放的 NO_x 加以限制，新的修正案对现有所有电厂排放 NO_x 进行限制，据 EPA 估计，按新的修正案规定，到 2000 年每年多削减 NO_x 排放量约 150 万～200 万吨，控制 NO_x 计划涉及大约 800 台燃煤电厂锅炉。

在 1990—2010 年间，美国电厂每年要花费 120 亿美元来达到每年减排 1000 万吨 SO_2 的目标。2009 年开始，美国东部各州在《州际清洁空气法案》基础上执行氮氧化物的臭氧季节削减方案来控制夏季电力部门排放氮氧化物，合作区域增至 28 个州。

33 美国 SO_2 控制技术发展趋势如何?

CAAA 的实施，对火电厂 SO_2 的控制技术产生了巨大的影响。在 CAAA 的第一阶段，主要采用的控制技术是改变燃料和安装脱硫装置。从修正案实施以来的情况来看，改用低硫燃料来降低 SO_2 排放量的市场比例比预想的要大得多，这是因为在价格和资源上燃用低硫油和天然气均占优势，比安装脱硫装置容易满足脱硫要求，而且投资低。然而改变煤种对锅炉的安全稳定运行带来的不利影响，特别是粉尘特性的改变，影响电除尘器的正常运行，必须采用有效措施，比如增加比收尘面积、烟气调质等。

（1）CAAA 第一阶段各种技术的运用情况

① 湿式烟气脱硫　在美国现有电厂安装的脱硫工艺中，湿式烟气脱硫工艺占 90%以上。在 CAAA 第一阶段，美国公用电厂新装的脱硫装置几乎都是石灰石-石灰洗涤工艺，其中采用石灰石作吸收剂的比例逐步上升。

② 氧化镁强化石灰石洗涤工艺　用氧化镁强化石灰石吸收剂的洗涤工艺是当前脱硫效率最高的工艺。由于氧化镁的存在，使得石灰液吸收 SO_2 的能力要比石灰石高 10～15 倍，当气液比较低的情况下，脱硫效率可达 98%。这种系统可以抑制石膏的形成，不会结垢，由于这些原因，使得该系统内吸收塔的尺寸比一般的石灰系统小，再循环动力可以节约 65%，所以尽管氧化镁价格较高，总体成本仍然可以得到控制。这种工艺在要求高脱硫率的电厂得到较多的应用。

③ 石灰石洗涤工艺　在 CAAA 颁布后，湿式石灰石洗涤应用情况较好。由于不断改进，湿式石灰石洗涤工艺投资降低了 50%以上，而且运行可靠性提高。新一代的湿式石灰石洗涤工艺的脱硫率高于 95%，石灰石的利用率高于 90%，运行可靠性高于 95%，同时能耗低于机组出力的 2%。由于可靠性提高，设计时可以减掉备用设备，节省了投资，塔体结构的优化和材料的改进以及吸收塔单塔容量增大和数量减少，使工艺投资进一步降低。目前美国石灰石洗涤烟气脱硫系统的主要发展趋势之一就是减少主要设备，由单一设备完成多种功能，使得整个系统结构紧凑，减少占地面积。美国约有 6000MW 的机组脱

硫系统采用有机添加剂，可以有效提高脱硫效率3%～5%，采用结垢抑制剂可以减少吸收塔内的结垢。目前使用添加剂的一般是性能较差的系统，使用添加剂后可将脱硫率提高到90%以上。

(2) CAAA第二阶段各工艺的应用前景

由于排放交易市场的逐渐成熟，加上政府对高效新工艺的优惠政策，同时将要实施的《资源保护和回收法》(RCRA)、《水处理法》对处理工艺过程的影响，使得电厂在选择脱硫工艺时需要进行综合考虑。美国能源部的洁净煤计划列入了许多先进的技术在美国示范，这些先进的工艺普遍优点有：水耗低、无废水排放；能耗低；固体渣易于处理；同时脱除SO_2、NO_x和毒性气体。

2008年开始的《清洁大气法修正案》二期，比《清洁大气法修正案》对污染物的控制力度更大，要求更严。在《清洁大气法修正案》二期中，对脱硫装置的要求如下：新上燃煤机组当采用石灰石-石膏湿法烟气脱硫工艺时，脱硫效率达到98%～99%，脱硫装置可用率达到99%；当采用烟气循环流化床脱硫工艺或旋转喷雾干燥法烟气脱硫工艺时，脱硫效率达到95%以上，脱硫装置可用率达到99%。

34 美国氮氧化物控制技术发展趋势如何？

CAAA对大型火电厂NO_x排放控制进行了要求，第一阶段目标的实现主要依靠燃烧中控制技术。

(1) CAAA第一阶段各种技术的运用情况

① 低公害型燃烧器　低公害型燃烧器通过使着火提前以及分段射入空气来有效抑制NO_x的生成，改造后锅炉试验结果表明，其NO_x减排率达到48%。换用低公害型燃烧器后飞灰可燃物明显增高。

② 低公害型燃烧器与两段燃烧的联合应用　Souther Company和EPRI采用低公害燃烧器与两段燃烧联合技术来解决NO_x排放问题。在低公害燃烧器中将煤粉分成4股单独气流射入炉内，而同一轴心的内、外侧二次风气流用单独切向型导叶调解，使得燃烧器能够在不改变气流流量的情况下调节出口一次风速。锅炉改造试验结果表明，该方法能够减少68%的NO_x排放量。使用该方法会出现炉内水冷壁管腐蚀的问题，通过消除水冷壁旁侧还原气氛法可解决该问题。

③ 集中燃烧技术　集中燃烧技术能把炉膛中心区营造为缺氧燃烧区，而沿炉膛四周水冷壁附近则为富氧区，这样能够防止水冷壁结焦，抑制高温腐蚀，可使燃料快速均匀加热引燃，同时缺氧燃烧有助于焦炭和CO对NO的还原，大大减少NO_x排放。在功率利用系数65%、设备使用期15年的情况下，集中燃烧系统基本费用低于10美元/(kW·h)，降低NO_x平均运行费用100～150美元/t，低于其他降低NO_x排放措施的费用。

④“三段”燃烧技术　用燃气组成炉内还原区的“三段”燃烧技术于20世纪90年代在美国备受追捧，该技术可使NO_x排放浓度减少60%以上。

(2) CAAA第二阶段各工艺的应用前景

随着污染物排放量标准日趋严格，需要对烟气进行脱硝处理，美国主要采用目前世界应用最广泛、发明专利属于美国公司的选择性催化还原工艺（SCR 法）以及选择性非催化还原法（SNCR 法）。至 2002 年，美国已有 10GW 机组安装了 SCR 系统。当前美国一直致力于研发高效、成本合理的 NO_x 控制技术，如：美国国家能源技术实验室围绕占美国锅炉容量 20%的旋风锅炉进行研发，通过先进的燃烧控制、烟气治理，在保证 NO_x 排放达标的情况下将 SCR 法投资节省 25%；Alstom 公司则围绕占美国锅炉容量 40%的切圆燃烧锅炉研发包括燃烧过程改进、未燃碳后部燃烧等技术的超低 NO_x 排放综合控制系统。

2005 年美国发展出干净空气跨州法规（CAIR），综合了酸雨防治计划与干净空气法案修正案，本规范要求 NO_x 目标要在 2009 年降低到 2003 年标准再减 53%，随后规范进行不断更新，建立了地区间协调和合作机制，通过多地区间的协作达到减少氮氧化物区域污染的目的。

35 中美两国燃煤脱硫情况有哪些相似和不同?

据统计，2021 年，化石燃料仍然是美国最常见的发电燃料类型，其中天然气约占全国能源总产量的 38.4%，煤仅占发电量的 21.9%，这与我国有所不同。根据国家统计局数据，我国 2020 年全国火力发电量为 57702.7 亿千瓦时，燃煤发电为主的火力发电占全国发电量的比重约为 71.13%。自 1995 年第一个全国性的酸雨项目（ARP）开始以来，美国环保署电力部门通过各种项目已经大幅改善了空气质量，2022 年，SO_2 排放相较 1995 年降低 93%，排放量的长期下降主要是由于烟气脱硫技术的应用和发电中使用的燃料组合的变化。

2004 年前后，美国的烟气 FGD 装置容量超过 1 亿千瓦，约占煤电总装机容量的三成，主要集中在燃烧高硫煤的机组。而中国的燃煤脱硫装机容量在“十一五”期间大力推进节能减排工作的过程中迅猛增长，从 2005 年的 0.53 亿千瓦增长至 2010 年底的 5.78 亿千瓦，在燃煤装机总容量中的占比从 12%上升至 89%。中国电力企业联合会发布的《中国电力行业年度发展报告 2019》显示，截至 2018 年底，中国煤电机组总容量为 10.08 亿千瓦，燃煤烟气脱硫机组总容量约 9.67 亿千瓦，占全国煤电机组容量的 95.9%，考虑到循环流化床发电机组，全国煤电机组基本实现 100%烟气脱硫排放。2018 年中国煤电机组单位 SO_2 排放指标达到 0.20g/(kW·h)，排放总量 9.9×10^5t，分别较 2017 年下降 23.1%和 17.5%，单位 SO_2 排放指标处于世界领先水平。

在 CAAA 两阶段的前十年和后十年，我们看到美国应用的 FGD 方法其实没有多少实质性的变化，主要是石灰石法、石灰法、双碱法、碳酸钠法、亚钠循环法和氧化镁法六种基本方法。只不过在这些基本方法的基础上又有各种不同的改进。20 世纪 80 年代开始广泛应用的喷雾干燥法，一般认为适用于中、低含硫煤烟气脱硫。在方法类型上，美国目前主要还是采用湿法和抛弃法。在新方法的研究中，美国主要注重于燃烧中脱硫和燃烧前脱硫，同时控制 NO_x 排放。中国烟气脱硫技术起步于 20 世纪 70 年代末，主要采用技术引进的方式。21 世纪初中国开始燃煤机组烟气脱硫技术国产化进程，经过 20 多年的研究和工程实践，基本形成自主知识产权的烟气脱硫技术，包括石灰石-石膏法、氨法及海水脱硫等烟气脱硫技术。由于海水脱硫技术存在地域局限性，仅适用于沿海地区，不具有技术普遍性和大规模推广市场，因此石灰石-石膏湿法烟气脱硫技术和氨法烟气脱硫技术占据了中国湿法烟气脱硫技术95%以上的市场份额。2014年，发改委、环保部、能源局三部委提出了“超低排放”要求以及相关激励政策，并有计划地开始在全国实施。根据中电联发布的《中国电力行业年度发展报告2023》。截至2022年底，全国达到超低排放限值的煤电机组约10.5亿千瓦，占煤电总装机容量的比重约94%。目前大型燃煤电厂实现SO_2超低排放，主要是在石灰石-石膏湿法脱硫技术的基础上，通过系统优化和强化传质，进一步提高脱硫效率，常用的技术有增设托盘或旋汇耦合装置、单塔双循环、双塔双循环等。

36 中美两国燃煤脱硝情况有哪些相似和不同?

与美国相似，我国也在燃煤锅炉中大量推广应用低NO_x燃烧器等燃烧中控制技术，将其作为控制氮氧化物的基础手段。1994年美国工业信息中心发表全美电力系统拟按CAAA（1990）对燃煤锅炉机组进行治理的报告，指出换用低公害型燃烧器可以使82%的机组达到修订后的要求；截至2020年，我国基本实现了所有超低排放的300MW及以上火电机组改造。

美国从20世纪90年代开始在使用中、高含硫量的燃煤锅炉上进行烟气脱硝项目示范研究和商业应用，主要采用SCR法。目前我国已建烟气脱硝设施已超过8.5亿千瓦，绝大多数也是采用SCR技术。目前我国已经大规模建成烟气脱硝设施，烟气脱硝设备的推广规模比美国大很多。这种发展路径上的相似和不同与中美两国燃煤脱硫的发展路径之间的关系很相似。

37 烟气脱硫技术在我国应用存在的主要问题有哪些?

我国从20世纪70年代开始引进国外烟气脱硫成套装置，到2010年烟气脱硫设备已达5.6亿千瓦，但早期的脱硫系统在部分电厂存在烟气脱硫设备投运率偏低的现象。究其原因，主要有脱硫成本问题、产物出路问题以及引进技术国产化的问题。

经过几十年的不断发展，我国的脱硫技术已发展到国际领先水平。以燃煤机组为例，从已投运的超低排放环保设施运行情况来看，脱硫装置整体运行情况良好，能够稳定达到环保排放要求。但仍然存在以下一些典型的共性问题。

（1）运行能耗高

如部分电厂为保证稳定达标排放，在确定设计煤质及边界条件时因均留有一定裕量，导致工程实施时设备选型偏大；目前国内燃煤机组整体负荷率较低，使得脱硫装置实际运行工况远低于设计条件；为避免燃煤煤质波动及负荷变化时净烟气SO_2浓度超标，将净烟气污染物浓度控制在远低于环保排放限值的较低水平，造成设备投运较多、运行参数不合理，运行能耗增加。

（2）水平衡保持困难

如一方面脱硫协同除尘改造增加了吸收塔除雾器级数，除雾器冲洗水量增加，而另一方面，部分电厂在除尘器前设置了烟气冷却器，导致脱硫系统吸收塔入口烟气温度降低至90～100℃，造成净烟气蒸发携带水量大幅度减少，最终使得外排水减少而进水增加，整个脱硫系统的水平衡难以正常维持。

（3）吸收塔浆液起泡

浆液起泡会形成浆液区虚假液位，导致吸收塔实际运行液位远低于设计液位，从而降低了吸收塔实际运行浆池容积，影响脱硫效率和石膏品质。

（4）石膏脱水困难

石膏含水率是衡量石膏品质的一个重要指标，一般要求其含水率小于10%。在脱硫装置实际运行中，经常出现石膏脱水困难问题，有些电厂脱硫装置石膏含水率可高达40%以上。石膏脱水装置的运行性能及石膏浆液的理化特性等均会造成石膏脱水困难，从而导致含水率较高。

38 前期烟气脱硝技术在我国应用存在的主要问题有哪些?

前期烟气脱硝技术在我国的应用主要存在以下问题。

（1）脱硝技术储备不足

目前我国从事脱硝技术研发、项目设计、工程建设的科研院所和生产企业整体技术水平偏低，技术储备相对不足，目前国内发电机组上应用的烟气脱硝技术除个别企业自行开发具有自主知识产权的核心技术外，绝大多数国内烟气脱硝技术尚处于引进、消化吸收和初步应用阶段，在市场竞争中处于落后位置，不利于我国燃煤电厂烟气脱硝产业的发展。

（2）脱硝催化剂造价昂贵

SCR脱硝催化剂的组成、结构、寿命等直接决定烟气脱硝系统的效率，是SCR脱硝系统中最关键的环节，但目前催化剂技术尚未实现国产化，长期以来进口催化剂占领了国内市场。由于缺乏SCR催化剂的自主技术，国内催化剂企业只能与外资合作，作为催化剂重要原料的纳米级钛白粉目前全球只有日本、欧洲的少数厂家有能力生产，催化剂成本居高不下。而且催化剂的使用寿命较短，一般3年左右就需要更换，而目前催化剂的再生技术还需要深入研究。

39 我国烟气脱硫技术的发展趋势如何?

我国SO_2排放量自2006年出现峰值之后呈下降趋势，这与近年来中国加大火电行业脱硫机组的安装及一系列政策规划的密集出台息息相关。截至2016年底，中国已投运的脱硫机组占燃煤机组容量的90%。继“十一五”“十二五”规划分别完成10%和18%的SO_2减排目标后，2015年，国家发改委、环保部、国家能源局印发《全面实施燃煤电厂超低排放和节能改造工作方案》通知，要求到2020年，全国所有具备改造条件的燃煤电厂力争实现超低排放，对SO_2排放提出了更高的要求。《“十四五”节能减排综合工作方案》要求京津冀及周边地区、长江三角地区煤炭消费量分别下降10%、5%左右，汾渭平原煤炭消费量实现负增长。新政策的制定实施，要求我国大力推进煤炭洁净燃烧，进一步

优化创新 SO_2 烟气脱硫技术，积极应对环境污染的防治与治理。因此烟气脱硫技术的选择与发展趋势主要如下。

（1）高脱硫率

我国“十五”至“十二五”期间，燃煤电厂二氧化硫的排放要求经历了从 $1200mg/m^3$、$400mg/m^3$、$50mg/m^3$ 到超低排放 $35mg/m^3$ 的四次控制限值调整。在前三次调整期间，煤电行业重点围绕 SO_2 稳定可靠达标排放的目标，通过技术引进、消化吸收，主要采用成熟可靠的石灰石湿法脱硫工艺。在超低排放的背景下排放标准更为严格，因此脱硫装置必须保证高的脱硫效率。我国电力行业研究出了各种新的增效技术，如在塔内增设湍流件或加装湍流器的单塔增效技术，pH 分区控制的单塔双循环或双塔双循环技术等。通过增效技术，石灰石-石膏湿法脱硫效率可达99.5%以上。截止到2020年底，我国符合超低排放限值的煤电机组累计达 9.5×10^8kW。

但是，我国经济发展迅速，由于煤炭资源紧缺，使得多数电厂实际中烧不上设计煤种。因此，给环保装置设计及设备运行提出了更高的要求，脱硫系统也应该能够“吃百家饭”，尤其随着超低排放的全面实施，多煤种混烧掺烧、不可控的燃煤烟气输入、设施设备的保守设计、电站的低负荷运行导致装备的可靠性、利用率、经济性等诸多问题逐渐凸显，加之近年来火电机组普遍负荷率低，低负荷运行不经济情况尤为突出。

（2）资源化烟气脱硫

目前，石灰石湿法脱硫工艺在燃煤电厂控制 SO_2 方面，已发挥了极大的作用。但石灰石资源的过量开采、脱硫石膏的大量堆放、脱硫废水难治理及温室气体排放等问题，已经引起了各方的高度关注。可资源化的烟气脱硫技术是将烟气中的 SO_2 经吸收、解吸用于生产硫酸、硫黄、液体 SO_2 等化工产品的方法，具有吸收剂可再生循环利用、副产物附加值高等优点，并可在一定程度上改善中国硫资源匮乏的现状，符合当前中国经济与环境的可持续发展战略。为此，研发可持续发展的资源化烟气脱硫技术将是未来研究的主要方向。

（3）多污染物协同控制

我国燃煤电厂烟气治理经历了从“除尘”到“除尘＋脱硫”，再到现在的“除尘＋脱硫＋脱硝”的演变，在污染物治理技术方面实现了重大突破，开始考虑各设备间的协同效应。如湿法脱硫装置（WFGD）在设计时逐步开始考虑脱硫塔的除尘效果。2013年之前，国内湿法脱硫除尘效率一般在50%左右，甚至更低，运行中由于除雾器等性能问题使湿法脱硫装置石膏浆液带出，造成湿法脱硫系统协同除尘效果降低，特别是低浓度烟尘情况下除尘效率低于50%，甚至发生出口烟尘浓度大于入口烟尘浓度的情况。在超低排放政策下，国内湿法脱硫通过低低温电除尘技术提高湿法脱硫入口粉尘粒径，以提高湿法脱硫协同除尘效果；另外，通过改善除雾效果，增加喷淋层或托盘等措施，降低湿法脱硫出口粉尘浓度。同时，在达到相同效率的情况下，开始注重系统设计，降低投资和运行成本。

40 燃煤电厂 SO_2 超低排放技术路线有哪些?

煤粉锅炉宜采用湿法脱硫工艺，并满足以下要求：

① 石灰石-石膏湿法脱硫工艺适用于各类燃煤电厂，分为空塔提效、pH 值分区和复合塔技术，技术选择应根据脱硫系统入口 SO_2 浓度确定，具体见表 1-10。

表 1-10 石灰石-石膏湿法脱硫工艺技术选择原则

脱硫系统入口 SO_2 浓度 /(mg/m^3)	脱硫效率 /%	石灰石-石膏湿法脱硫工艺适用技术
≤1000	≤97	可选用空塔提效、pH 值分区和复合塔技术
≤3000	≤99	可选用 pH 值分区技术、复合塔技术
≤6000	≤99.5	可选用 pH 值分区技术、复合塔技术中的湍流器持液技术
≤10000	≤99.7	可选用 pH 值分区技术中的 pH 值物理分区双循环技术、复合塔技术中的湍流器持液技术

② 氨法脱硫工艺适用于氨水或液氨来源稳定，运输距离短且周围环境不敏感的燃煤电厂，入口 SO_2 浓度宜不大于 $10000mg/m^3$。

③ 海水脱硫工艺适用于海水碱度满足工艺要求，海水扩散条件较好，并符合近岸海域环境功能区划要求的滨海燃煤电厂，入口 SO_2 浓度宜不大于 $2000mg/m^3$。

循环流化床锅炉可采用炉内喷钙脱硫（可选用）与炉后湿法脱硫相结合的工艺，也可采用炉内喷钙脱硫与炉后高效烟气循环流化床脱硫相结合的工艺。工艺方案应根据吸收剂供应条件、水源情况、脱硫副产品综合利用条件等因素综合确定。

41 燃煤电厂 NO_x 超低排放技术路线有哪些？

切向燃烧、墙式燃烧方式的煤粉锅炉应采用锅炉低氮燃烧与 SCR 脱硝相结合的工艺，并满足以下要求：

① 应采用低氮燃烧技术降低 NO_x 生成，锅炉炉膛出口 NO_x 浓度控制指标应根据锅炉燃烧方式、煤质特性及锅炉效率等综合确定；

② 应根据锅炉炉膛出口 NO_x 浓度确定 SCR 脱硝系统的脱硝效率和反应器催化剂层数。

循环流化床锅炉可选用 SNCR 脱硝工艺或 SNCR/SCR 联合脱硝工艺，并满足以下要求：

① 锅炉炉膛出口 NO_x 浓度控制指标应结合煤质特性、锅炉运行情况及锅炉效率等综合确定；

② 宜优先采用 SNCR 脱硝工艺，必要时可采用 SNCR/SCR 联合脱硝工艺，脱硝效率为 60%～80%，具体可根据锅炉炉膛出口 NO_x 浓度等条件确定；

③ 采用 SNCR/SCR 联合脱硝工艺时，SCR 反应器催化剂可按 1+1 层装设，改造工程也可结合安装空间条件确定催化剂层数。

燃烧前煤炭洗选和煤炭转化脱硫技术

42 煤是怎么形成的?

煤是一种不均匀的有机燃料，主要是由植物的部分分解相变质形成的。煤的形成要经历一个很长的历史时期，通常需要高压覆盖层以及较高温度的条件，不同种类的植物及其不同的腐蚀程度，形成不同成分的煤。煤的成分变化很大，其典型组分如下：碳 65%～95%、氢 2%～7%、氧 25%、硫 1%～10%、氮 1%～2%，另外还有 2%～20%不等的水分（以上均为质量百分数）。

43 煤有哪些种类?

煤的分类方法很多，《中国煤炭分类》（GB/T 5751—2009）主要是通过煤化程度和工艺性质对煤进行分类，主要分类参数为干燥无灰基挥发分（V_{def}）。各类煤的基本性质和主要用途各不相同。

① 无烟煤　其特点是固定碳含量高，挥发分低，纯煤真密度高（1.39～1.90g/cm^3），无任何黏结性，燃点比较高（一般在 360～420℃左右），燃烧时没有烟。主要用于民用和合成氨造气，无烟煤还是高炉喷吹和烧结铁矿石的还原剂和燃料，也可以作为制造各种碳素材料（如电极、炭块、活性炭等）的原料。

② 贫煤　贫煤属于烟煤的一种，是烟煤中变质程度最高的煤，基本不黏结或微弱黏结，在层状焦炉中不会结焦。发热量大于无烟煤，燃烧时火焰较短，耐烧，但是燃点比较高，一般为 350～380℃。主要用于电厂燃料，与高挥发分煤配合燃烧效果较好。常作为民用和工业锅炉的燃料。

③ 贫瘦煤　挥发分较低，黏结性不如瘦煤。主要用于炼焦，炼焦时加入一定比例的贫瘦煤可以起到瘦化作用，能有效提高焦炭的块度。贫瘦煤也用于发电、机车、民用和其他工业燃料。

④ 瘦煤　一种低挥发分、中等黏结性的炼焦煤，一般配煤炼焦时效果较好，单独炼焦虽然能得出块度大、裂纹少的焦炭，但其耐磨度较差。高硫、高灰的瘦煤一般只能用于电厂和锅炉燃料。

⑤ 焦煤　一种焦结性较好的炼焦煤，单独炼焦时所得的焦炭一般都块度较大、裂纹

较少，抗碎度和耐磨强度都比较高，但由于单独炼焦时膨胀压力大，往往会推焦困难，一般主要作为配煤炼焦使用。

⑥ 肥煤　中等挥发分或中高挥发分的强黏结性炼焦煤，加热时能产生大量的胶质体。单独炼焦时得出的焦炭熔融性好、强度高，但是横裂纹较多，一般作为基础煤种进行配煤炼焦。

⑦ 1/3 焦煤　炼焦煤的一种，挥发度中等偏高，黏结性较强，是介于焦煤、肥煤之间的一个过渡煤种。单独炼焦时所得焦炭熔融性好、强度较高，抗碎强度接近肥煤生成的焦炭，耐磨强度高于气肥煤和气煤生成的焦炭。所以既能单独供高炉使用，也可以作为配煤炼焦的煤种之一。

⑧ 气肥煤　强黏结性炼焦煤，挥发分和胶质体厚度很高。结焦性低于肥煤但优于气煤。用于高温干馏制煤气，也可用于配煤炼焦。

⑨ 气煤　一种变质程度较低、挥发分较高的炼焦煤，结焦性比较弱。加热时产生较多的煤气和焦油。在配煤炼焦时加入气煤可以提高煤气的回收率。气煤也可以单独高温干馏来制造城市煤气。

⑩ 1/2 中黏煤　挥发分变化范围较宽，中等结焦性的炼焦煤。可以作为配煤炼焦的原料。单独炼焦所得的焦炭强度差。主要用于气化或动力用煤。

⑪ 弱黏煤　黏结性较差，中等变质程度的非炼焦用煤。这种煤的煤岩成分中惰性组分较多，一般用于气化或动力燃料。

⑫ 不黏煤　一种非炼焦用烟煤。水分含量大，发热量低于一般烟煤。优点包括低灰、低硫及低位发热量较高。主要用于发电和气化，也可用于动力和民用燃料。

⑬ 长焰煤　变质程度最低的高挥发分非炼焦烟煤，煤化程度仅稍高于褐煤，低于其他烟煤。燃点比较低，热值也比较低。一般作为电厂、机车燃料或工业炉窑燃料。

⑭ 褐煤　煤化程度最低的煤，水分含量大，孔隙度大，挥发分高，不黏结，热值低，热稳定性差。主要用于发电燃料。

44 煤中硫的形态有哪些?

煤中硫一般分为无机硫和有机硫两大类。

(1) 无机硫

煤中的无机硫来自矿物质中各种含硫化合物，包括硫铁矿硫和硫酸盐硫，其中以黄铁矿（FeS_2）为主，还有白铁矿（FeS_2）、砷黄铁矿（FeAsS）、黄铜矿（$CuFeS_2$）、石膏（$CaSO_4 \cdot 2H_2O$）、绿矾（$FeSO_4 \cdot 7H_2O$）、方铅矿（PbS）、闪锌矿（ZnS）等。黄铁矿一般可以分为粒状、莓球状、结核状、规则和不规则状、裂隙充填黄铁矿等类型，也可以将黄铁矿分为具生物组构和不具生物组构两大类。

(2) 有机硫

有机硫的化学结构十分复杂。目前还无法完全了解煤中有机硫的化学成分。不过大体上可以测定煤中有机硫是以五种官能团存于煤中的：硫醇类（RSH）、硫化物或硫醚类（RSR′）、含噻吩环的芳香体系、硫醌类和二硫化物（RSSR′）或硫蒽类。不同含硫黄有机物的组分与煤的煤化程度有关，一般在低煤化程度的高硫煤中含有较多低分子量的有机硫化物，而在煤化程度较高的高硫煤中则含有较多高分子量有机硫化物。

煤中硫根据是否在空气中可燃，又分为可燃硫和不可燃硫，有机硫、硫铁矿硫和单质硫都在空气中可燃，为可燃硫。煤炭燃烧过程中不可燃硫残留在煤灰中，即为固定硫，如硫酸盐硫。

45 我国煤炭硫分分布的情况如何?

我国煤中硫分的地区差异很大，从 0.2%～8%不等，比较明显的特点是南方煤炭的含硫量一般比北方高，东部地区的煤炭含硫量比西北地区高，西南地区的煤炭普遍含硫量比较高。我国的高硫煤主要产于四川、贵州、湖北、广西、山东和陕西等省份。

（1）我国煤炭储量及硫分分布情况

我国煤炭资源丰富，根据《中国矿产资源报告 2023》，截至 2022 年，全国煤炭资源储量为 2070.12 亿吨。煤炭平均硫分为 1.10%，硫分小于 1%的煤占 63.5%，硫分大于 2%的煤占 24%；灰分普遍较高，一般在 15%～25%。

我国的高硫煤（含硫量＞3%）和中高硫煤（含硫量为 2%～3%）主要集中在两广、两湖、四川、贵州等地。贵州大部分为高硫煤，较为典型的六枝矿区炼焦煤的平均硫分为 2%～6%；四川的煤矿中有 3/4 左右是高硫煤，南桐、天府等煤田的平均硫分多在 4%左右。广西、重庆、浙江等省市商品煤的平均硫分都很高，一般达 3.5%～4.0%。而北方、东北地区，尤其是东北三省煤中硫分最低，在 0.21%～0.78%之间波动。

（2）我国不同煤种的硫分分布情况

我国 2093 个煤层煤样按不同煤炭类别硫分统计结果（表 2-1）表明：总体趋势是低煤化程度的煤硫分比较低。

表 2-1 我国不同煤种的平均含硫量

煤种	样品数	煤干燥基含硫量/%		
		平均值	最低值	最高值
褐煤	91	1.11	0.15	5.20
长焰煤	44	0.74	0.13	2.33
不黏结煤	17	0.89	0.12	2.51
弱黏结煤	139	1.20	0.08	5.81
气煤	554	0.78	0.10	10.24
肥煤	249	2.33	0.11	8.56
焦煤	295	1.41	0.09	6.38
瘦煤	172	1.82	0.15	7.22
贫煤	120	1.94	0.12	9.58
无烟煤	412	1.58	0.04	8.54
样品总数	2093	1.21	0.04	10.24

46 如何用重量法测定煤中全硫?

煤中各种形态硫的总和称为全硫，即硫酸盐硫、硫铁矿硫、单质硫和有机硫的总和。

重量法测定煤中全硫主要包括以下几个步骤：煤样的半熔、用水抽提、硫酸钡的沉淀、过滤、洗涤、干燥、灰化和灼烧等。因为在测定过程中是用艾什卡试剂（Na_2CO_3 和 MgO 以 1∶2 的质量比进行混合的混合物）作为熔剂，所以一般又称为艾什卡法。

将煤样和艾什卡试剂混合均匀，加温至半熔，这样可以使各种形态硫都转化为可溶于水的硫酸盐。当煤样燃烧时，可燃硫转化为 SO_2，然后与艾什卡试剂反应生成硫酸盐，反应式为：

$$SO_2 + Na_2CO_3 + \frac{1}{2}O_2 \longrightarrow Na_2SO_4 + CO_2$$

艾什卡试剂中 MgO 主要起到疏松反应物，使空气进入煤样的作用。

不可燃且难溶于水的 $CaSO_4$ 和 $MgSO_4$ 等硫酸盐也能和艾什卡试剂反应，即

$$MgSO_4 + Na_2CO_3 \longrightarrow Na_2SO_4 + MgCO_3$$

$$CaSO_4 + Na_2CO_3 \longrightarrow Na_2SO_4 + CaCO_3$$

经半熔后的熔块，用水进行抽提。因为 $MgCO_3$ 和 $CaCO_3$ 都不溶于水，因此不论是可燃硫还是不可燃硫都转化为 Na_2SO_4，进入水溶液中。部分未反应的 Na_2CO_3 也一起进入水溶液，使得溶液呈碱性。过滤，并将滤渣进行洗涤，洗液和滤液合并。此时调节 pH 值至 1～2 左右，消除溶液中的 CO_3^{2-}，以免碳酸根和 Ba^{2+} 形成碳酸钡沉淀影响硫酸钡沉淀的测量。调节 pH 值之后加入 Ba^{2+} 溶液，则有：

$$SO_4^{2-} + Ba^{2+} \longrightarrow BaSO_4 \downarrow$$

将 $BaSO_4$ 沉淀滤出，经过洗涤、烘干、灰化、灼烧后，进行称量，即可测出含硫量。

47 如何用库仑滴定法测定煤中全硫?

库仑滴定法是一种通过电化学方法测定煤中全硫的方法。通过定硫仪器对高温燃烧后产生的 SO_2 以电解碘化钾-溴化钾溶液所产生的碘和溴进行库仑滴定，然后根据电生碘和电生溴所消耗的电量，由库仑积分仪进行积分，得出煤中含硫量。由于操作简便、快速，结果与艾什卡重量法基本一致，因而得到广泛的应用。

将煤样在 1150℃高温和催化剂作用下在空气流中燃烧分解。这样煤中各种不同形态的硫都被氧化成为 SO_2 和少量 SO_3，空气流将 SO_2 和少量 SO_3 带入电解池内与水反应，生成亚硫酸和少量硫酸，电解碘化钾-溴化钾溶液，生成的碘和溴用来氧化滴定亚硫酸，反应如下：

阳极：

$$2I^- - 2e \longrightarrow I_2$$

$$2Br^- - 2e \longrightarrow Br_2$$

阴极：

$$2H^+ + 2e \longrightarrow H_2$$

碘、溴 SO_2 反应：

$$I_2 + SO_2 + 2H_2O \longrightarrow 2I^- + H_2SO_4 + 2H^+$$

$$Br_2 + SO_2 + 2H_2O \longrightarrow 2Br^- + H_2SO_4 + 2H^+$$

库仑积分仪能显示出电解碘化钾-溴化钾溶液所生成的碘和溴所消耗的库仑电量，按照法拉第电解定律，计算得出煤中全硫的含量。

48 如何用高温燃烧中和法测定煤中全硫?

高温燃烧中和法是容量法分析煤中全硫的方法之一。高温燃烧中和法最明显的优点是所需时间比较短，一次测定一般只需要 20～25min，测定全硫的同时还可以测定煤中的氯含量。

高温燃烧中和法主要包括煤的燃烧、SO_3 的吸收、标准 NaOH 溶液中和等几个步骤。高温燃烧的主要目的是使煤中的各种形态硫转化为 SO_3，为了实现这个目的，使用氧气作为氧化剂，在高温条件下（1250℃）可燃硫和不可燃硫都被分解。以 $MgSO_4$ 为例，一般硫酸盐在热分解时反应如下：

$$MgSO_4 \xrightarrow{\triangle} MgO + SO_3 \uparrow$$

$$2MgSO_4 \xrightarrow{\triangle} Mg_2O_3 + SO_2 \uparrow + SO_3 \uparrow$$

所以可见反应过程中其实并不是所有的硫分都转化成为 SO_3，必然有部分 SO_2 生成。这部分 SO_2 就留待吸收过程中进一步氧化成为 SO_3。将燃烧过程中生成的 SO_2 和 SO_3 都通入 H_2O_2 中，使得 SO_2 在 H_2O_2 中氧化成为 H_2SO_4。而 SO_3 则在溶液中与水反应同样生成 H_2SO_4。

$$H_2O_2 + H_2SO_3 \longrightarrow H_2SO_4 + H_2O$$

$$H_2O + SO_3 \longrightarrow H_2SO_4$$

生成的硫酸用标准氢氧化钠溶液滴定。以甲基红、亚甲基蓝混合指示剂指示终点，终点 pH 值约为 5.4～5.6，误差小于 0.01%。

由于煤中的氯在用 H_2O_2 吸收过程中，生成 HCl，所以在用氢氧化钠溶液中和时，必然会消耗一部分 NaOH。这部分 NaOH 应该从滴定用氢氧化钠中去除。用氧基氰化汞和生成的 NaCl 反应，氧基氰化汞在溶液中易水解生成羟基氰化汞，羟基氰化汞与 NaCl 反应，得到 NaOH。

$$NaOH + HCl \longrightarrow NaCl + H_2O$$

$$Hg_2O(CN)_2 + H_2O \longrightarrow 2Hg(OH)CN$$

$$Hg(OH)CN + NaCl \longrightarrow HgClCN + NaOH$$

同样，为了测定生成的 NaOH 量，再用标准 H_2SO_4 溶液进行滴定。可以得出中和 HCl 所消耗的 NaOH 量，这样既对煤中全硫含量进行了校正，同时还得到了煤中 Cl 的含量。

49 煤中硫铁矿如何测定?

煤中硫铁矿的测定一般是通过氧化还原容量法测定硫铁矿中铁的含量，然后计算硫铁矿的含量。这种方法可以消除 FeS_2 在氧化过程中形成的单质硫对结果产生的影响，而且测定速度比较快，因此应用较广泛。

将煤样经过 5mol/L 的 HNO_3 溶液进行浸取以排除煤中的赤铁矿（Fe_2O_3）、菱铁矿（$FeCO_3$）等的影响。接着以 HNO_3 氧化煤中的 FeS_2。如果氧化不足，也会有单质硫析出。

$$FeS_2 + 5NO_3^- + 4H^+ \longrightarrow Fe^{3+} + 5NO\uparrow + 2SO_4^{2-} + 2H_2O$$

$$FeS_2 + 3NO_3^- + 4H^+ \longrightarrow Fe^{3+} + SO_4^{2-} + S\downarrow + 3NO\uparrow + 2H_2O$$

虽然有少量硫生成，但 FeS_2 中的铁都氧化成为 Fe^{3+}，最后以 Sn^{2+} 来还原 Fe^{3+}。再用重铬酸钾标准溶液测定还原的 Fe^{2+}，可以计算 FeS_2 量。不过，在还原 Fe^{3+} 的过程中，必须将过量的 Sn^{2+} 氧化为 Sn^{4+}，一般使用 $HgCl_2$ 作为氧化剂。

$$Sn^{2+} + 2Fe^{3+} \longrightarrow 2Fe^{2+} + Sn^{4+}$$

$$Sn^{2+} + 2Hg^{2+} + 2Cl^- \longrightarrow Sn^{4+} + Hg_2Cl_2$$

然后用重铬酸钾标准溶液滴定 Fe^{2+}，通过 Fe^{2+} 的量计算得知硫铁矿的含量。

$$6Fe^{2+} + Cr_2O_7^{2-} + 14H^+ \longrightarrow 6Fe^{3+} + 2Cr^{3+} + 7H_2O$$

50 煤中硫酸盐硫如何测定?

部分硫酸盐难溶于水，而易溶于 HCl 溶液。在用 HCl 浸取后可以用这种浸取液测定硫酸盐硫。在浸取液中加入 Ba^{2+}，则会形成 $BaSO_4$ 沉淀，因此可用重量法测定硫酸盐含量。硫酸盐的含量和煤样存放时间有关，新鲜的煤样硫酸盐比较少。如果煤样存放时间比较长，经过氧化之后，硫酸盐的含量就会增多。因此测定硫酸盐硫的时间和测定结果有很大的关系，为了测定准确，应该及时测定。

51 为什么要进行燃烧前选煤？燃烧前选煤有什么重要性?

燃烧前选煤是燃烧前洁净煤技术的主要方法，主要包括筛分、干法分选、湿法分选、配煤等。其目的是燃烧前降低煤中的黄铁矿硫、灰分和有害元素。尽管燃烧中和燃烧后洁净煤技术是有效的，但煤炭燃烧前洁净煤技术仍是一个不可忽视的重要部分。对去除硫、微量元素和灰分，燃烧前分选是最经济的达到降低 SO_2、NO_x 和烟尘污染的方法。如果每年分选1亿吨原煤，去除大部分黄铁矿，每年将降低 SO_2 污染100万～150万吨。用精煤代替原煤发电能使燃烧效率由28%提高到35%。而且，燃烧精煤将减少运输费用，降低发电厂的运行成本，增加利润。

煤的质量随粒度有明显的变化，随粒度减小，灰分从47.52%降低到19.5%，硫分也随之降低。同时煤炭中存在着大量密度较大的矸石、矿物、岩石和黄铁矿杂质。这些杂质密度高，很容易用重选方法去除。通过筛分和分选，煤炭的质量大大改善。燃烧洁净煤不仅能改善环境，还能给矿井和电厂带来效益。

52 什么是煤的脱硫可洗选性?

所谓煤的脱硫性，是指煤中有机质和煤中硫分可分离的难易程度。这一指标主要反映按要求的煤炭硫分质量指标从原煤中获得合格产品的难易程度。因此也是煤炭脱硫方法选择和工艺设计的主要指标。影响煤炭脱硫可洗选性的因素很多，比如煤的破碎程度和煤中硫的赋存形态、脱硫方法等。在煤的脱硫可洗选性分析中，重点是评价原煤通过洗选降低硫分的可能性和精煤硫分降低程度与收率之间的关系。因为物理选煤脱掉的硫是以煤中的硫铁矿硫为主的，所以煤中硫的可脱出性和硫铁矿硫占全硫的比例以及硫铁矿的赋存形态有关。

53 什么是煤炭洗选脱硫?

我国的煤炭质量不高，很大程度是因为原煤入洗率低。煤炭洗选脱硫是指在燃烧前通过各种方法对煤进行净化，去除原煤中的部分硫分。煤炭洗选除灰脱硫是煤炭工业中的一个重要组成部分，是脱除无机硫最经济、最有效的技术手段。原煤经过洗选后，既可以脱硫又可以除灰，提高煤炭质量，减少燃煤污染，减少运输压力，提高能源利用率。煤炭中的硫分通过煤燃烧过程，将成为烟气中含硫污染物的主要来源，因此在原煤生产为燃煤过程中，通过洗选将原煤中的硫分部分去除，可以减少后续处理的压力，降低烟气脱硫的成本。选煤技术目前主要有物理法、化学法、物理化学法和微生物法等。

目前工业上应用广泛的主要是物理法。

54 传统机械湿法选煤方法有哪些缺陷?

传统的机械湿法选煤方法已经有 200 年的历史，湿法选煤过程需要耗费大量的水，而水资源的贫乏是全球性的问题。这一问题在我国西部地区表现得更为突出。

① 我国煤炭资源主要分布在西部干旱缺水地区。在我国已探明的 10^{12}t 煤炭保有储量中，晋、陕、蒙三省区占 60.3%，新、甘、宁、青等省区占 22.3%，位于东部四大缺煤区的 19 个省区只占 17.4%。占有全国煤炭保有储量 2/3 以上的干旱缺水地区的煤炭不适合采用耗水量大的湿法分选方法（例如湿法跳汰选煤，入选 1t 原煤约需 3～5t 循环水，还需补加部分清水）。

② 中国相当数量的年轻煤种遇水易泥化，不宜采用湿法分选。

③ 湿法分选产品外水高达 12%以上，严寒地区冬季冻结、储运困难，导致部分选煤厂被迫停产。

④ 采用湿法跳汰、重介和浮游等选煤，耗水量大，投资及生产费用高，投资达 80 元/t 以上。

55 干法选煤技术主要有哪些种类?

干法选煤主要是利用煤与矸石的物理性质差别进行分选。物理性质包括密度、粒度、形状、光泽度、导磁性、导电性、辐射性、摩擦系数等。

干法选煤方法有风选、拣选、溜槽、摩擦选、磁选、电选、X 射线选、微波选、空气重介质流化床选煤等。在工业生产上应用较多的主要有风力选煤和空气重介质流化床选煤。

56 什么是跳汰选煤?

跳汰选煤是物理选煤技术的一种。在众多物理选煤技术中占有很重要的位置，每年全世界入选的煤炭中，约有超过一半的煤炭是采用跳汰选煤技术处理的。就我国而言，每年全部入选原煤量采用跳汰选煤的超过70%。跳汰选煤之所以应用如此广泛，主要因为它有比较突出的优点，比如工艺流程简单、设备操作维修方便、处理能力大、有足够的分选精度、处理的粒度级别较宽、适应性比较强等。

跳汰分选主要是在不断变化的流体作用下各种不同密度、粒度和形状的物料的运动过程。但是迄今为止跳汰分选的机理观点都不能全面描述跳汰过程中矿粒按密度分层的基本原理。

57 跳汰选煤设备主要有哪几种?

跳汰机的种类很多，分类方法也不尽相同。

① 从产生脉动的水流动力源分，可以分为活塞跳汰机、无活塞跳汰机和隔膜跳汰机。无活塞跳汰机中水流的脉动是利用压缩空气来推动的。在无活塞跳汰机中，按压缩空气进出的风阀类型，可以分为立式风阀跳汰机和卧式风阀跳汰机；按照风室的布置方式，可以分为侧鼓式与筛下空气室跳汰机。

② 按筛板是否移动可以分为定筛跳汰机和动筛跳汰机。

③ 按入选粒度不同可以分为块煤跳汰机（粒度大于13mm）、末煤跳汰机（粒度小于13mm）、混合跳汰机（粒度小于50mm或100mm的混煤）及煤泥跳汰机（粒度小于0.5mm或1mm的煤泥）等。

④ 按跳汰机在流程中的位置不同，可以分为主选机和再洗机，按分选产品的数目又可分为一段、两段和三段跳汰机。

⑤ 按排矸方式不同，可以分为顺排矸和逆排矸跳汰机。

现在工业上用得较多的是侧鼓卧式风阀跳汰机和筛下空气室跳汰机，都属于定筛跳汰机。近年来，国内外对于动筛跳汰机的开发和应用也逐渐增多。

58 什么是重介质选煤?

重介质选煤法主要是利用液体密度介于煤和矸石之间的重液和悬浮液作为分选介质，将煤与矸石分离的方法。重介质选煤由于投资低、效率高的优点日益受到重视，同时因为解决了设备的耐磨、介质回收等问题使得工艺进一步简化，在工业上得到了越来越广泛的应用。目前，我国已掌握了重介质选煤技术，能自行设计大中型重介质选煤工艺的选煤厂，尤其是在重介质旋流器选煤技术方面，自主研制开发了一系列大直径的重介质旋流器，一些技术和指标已达到或超过世界领先水平，开发了具有自主知识产权的新工艺和设备，在促进重介质选煤技术推广应用的同时，还提升了煤炭企业的经济效益。

重介质选煤的基本原理就是阿基米德原理：浸没在液体中的颗粒所受到的浮力等于颗粒所排开的同体积的液体的重量。所以，如果颗粒的密度 λ 小于悬浮液密度 ρ，颗粒就会上浮；若大于悬浮液密度 ρ，颗粒就会下沉；如果和悬浮液密度 ρ 正好相等，那么颗粒就会处于悬浮状态。颗粒在悬浮液中进行运动时，除受到重力和浮力的作用以外，还受到悬浮液的阻力作用，最初相对悬浮液作加速运动的颗粒最后会以最终速度相对悬浮液运动。颗粒越大、最终速度越大、分选速度越快，分选效率就越高。重介质选煤是严格按照密度分选的，颗粒粒度和形状只能影响分选的速度，这也就是为什么重介质选煤效率比较高的原因。

59 重介质选煤设备主要有哪几种?

目前重介质选煤主要是用磁铁矿粉和水配制的悬浮液作为选煤的分选介质，主要用于排矸、分选难选和极难选煤。现在应用比较多的重介质选煤设备主要有分选大于 6mm 或 13mm 的块煤斜轮重介质分选机和立轮重介质分选机，以及分选末煤的重介质旋流器。下面简单介绍一下这几种设备。

（1）斜轮重介质分选机

斜轮重介质分选机又名德鲁鲍依重介质分选机，是 20 世纪 50 年代初由法国韦诺皮克公司研制的，后来英国、日本等国也陆续生产，我国制造的有 LZX 型斜轮重介质分选机。这种分选机的主要特点有：分选粒度范围比较大，排矸轮可以排除大块矸石，分选精度高，所需循环悬浮液量少，处理能力大，适应性比较强，原煤在性质和数量上的变动对分选效果影响小。

（2）立轮重介质分选机

立轮重介质分选机应用广泛，类型也比较多，常用的有德国产的太斯卡型、波兰产的 DISA 型等。我国制造的 JL 型立轮分选机与斜轮分选机的主要区别是排矸轮垂直安装，与悬浮液流动方向成 90°，其他结构类似。

（3）重介质旋流器

从形状来分，可以将重介质旋流器分为两类：一类是以荷兰产 D. S. M 为代表的圆锥形；另一类为以美国产 D. W. P 为代表的圆筒形。D. S. M 型旋流器采用压入式给煤方式，D. W. P 型旋流器采用无压给煤的方式。

60 重介质选煤的影响因素有哪些?

重介质选煤的影响因素比较多，主要有以下几点。

（1）悬浮液固体容积浓度

因为悬浮液固体容积浓度和悬浮液的黏度有很大关系，悬浮液的黏度随着固体容积浓度的升高而增大，如果固体容积浓度超过 40%，悬浮液的黏度太高，不利于分选；如果浓度太低，低于 20%时，悬浮液的稳定性不好。因此悬浮液的固体浓度容积一般稳定于 20%～40%之间比较好。

（2）原煤粒度

如果入选原煤的粒度太小，可能会使得重介质选煤的偏差增大，因此重介质选块煤时，1mm级煤的含量对烟煤最好不超过1.5%～2.0%，对无烟煤则控制在0.4%～2.0%之间。

（3）悬浮液中煤泥含量

当悬浮液中添加的重质为磁铁矿粉时，有助于提高悬浮液中煤泥的稳定性，但是根据悬浮液密度和黏度的要求，不同的分选情况下，煤泥的含量应进行控制。悬浮液密度低，则煤泥含量应高些；悬浮液密度较高，则煤泥的含量应低些。

（4）原煤的可选性

重介质选煤的依据是煤的可选性，根据原煤的可选性来确定悬浮液的密度。如果入选原煤的可选性有明显差别，应分开入选或者混匀后再入选。

（5）给煤量

重介质旋流器的给煤量也是一个影响分选效率的因素，如果旋流器处于过负荷条件下工作，则选煤的效率会明显下降。

61 什么是风力选煤法？

风力选煤法是干法选煤工艺的一种。风力选煤法主要有风力摇床、风力跳汰、复合式风力选煤。风力干法选煤技术已有90多年的历史。由于风力选煤工艺流程简单、使用设备少、投资少、加工成本低、能获得不同质量的干产品等诸多优点，尤其在分选易选和中等可选性的原煤时，其产品能满足用户的要求，发展很快。

62 什么是复合式干法选煤技术？复合式干选机的工作流程是怎样的？

复合式干法选煤是中国独创的一种新型选煤方法，是由煤炭科学研究总院唐山分院选煤研究所在消化、吸收国外技术的基础上，经过多年努力开发而成的。实践证明，分选褐煤、贫煤、不黏煤、气肥煤和无烟煤等各种煤种时，脱硫降灰效果好。

复合式干选机由分选床、振动源、风室、机架、调坡装置等组成，根据分选物料的密度、粒度、形状和表面性质不同而分层、分带。其具体分选过程如下。

① 入选物料给入具有一定纵向和横向倾角的分选床，振动器带动分选床振动，直接与振动床面接触的底层物料沿床面排料边向背板方向运动。由于背板的阻挡，物料沿背板方向向上运动产生料层的翻转。

② 床面下有若干个可控制风量的风室，空气由离心通风机供入风室，通过床面上的风孔，气流向上作用于被分选物料，在振动力和风力的共同作用下，物料松散并按密度分层，轻物料在上，重物料在下。

③ 在重力和入料的压力作用下，不断翻转的物料形成螺旋运动向排矸端移动。因床面宽度逐渐减缩，物料层变厚，通过排料挡板的调节使最上层物料横向排出，而下层物料

则以小螺旋运动逐渐集中到排矸端排出。

④ 床面上的格条对底层物料起导向作用，从而使整个床层物料形成有规律的螺旋运动。格条之间均匀分布的垂直风孔使物料每经过一次螺旋运动都受到一次风力分选作用，即密度小及粒度小的物料移向顶层，密度大及粒度大的留在底层。这样从给料端到排矸端物料将经受多次风力分选作用。

风力分选机还利用了入料中的细粒物料作为自生介质和空气组成气固混合悬浮体，在一定程度上相当于空气煤泥介质分选机，改善了粗粒级的分选效果。由于床面横向有倾角，因此，低密度物料从床层表面下滑，通过侧边的排料挡板使最上层煤不断排出，进入精煤排料槽；高密度物料聚集于床层底部，在床面上导向板的作用下，向矸石端移动，最终进入尾矿溜槽。根据用户对产品的不同要求，可分段截取，生产多种产品。

为保证生产车间的工作环境，风力干法分选机工作面上为负压状态。干选机上部设吸尘罩，75%左右的带尘气体经过螺旋煤尘分离器处理后，进入离心通风机循环使用；其余25%左右的风经一次除尘器回收粗粒粉尘，再由二次除尘器回收细粒粉尘后排出系统进入大气。外排气体经过高效除尘器除尘后，其尘含量低于国家标准。

经多个风力干法选煤厂的应用实践证明，风力选煤技术能有效分选褐煤、不黏煤、贫煤、瘦煤、气煤、无烟煤等煤种。能在不同原煤灰分下，分选出满足用户要求的不同质量产品。

风力选煤目前主要用于易选或中等易选煤炭的降灰，动力煤排矸，劣质煤、脏杂煤的排矸和提质，尤其适用于高寒、缺水地区煤炭的分选。对于遇水易碎、矸石易泥化的年轻烟煤更为适宜。该技术要求入选原煤外水为7%～9%，内在水分不限。

63 什么是高梯度强磁分离煤脱硫技术?

磁分离主要是根据各种不同物质之间的磁性差异进行分选的。煤中有机硫一般与可燃有机物结合在一起呈逆磁性，无机硫则具有较强的顺磁性。高梯度强磁分离煤脱硫技术通过借助磁场对磁性矿物的作用，有效脱除赋存在煤中的无机硫和其他灰分物质。磁选的优点在于不仅能使煤中的含硫物质得到脱除，而且能够提高燃烧效率，回收黄铁矿。

目前国际上高梯度磁分离技术的主要试验手段包括常规磁分离和能提供强磁场的超导磁分离设备。从国外试验情况看，随着超导技术的发展，超导高梯度强磁分离技术已经逐步克服了常规磁分离技术高能耗、磁场受限制等不足，具有能耗低、磁场高和处理量大的优点，而且在高强度磁场中，极弱磁性的颗粒也能被分选，所以其分选效果优于其他种类的磁选机。

64 什么是电选法选煤?

电选是指通过利用煤和矿物质介电性质的不同对煤进行分选的一种技术。电选主要包括矿粒的带电和分离两个过程。矿粒带电主要有三种方式：碰撞摩擦带电、离子轰击带电、传导感应带电。电选机根据带电方式的不同可分为三类：摩擦静电分选机、静电分选机、动电分选机。

（1）摩擦静电分选机

摩擦静电分选机能有效地去除煤中的矿物质，特别是黄铁矿。其工作流程如下：煤粉通过高速气流的夹带，经管路进入摩擦带电器，物料颗粒与摩擦材料、颗粒与颗粒之间不断碰撞，煤颗粒带有正电而矿物颗粒带有负电，接着喷入平行板电极产生的强电场中，由于荷电类型的不同，煤颗粒与矿物颗粒就分别被吸向不同的极板，用集尘器收集后就完成了分选。

（2）静电分选机

典型的静电分选机是滚筒型静电分选机。滚筒型静电分选机的主要组件包括给料器、滚筒、传动减速机构、静电极、分矿板等部分。当物料进入旋转接地滚筒，煤中的矿物质颗粒由于导电性较好，经传导带上与静电极相异的电荷，被静电极吸引而首先离开滚筒表面进入尾煤箱，煤颗粒通过感应极化，继续附着在滚筒表面，最后因重力进入精煤箱，完成分选。

（3）动电分选机

又称为高压分选机，颗粒通过接地旋转滚筒进入电场中，受到离子轰击而荷电，矿物颗粒导电性好于煤颗粒，从而将电荷传给接地滚筒而本身失去电荷，从滚筒表面被甩入尾煤箱。煤颗粒由于导电性差，无法较快地将电荷传给滚筒，则被吸附在滚筒表面，因此实现分选。

65 什么是物理化学选煤脱硫工艺?

物理化学选煤脱硫工艺也就是我们通常所说的浮选，主要是根据矿物表面的物理化学性质的差别进行分选。浮选的方法较多，包括泡沫浮选、浮选柱浮选、油团浮选和选择性絮凝等。工业上一般说的浮选指的就是泡沫浮选，泡沫浮选通常只能脱除煤中的部分硫铁矿硫，对有机硫的脱除效果很差。

以往的两段浮选法就是粗选-精选两段浮选，由于泡沫的夹带使得部分黄铁矿也进入精煤中，浮选的脱硫率一直低于50%。1973年美国能源部提出使用煤-黄铁矿反浮选方法代替以前的两段浮选法，结果显示一般能脱除44%～73%的黄铁矿硫，对于硫分较低的煤而言脱硫效果不是很好，但是有机硫含量低的情况下，使用煤-黄铁矿反浮选法脱硫还是有利的。

66 煤浮选脱硫的主要影响因素有哪些?

煤浮选效果的影响因素很多，主要有煤的浮选粒度、浮选剂、煤浆浓度、浮选机类型等。

（1）浮选粒度

煤的浮选入料粒度对泡沫浮选非常重要，为了保证使不同粒度的煤中硫化矿物能单体离解，煤必须破碎到嵌布粒度以下。而且入料粒度对浮选还有经济方面的影响，一般认为大于28目的煤在经济上是不合适的。最佳煤粒度为48～150目，不过实际上更小的煤也能用浮选法处理，工业上粒度小于200目的煤泥一般都使用泡沫浮选法。

(2) 浮选剂

浮选剂也是浮选工艺的关键，由于目前国内外采用的浮选法脱硫工艺还处于研究阶段，浮选剂尚没有比较成熟的配方。研究浮选剂、调整剂和捕集剂的种类和配方是很关键的，有了适当的浮选剂才能使浮选法成为成熟稳定的工业方法。

(3) 煤浆浓度

在工业浮选过程中，调节煤浆浓度可以消除入料粒度粗细对浮选的不利影响，如果浮选入料中煤泥的可浮性较好，而粒度较粗，应选用较高的浮选浓度，有利于提高精煤产率和降低药剂消耗量，同时对精煤的质量也没有影响；如果入料的粒度较细，适当的低浓度浮选有利于消除细泥的污染和提高浮选的选择性。

(4) 浮选机类型

目前常用的浮选机主要是三种，即维姆克型（Wemco）、海尔-皮特森（Heyl-Pattcr-son）式和丹佛式（Denver）。维姆克型和丹佛式都是机械式的，海尔-皮特森式是无机械搅拌旋流式浮选机。维姆克型的优点是工作稳定，使用方便。目前美国推荐应用于小于28目煤泥的浮选脱硫的浮选机是No. 168维姆克型浮选机，这种浮选机的机身比较短，拥有4～6个浮选室。美国能源部的中试结果显示，不同煤种回收率为50%的情况下，灰、硫的脱除率都高于50%。

另外，浮选效果和pH值及水质也有一定的关系，某些煤在特定的pH值范围内浮选效果很差，精煤回收率和产品质量也会受影响。一般而言，pH值高的情况下，黄铁矿的上浮会受到一定的抑制。

67 几种物理选煤脱硫技术各有什么特点?

以下几种物理选煤脱硫技术都有各自的特点，针对其原理、优点、目前技术开发状况和存在问题做以下比较分析。

(1) 重介质选煤技术

其原理是利用煤与黄铁矿密度的差异，应用悬浮液有效分选出含硫的矿粒，其优点是分选效率和精度高、应用广泛、易于实现自动控制。但目前以微细颗粒作为对象的工艺过程还未建立，有待开发工艺简单、高效率、高效益的重介质选煤技术。

(2) 浮选法

浮选法是依据矿物表面润湿性的差别分选细粒煤的选煤方法，它是回收细粒级精煤，合理利用煤炭资源，净化选煤厂循环水，提高其他工艺环节的效果，实现洗水厂内闭路循环，防止环境污染的重要工艺环节。尤其是浮选柱技术的成功应用，大大改善了浮选设备的选择性，对脱除黄铁矿具有重要意义。但浮选法难用于粗颗粒物料的分选，黄铁矿的脱除要比降灰更难实现。

(3) 油团聚造粒法

油团聚造粒法是利用煤和矿物质表面性质的差异，在添加油的作用下，使煤颗粒发生凝聚，从而析出含硫矿物质，它的优点在于能有效去除微小矿物质，主要用于去除灰分。但造粒机理复杂，添加油的费用占操作费用的80%左右，成本比较高，目前许多工艺过程的方案都处于试验阶段。

（4）磁力静电分离法

磁力静电分离法是利用煤炭和无机矿物的磁性和电性的差异进行分离的，目前尚处于试验阶段。现正在开发大功率磁选机及超导磁选机，而煤尘防爆、粒径的精密控制等是今后重点研究的课题。

（5）干洗法

干法选煤技术利用煤与矿粒之间物理性质的差异，可有效脱除黄铁矿，且经济环保，目前正处于推广应用阶段，但风选效率较低，应大力推广空气重介选煤技术。

68 煤炭化学脱硫技术有哪些方法？如何分类？

煤炭的化学脱硫方法严格来说应分为物理化学脱硫方法和纯化学脱硫方法，物理化学方法也就是通常所说的浮选。化学脱硫是利用煤与黄铁矿的化学性质不同，用特定的方法或加入一定的药剂，使之发生化学反应而脱除煤中硫的方法。纯化学脱硫方法包括碱法脱硫、气体脱硫、热解和氢化脱硫、超临界气体抽提脱硫、氧化法脱硫等。

（1）碱法脱硫

在煤中加入KOH、NaOH或$Ca(OH)_2$和苛性碱，在一定的反应温度下使煤中的硫生成含硫化合物。该法具有一定的腐蚀性，但在合适的条件下可脱除几乎全部的黄铁矿硫和70%的有机硫。

（2）气体脱硫

在高温下，用能与煤中黄铁矿硫或有机硫反应的气体处理煤，生成挥发性含硫气体，从而脱去煤中的硫，脱硫率可达86%。

（3）热解与氢化脱硫

采用炭化、酸浸提和氢化脱硫三个步骤，将硫转化为碳化钙，进而转化为可溶的硫氢化钙，分离后达到脱硫目的。在用烟煤进行的实验室试验中可脱除80%的黄铁矿硫和50%的有机硫。

（4）超临界气体抽提脱硫

在煤中加入甲醇和乙醇，利用醇中的氢键和偶极引力，增加对煤中有机物的溶解能力，以达到脱硫目的。该法主要用于脱有机硫，脱硫率可达57.8%。

（5）氧化法脱硫

在酸性或氢化氨存在条件下，将硫化合物在含氧溶液中氧化成易于脱除的硫和硫酸盐，从而使硫和煤分离。在酸性溶液中只能脱除黄铁矿硫，脱除率达90%，在碱性溶液中还可脱除30%～40%的有机硫。

煤的化学脱硫法脱硫效果比较好，可以获得超低灰硫分煤。主要限制其推广和应用的是其工艺复杂，要求苛刻，费用较高。

69 什么是热碱液浸出法脱硫？

热碱液浸出法就是以 $Ca(OH)_2$ 和 NaOH 的混合溶液作为浸出剂，该混合溶液含 NaOH 4%～10%，含 $Ca(OH)_2$ 2%左右，通过使用这样的混合热碱液浸出煤中的黄铁矿硫和有机硫化合物，使煤在高温高压下进行脱硫反应，整个过程包括五个主要阶段：煤制备、热液处理、固液分离、燃料干燥和浸出剂再生。操作条件为：反应温度为 225～273℃，压力为 2.41～17.2MPa。

（1）煤制备

煤制备阶段需要将原煤粉碎至 200 目占 70%，送入煤浆槽与浸出液混合，制成 30%的煤浆，用泵压入反应器。

（2）热液处理

将煤浆在反应器中加热到 273℃，反应器压力升至 5.85MPa，经过 10min 的反应时间，可以使全部的黄铁矿硫和 70%有机硫转化为 Na_2S，反应方程式如下：

$$8FeS_2+30NaOH \longrightarrow 4Fe_2O_3+14Na_2S+Na_2S_2O_3+15H_2O$$

$$C_4H_4S+2NaOH \longrightarrow C_4H_4O+Na_2S+H_2O$$

注意该过程在无氧条件下操作，这样可以减少硫氧化物的生成，避免碱液与硫氧化物反应而消耗。

（3）固液分离阶段

将反应物先经过热交换器，然后送入浓缩器，通过洗涤和浓缩将固体浓度控制到 50%，碱度达 0.2%。从浓缩器出来的料浆再经过过滤器缩水，控制固体含量增至 70%，注意浸出剂在再生以前也要进行浓缩。

（4）燃料干燥阶段

对浸出液进行浓缩、过滤和洗涤等处理，将脱硫后的煤从浸出液中分离出来，再输送到旋转式蒸气管干燥机进一步脱水，这样就得到了固态燃料。采取这种方法所得的燃煤一般含水 2%，应用于电厂、工业锅炉和气化炉。过滤机的滤液和干燥机的冷凝液可以作为洗涤用水循环。

（5）浸出剂再生阶段

将废浸出液送入再生塔，通入含 20% CO_2 的气体，因为废浸出液中含有未参加反应的碱、硫化钠、灰、金属盐和煤泥或其转化产物等，所以硫化钠转化为碳酸钠和硫化氢，原先溶解的矿物质也得到沉淀，可用过滤法除去。再用石灰水与碳酸钠反应，产生氢氧化钠和碳酸钙，过滤后将得到的氢氧化钠溶液浓缩后通入反应器。碳酸钙煅烧生成石灰，反应过程中所得的 CO_2 可用于再生塔。再生反应的方程式如下：

$$Na_2S+2NaOH+2CO_2 \longrightarrow 2Na_2CO_3+H_2S\uparrow$$

$$Na_2CO_3+CaO+H_2O \longrightarrow 2NaOH+CaCO_3\downarrow$$

$$CaCO_3 \xrightarrow{\triangle} CaO+CO_2\uparrow$$

热碱法主要适用于气化燃料煤的脱硫，主要优点有：

① 煤脱硫后完全失去黏性和膨胀性，但挥发分无损失；

② 水蒸气可以在较低温度下进行；

③ 加氢气化后可在较低压力下以更快的速度进行；

④ 煤中残留的浸出剂是煤气化反应的催化剂。

这些优点对于煤炭气化的操作非常有利，能显著降低煤炭气化的投资和操作费用。

70 什么是 Meyers 脱硫法？

Meyers 法是由美国 TRW 公司开发的，采用铁离子浓度为 1mol/L 的硫酸铁溶液从煤中浸出黄铁矿硫，控制反应条件为：温度为 90～130℃，压力为 1～10kgf/cm^2（1kgf＝9.8N），浸出时间为 4～6h，硫酸铁浸出剂在类似的温度条件下采用空气或氧气再生。首先将煤粉粉碎至粒度为 14 目左右，以硫酸铁为浸出剂并加热循环使用，在 5.4kgf/cm^2 和 118℃条件下，浸出剂与煤均匀混合 15min 后，约有 10％的黄铁矿硫被浸出，将浸出液通入 102℃的反应槽，连续通入氧气再生浸出剂，这样约有 83％的黄铁矿硫进入反应槽。之后将煤浆移入第二反应槽中，直至 95％的黄铁矿硫发生反应。反应方程式如下：

$$FeS_2 + 4.6Fe_2(SO_4)_3 + 4.8H_2O \longrightarrow 10.2FeSO_4 + 4.8H_2SO_4 + 0.8S$$

$$9.6FeSO_4 + 4.8H_2SO_4 + 2.4O_2 \longrightarrow 4.8Fe_2(SO_4)_3 + 4.8H_2O$$

反应完成后，需要从煤浆中脱除硫酸铁浸出剂，首先将煤浆过滤，然后用水洗涤，滤液和洗涤水送至除硫酸盐系统，滤饼和水混合制成浆液送至离心机脱水。硫酸盐脱除过程中，首先浓缩最初的浸出剂循环使用，第一级过滤的滤液和洗涤水送入蒸发器回收洗涤用水，所得结晶硫酸铁可以备用，析出的副产物硫酸钙用石灰水和第一级过滤的洗涤水来沉淀，部分中和的洗涤液和离心机出来的稀浸出液混合后作为循环使用的浸出剂。最后将离心机中出来的湿煤用高温蒸汽快速干燥，蒸发的水分和硫在旋风分离器中分离和冷却，这样就得到洁净的干煤了。

Meyers 法可以除去 83％～98％的黄铁矿硫，效果比较好，而煤的损失量比较小，浸出过程中，煤中有机成分（包括有机硫）基本不参加反应，因此比较适合处理全硫分较高而有机硫含量较少的煤。

71 什么是煤加氢热解脱硫法？

煤加氢热解是高温热解气体脱硫法这一类方法的统称，指的是在一定温度下保持一定的氢气压力对煤进行热分解的工艺过程。因为煤加氢热解反应的产物种类和操作条件（如温度等）有很大的关系，因此根据所得产物的不同，该方法又可以分为不同的几种类型：①目的产品为甲烷的加氢气化；②目的产品为焦油和固体半焦的加氢热解；③目的产品为苯、甲苯和二甲苯的快速加氢气化等。

事实上煤加氢热解更多是作为煤的一种转化方式，因为煤加氢热解的温度条件一般低于 800℃，氢气压低于 10MPa，而煤的加压液化的氢气压达 20～30MPa，加压气化的温度达 900℃，所以煤的加氢热解操作条件相比加压液化和加压气化要缓和一些，而因为加氢热解同时还具有脱硫的功能，因此也将其作为脱硫方法的一种。

比较典型的煤加氢热解脱硫有美国煤气工业研究所开发的IGT脱硫法和日本秋田大学开发的煤快速加氢脱硫法等。

（1）IGT脱硫法

IGT是一种采用化学预处理和热力作用相结合的快速脱硫工艺，在高温常压状态下通过加氢处理来脱除煤中的硫。所以IGT又称为加氢脱硫法。这种方法的主要特点是在加氢脱硫之前先对煤进行氧化预处理，可以消除煤的黏结性。预处理过程中将煤中20%～30%的硫氧化成为SO_2，混入低热值的预处理废气中。预处理过程中增大了煤孔隙，使得煤中的硫和氢气能够更为充分地接触，增加了生成硫化氢的排气通道，这样不仅可以防止煤黏结，而且还可以提高加氢处理阶段的脱硫量。同时，由于对煤中的含硫化合物的预氧化处理使得硫活化，在加氢脱硫过程中，黄铁矿硫首先脱除并且很容易反应生成硫化氢。具体反应方程式如下。

$$FeS_2 + H_2 \longrightarrow FeS + H_2S$$

$$FeS + H_2 \longrightarrow Fe + H_2S$$

有机硫的脱除机理较为复杂，很难用方程式表达。

此法的操作条件为常压和高温（预处理为400℃、加氢脱硫为800℃），而高温会使煤氧化、烃类挥发和煤气化，这样对热值就有一定的损耗。实验数据表明，可燃物的回收率一般在60%左右，但此法脱硫效果比较高，因此有一定的应用前景。

（2）煤快速加氢脱硫法

煤快速加氢脱硫法的主要特点是可以使煤颗粒在氢气流中以$10^3 \sim 10^4$K/s的速度被加热。在热解反应器中使煤颗粒从上而下运动，氢气流则由下而上与煤颗粒逆流送入，热解反应器的恒温区温度保持在1233K，这样就将硫化氢和焦油中的有机硫挥发物都带出。研究表明，该工艺对包括中国高硫煤在内的12种煤样降低其中的有机硫和无机硫都是有效的。

72 煤加氢热解脱硫法的主要特点是什么?

根据国外的研究结果来看，煤加氢热解的脱硫效果和煤中矿物质的化学性质有一定的关系。如果煤炭中的矿物质主要是碱性成分，那么煤中无机硫和有机硫通过加氢热解转化为硫化氢，硫化氢进一步与碱性物质反应，将生成硫化钙和硫化镁等物质残留在半焦中；如果煤中的矿物质主要是酸性物质或是中性物质，那么硫化氢就以气体形式逸出，而得到低硫半焦。可见如果矿物为碱性物质，生成的半焦中含有硫化钙和硫化镁，这些硫分都是不可燃硫，燃烧过程中将会转化成为硫酸钙和硫酸镁而留在灰中，不会造成SO_2污染。

尽管如此，值得强调的是硫酸钙分解程度会随着燃烧温度的升高而加剧，所以当矿物质成分为碱性物质时，煤加氢热解半焦一般还是用于燃烧温度比较低的流化床燃烧。目前，煤加氢热解的研究仍然停留在中试水平，其主要原因是由于煤加氢热解需要制氢和气体循环装置，而这部分的成本比较高。

73 什么是煤快速热解脱硫法?

煤的快速热解脱硫法主要是指煤在特定的气体环境中快速热解以制取高热值的燃气、

煤油和半焦，同时使硫在气相、固相和液相中重新分配以达到除去硫分的目的。

典型的方法主要有煤在惰性气氛中快速热解和煤焦炉气共热解脱硫。煤在惰性气体中快速热解技术是一种新的转化脱硫方法，目前还处于研究阶段。煤焦炉气共热解是将煤和焦炉气在3MPa的压力下进行快速热解以制取高热值煤气、高收率优质焦油和高活性半焦的工艺过程。焦炉气是主要由氢气（50%～55%）和甲烷（25%～30%）组成的混合气。煤焦炉气共热解实质上是把煤的加氢热解和煤甲烷共热解结合在一起的煤加氢甲烷热解工艺。同一般的煤快速热解相比，焦油收率比较高，同时由于脱硫作用，所得的半焦含硫比较低，可用于气化、燃烧和制取活性炭，也可用于炼焦配料。此工艺与一般的煤加氢热解工艺相比，最大的优点是采用成本较低的焦炉气替代昂贵的氢气，而且气体不需要循环，投资费用比较小，有很好的发展前景。

74 煤炭微生物脱硫原理是什么？

微生物脱除煤炭中的硫的机理比较复杂，因为微生物对煤中有机硫和无机硫的脱除方式是不同的，相对应的，脱除煤中有机硫和无机硫的微生物种类和脱硫机理也不同。

微生物脱除煤中的黄铁矿硫，主要有两种作用方式：一是直接作用；二是间接作用。事实上这两种作用始终是同时发生的。研究结果表明，氧化亚铁硫杆菌能够侵袭黄铁矿和白铁矿的表面，生成高价的铁离子和硫酸根，这就是细菌的直接作用。而直接作用产生的Fe^{3+}又能够使黄铁矿中的Fe^{2+}再生，氧化亚铁硫杆菌则又将Fe^{2+}氧化为Fe^{3+}，生成的单质硫则由细菌氧化为硫酸。这种循环式的氧化还原反应称为间接作用。通过直接作用和间接作用相结合的方式就使得黄铁矿氧化溶解，从而实现脱硫。

微生物脱除有机硫的情况要比脱除无机硫复杂得多，煤中的有机硫分子往往和碳、氢、氧等元素结合较紧密，有机物的分子不同，脱除方法也不同，一般主要是两条途径：

① 微生物直接作用于有机物分子中的硫原子；

② 微生物不直接作用于有机物分子中的硫原子而是作用于碳分子结构并使之被破坏。

75 目前用于煤脱硫的微生物主要有哪几类？

目前，应用于煤脱硫的微生物主要可以分为以下三类。

（1）喜温微生物

这类微生物一般在18～40℃条件下生存，属于嗜酸微生物，耐酸性pH值范围为1.0～5.0。主要是某些硫杆菌类。其中最常见的是氧化亚铁硫杆菌，这种细菌可以使黄铁矿氧化成为可溶性的硫酸盐。另一种常见的喜温微生物是氧化硫硫杆菌，也可以使黄铁矿溶解。当这两种细菌共同培养时，其溶解黄铁矿的速率要比任何一种单独溶解速率都快。

（2）喜热微生物

这也是一种嗜酸微生物，生长在相当高的温度下，多为硫化叶菌属中的菌种，生长条件的pH值一般为1.5～4.0，温度范围相当大，为45～800℃，在世界各地的含硫矿泉中均有生长。这类细菌的优点在于能在较高的温度条件下催化黄铁矿氧化，缩短氧化时间，减少冷却设备。

（3）变异的土壤细菌

一般生长于环境温度条件下，生长条件的pH值为中性。美国某研究公司培养所得的一种突变体细菌CB1能在25～40℃和中性条件下氧化噻吩，在一些煤中能获得对有机硫47%的去除率。

实际上为了脱除煤中的有机硫和无机硫，单独使用一种微生物是无法实现的，需要不同种类的细菌一起使用。通常使黄铁矿溶解的细菌可通过氧化黄铁矿获得能量，使空气中的CO_2固定，也称为自养型细菌，对于有机硫则主要依靠利用外部有机物生存的异氧型细菌。因为无机硫主要是以黄铁矿粒子的形式存在于煤中，只要使微生物能与黄铁矿粒子接触即可实现脱硫，而有机硫主要是以碳骨架结构的一部分存在，因此微生物只能接触煤表面的有机硫而无法接触煤内部的有机硫，所以有机硫的去除率一般要比无机硫低。

76 微生物脱黄铁矿硫的影响因素有哪些？

煤的微生物脱硫法最初就是用于研究脱除煤中的黄铁矿硫，相比微生物脱硫法脱除煤中有机硫法而言也比较成熟。脱除黄铁矿硫主要使用的菌种是氧化亚铁硫杆菌和氧化硫硫杆菌，虽然有煤炭粒度的限制，但黄铁矿硫的脱除率一般都能达到90%以上，脱硫效果比较好。目前微生物脱除黄铁矿硫的影响因素研究一般都在实验室范围开展，但是随着技术的进步，这些参数对于工程放大实验都有意义。

（1）煤的粒度和黄铁矿颗粒的分布

影响黄铁矿溶解速率的主要因素是煤的粒度。这是因为黄铁矿硫是以分散的形式存在于煤中，而细菌的氧化作用只发生在煤的表面。煤中黄铁矿颗粒的大小也很重要，因为脱硫反应速率取决于黄铁矿颗粒的大小而不是煤的粒度。细菌氧化作用的速率受化学物质扩散到煤的基体内部的速率以及黄铁矿颗粒表面积这两个因素控制。研究结果表明，煤的粒度越细，黄铁矿的溶解程度和溶解速率就越大，但是应用于工业中却不能在微生物处理前将煤磨得过细，因为这会给后期的回收和加工带来困难。

（2）pH值

微生物的生存环境pH值对微生物的生长和反应有很大的影响，许多脱硫微生物是耐酸性的，如果pH值太高将会影响微生物生长繁殖，这样对脱硫反应有很大的影响。另外，反应过程中还依靠pH值来控制铁盐的沉淀，当pH值小于3时铁就不会沉淀。

（3）温度

微生物生长环境的温度也是一个重要参数，用于脱硫的微生物生长条件的温度范围比较窄，温度过高或过低都会对微生物的生长起抑制作用而影响脱硫效果。

（4）氧气和CO_2

硫杆菌属和硫化叶菌属在脱硫过程中必须利用氧，因为氧是最终电子受体。CO_2则是氧化亚铁硫杆菌细胞繁殖的主要碳源。

其他因素如营养素、毒素等对微生物的生长也有一定的影响。

77 微生物脱硫方法一般有哪几种?

目前微生物脱硫方面研究得比较多的有三种：渗滤堆浸法、压缩空气搅拌浸出法和表面氧化辅助物理分选法。

（1）渗滤堆浸法

其主要步骤就是先将准备好的微生物加入水中，然后将含有微生物的水喷淋到堆积的煤上，水在浸透煤粒间隙的过程中，微生物作用于煤粒，脱除的硫溶于水中，达到脱硫的效果。这种方法可以同时去除有机硫和无机硫，主要优点是设备简单、操作简便，但是需要的时间比较长，只能用于堆放储藏时间比较长的煤。

（2）压缩空气搅拌浸出法

其主要是利用压缩空气将反应槽中的煤与含有微生物的浸出液一起搅拌。这种方法一方面有利于煤和微生物的充分接触，另一方面可以对微生物提供 CO_2 和氧气，有助于微生物的生长。这种方法也可以同时脱除有机硫与无机硫。

（3）表面氧化辅助物理分选法

其主要原理是通过微生物的作用改变黄铁矿颗粒的表面性质，然后利用泡沫浮选和油团聚从煤中脱出黄铁矿，这种方法一般只能脱除煤中的无机硫（主要是黄铁矿硫）。事实上这种方法只是通过微生物作用将黄铁矿颗粒表面氧化，然后采用物理脱硫方法。和普通物理脱硫方法相比这种方法强化了脱硫效果，其最大的好处是可以利用现有的设备，而且比上述两种微生物脱硫法所需的时间要短，同时和物理法脱硫技术相比，酸性废液的产生量也少得多。

78 生物浮选法中微生物脱硫剂的作用机理有哪些?

微生物脱硫剂与黄铁矿接触后，首先发生吸附，随之发生氧化。根据热力学计算，该过程有热量释放，是一个自发的过程，在发生吸附和氧化的过程中，细菌是能动的生命体，细菌不断地获取能量，进而生长与繁殖。在代谢的过程中，氧化亚铁硫杆菌依赖于硫化矿物获取能量，它与硫化矿物共同生存。微生物脱硫剂与硫化矿物的作用改变了矿物表面性质，使原来硫化矿物疏水表面变成亲水表面，改变了原来的可浮性。

① 微生物脱硫剂与黄铁矿吸附，增加了黄铁矿表面的亲水性。当矿物颗粒与细菌接触时，细菌很快吸附到黄铁矿表面上，具有选择性强和不可逆的特点。光谱分析法研究表明，在细菌生长过程中，在细胞与黄铁矿接触的表面上存在—NH_2，—NH，—CONH，—CO—和—COOH 等极性官能团，由于黄铁矿表面微生物带有极性官能团，所以增加了黄铁矿表面的亲水性，使得原本与煤的疏水性相差不大的黄铁矿拉大了距离，导致了黄铁矿的可浮性变差，有利于煤的脱硫。

浮游选矿基础理论研究表明，浮选药剂在矿物表面上的吸附形式分为两类，即化学吸附与物理吸附，微生物脱硫剂与黄铁矿的吸附不属于这两种类型，命名为微生物吸附。对于固体表面细菌吸附可以采用 Langmuir 等温吸附式模拟。

氧化亚铁硫杆菌对黄铁矿的吸附具有选择性强、吸附力大、不可逆性强的特点，吸附发生在矿物的表面，微生物具有生命力，细菌在矿物的表面通过吸附获取生存的能量。

② 微生物脱硫剂氧化黄铁矿表面，提高了黄铁矿表面的亲水性。细菌吸附在黄铁矿的表面上，由于细菌对黄铁矿具有氧化分解作用，使矿物氧化溶解，其化学反应为：

$$2FeS_2 + 7O_2 + 2H_2O \xrightarrow{\text{微生物}} 2FeSO_4 + 2H_2SO_4$$

$$4FeSO_4 + O_2 + 2H_2SO_4 \xrightarrow{\text{微生物}} 2Fe_2(SO_4)_3 + 2H_2O$$

$$FeS_2 + Fe_2(SO_4)_3 \longrightarrow 3FeSO_4 + 2S$$

$$2S + 3O_2 + 2H_2O \xrightarrow{\text{微生物}} 2H_2SO_4$$

微生物对矿物的作用导致黄铁矿晶格的破坏，使黄铁矿氧化分解，生成硫酸与硫酸高铁产物，硫酸高铁是再生的氧化剂，加速黄铁矿的氧化分解。由于细菌的作用使黄铁矿的表面发生氧化反应，伴随着电荷的得失，使得黄铁矿的表面带有电荷，提高了黄铁矿表面的亲水性，降低了黄铁矿的可浮性，有利于煤与黄铁矿的分离。

基于上述两方面的原因，黄铁矿在微生物脱硫剂吸附和氧化作用下，使其表面带有电荷，在表面电荷的作用下，颗粒表面形成双电层，其亲水性得到提高，阻碍了气泡与颗粒接触，影响了颗粒的矿化，使得黄铁矿的可浮性降低。

79 生物浮选法预处理目前存在哪些问题？

生物浮选法预处理目前存在如下问题。

① 微生物繁殖慢，反应时间长，一般需要几天或几周，堆沥可达几个月，难以保证脱硫工艺的稳定性。

② 酸性浸出废液的处理技术尚待开发，以解决环境保护和资源回收问题。

③ 有机硫的间接检测手段造成实验误差过大，影响了对结果的判断。

④ 脱除有机硫的生物活性、选择性及生长条件仍难满足放大试验的要求。

⑤ 有机硫脱除与煤的复杂性未充分考虑，微生物对煤的结构和物化性能的影响需进一步考察，如对煤热值、表面积、孔结构、黏结性等影响。

⑥ 黄钾铁矾的生成严重影响脱硫效率，需开发有效方法阻止其生成，或使其分离、脱除。

⑦ 微生物生长慢，培养基成本高，脱硫产生的酸性废液对装置的材质要求较高，浆态沥滤过程的动力消耗较大。

80 什么是煤的温和净化脱硫法？具体分为哪几类？

所谓煤的温和净化法就是指操作条件比较温和，不用像传统物理、化学脱硫法对温度和压强的要求那样苛刻，一般都在常温常压下进行脱硫反应，而且在净化后煤质几乎不变。由于有以上这些优点，近年来温和净化脱硫法的发展也比较快，常见的有辐射法、电化学法和化学法等。

（1）辐射法

辐射法主要分为两类，一类是利用微波辐射；另一类是采用超声波处理。

① 微波法主要是利用黄铁矿和其他组分的介电性不同，对煤用微波进行处理，可以诱使煤炭中黄铁矿和周围组分（如氢气、氧气、CO_2 等）发生热脱硫反应，黄铁矿转化为磁黄铁矿和陨硫铁甚至硫酸亚铁。微波法的特点是操作简单，可以在室温下进行，控制条件比较单一，只需要控制辐射时间即可。不过微波法对有机硫的脱除效果不好，一般需和其他脱硫法结合。

② 超声波法脱硫其实主要是通过超声波作用改变煤聚合体的结构，这样可以使煤中的硫暴露在碱中，从而提高碱液中氧化作用的脱硫率。

这两类辐射法的操作都比较简单，而且不需要在高温高压等条件下进行，不会改变煤的特性，将辐射法与其他方法结合有较好的应用前景。

（2）电化学法

煤的电化学净化法是借助煤在电解槽内发生电化学氧化反应或是还原反应，将煤中的黄铁矿和有机硫氧化或者将煤还原加氢，达到脱硫的目的。目前电化学方法还多处于实验室研究阶段，这种方法的脱硫率还比较低，大规模工业应用的条件还不够成熟。但是电化学法也有其独特的优点，比如能在常温常压下进行操作，能量效率高，还能联产氢气，成本比较低，从长远来看仍然具有诱人的前景。

（3）化学法

近年来煤的化学净化法也是研究的热门方法之一，比较有代表性的是溶剂温和抽提、有机金属化合物脱有机硫、单电子转移反应脱有机硫。这些方法都是利用有机溶剂抽提煤，主要特点是能够脱除物理法难以解决的有机硫。化学温和法一般都具有工艺简单经济的特点，很有发展前途。

81 我国现有选煤机械设备有哪些种类？

我国在20世纪50年代末才开始建立自己的选煤工业，起步较晚。在国家经济快速发展、相关技术成果日益丰富的过程中，选煤技术得到重视，选煤机也因此得到普及。但受制于机械装备的技术水平，选煤工业发展水平有限。一般，选煤企业对选煤机械的选择主要依据原煤的粒度、可选性及精煤的灰分等指标。以下是我国常用的选煤机械设备。

（1）跳汰选煤机

跳汰选煤机是在选煤企业中应用较多的一种选煤机械装备，由于应用较早，也积累了大量的实际经验。跳汰选煤机主要适用于易选或极易选的原煤，对于原煤分选等级要求不高时效果较好。同时，虽然跳汰选煤机对原煤的要求较高，但适用于选煤量较大的选煤厂。

（2）浮选选煤机

浮选选煤机在选煤企业中也经常使用，主要是通过加药的方式来分选煤泥。浮选选煤机的工作原理是在转子的下部吸入一定量的矿浆，并通过浮选机的作用让转子转动，利用转子的搅拌状态促使空气和矿浆之间充分进行混合，再通过大气压的作用形成挤压效果，并在转子中间的分散设备中逐渐扩散到浮选机内部，分散空气逐渐形成小气泡流出。这样就能够对煤矿杂质进行排除。该操作较为简单，适用于一些小型的煤矿开采工作。目前浮选选煤机中应用最广的两种是XJM型浮选选煤机和XJX型浮选选煤机。随着选煤行业的不断发展，以上两种型号的选煤机械已经不能满足大型选煤企业的生产要求，需要进行改进。

（3）重介质选煤机

重介质选煤是效率比较高的一种选煤方法，20世纪末在我国发展较快，目前重介质选煤所占比例为30%。20世纪90年代中期，我国从国外引进模块选煤，选用的是大型重介质旋流器选煤，旋流器直径达1150mm。重介质选煤机与跳汰选煤机相比，对煤炭的精度要求较高，主要适用于分选等级要求高的精煤。同时，重介质选煤机对于分选大块煤也具有较好的应用效果。重介质选煤机能够高效地分选原煤且质量较好，但是由于技术更新较快，因此在前期投入的资金也较大，且在应用过程中损耗及维修较多。

82 我国现有选煤机械设备主要存在哪些问题?

我国现有选煤机械设备存在以下主要问题。

（1）选煤机械装备研究水平不高

目前，我国选煤机械装备技术方面还存在一些问题，自主研发投入不足，部分选煤企业为了提高选煤机械化水平，大量引进国外的先进选煤设备和技术，缺乏符合自身生产要求设备的自主研发，这在一定程度上限制了选煤技术的创新。随着国内外煤炭市场的竞争加剧，选煤机械行业对技术创新的要求越来越高。然而，目前我国选煤机械行业在重要组成技术方面还存在短板，自主创新能力有待提高。与国际先进水平相比，我国选煤机械在设备性能、智能化程度等方面仍有较大差距。因此，如何在激烈的市场竞争中提升技术创新能力是选煤机械行业面临的重要挑战。

（2）选煤机械装备质量一般，成本高

在三种常用的选煤机械装备中，重介质选煤机的成本要高于跳汰选煤机和浮选选煤机。重介质选煤机的磨损率较高，维修费用也高，增加了企业的成本。而跳汰选煤机存在制造质量不高的问题，在生产过程中容易出现故障，影响企业的正常生产，也给企业生产增加了成本。

（3）选煤机械污染较大

煤炭企业由于生产方式不同，对环境的影响也各不相同。随着环保意识的提高和环保法规的完善，选煤机械行业在设备设计和生产过程中需要更加注重环保性能的提升。然而，目前部分选煤机械在能耗、排放等方面仍难以达到环保要求，这给企业的生产和发展带来了不小的压力。如何在满足环保要求的同时提高设备的性能是选煤机械行业需要解决的重要问题。

83 我国选煤机械设备发展趋势如何?

我国选煤机械设备的发展趋势如下。

（1）大型化、高效化、智能化

随着煤炭市场的不断扩大和煤炭资源的日益紧张，对选煤机械的性能和效率将会提出更高的要求。未来，选煤机械将更加注重设备的规模化和高效化，以满足市场的需求。同时，随着信息技术和自动化技术的不断发展，选煤机械将实现更加智能化的运行和管理，提高设备的运行稳定性和维护效率。

（2）环保性能提升

在环保法规日益严格的背景下，选煤机械将更加注重设备的环保设计和节能减排。通过优化设备结构和工艺流程降低能耗和排放，从而实现绿色生产。同时，企业也将加强对环保技术的研发和应用，推动选煤机械行业的可持续发展。

84 什么是煤炭转化?

煤炭转化是指用化学方法将煤炭转化为气体或液体燃料、化工原料或产品，主要包括煤炭气化和煤炭液化两种方式。煤炭气化是在一定温度和压力下，把经过处理的煤送入反应器，通过气化剂在反应器内转化成气体。煤炭气化生产工艺中可脱除硫组分，实现煤炭资源燃烧利用前的脱硫。煤炭液化是把固体状态的煤通过化学加工使其转化为液体产品的技术。煤炭通过液化可将硫等有害元素以及灰分脱除，得到洁净的二次能源。

煤转化技术可明显提高煤炭资源的利用价值和使用效率，大幅度减少煤炭后续利用过程中硫及其他污染物的排放。作为实现煤炭高效洁净利用的一种途径，煤炭转化广泛用于获取工业燃料、民用燃料和化工原料。

煤炭转化过程中，煤中大部分硫以 H_2S、CS_2 和 COS 等形式进入煤气，为了满足环境标准，同时保护燃用和使用煤炭转化产物的设备，需要进行煤气脱硫。与烟气脱硫相比，煤气脱硫对象是气量小、含硫化合物浓度高的煤气，因而达到同样处理效果时，煤气脱硫更加经济，且易于回收有价值的硫分。

85 煤炭气化的原理是什么?

煤炭气化是指在一定的温度和压力下，通过加入气化剂使煤转化为煤气的过程，主要包括煤的热解、气化和部分燃烧等三种化学反应行为。基本化学反应见表 2-2。

表 2-2 煤气化过程中的基本反应

反应方程式	备注	反应方程式	备注
$CH_xO_y \longrightarrow (1-y)C+yCO+\frac{x}{2}H_2$	热解反应	$C+2H_2 \longrightarrow CH_4$	加氢气化
$CH_xO_y \longrightarrow \left(1-y-\frac{x}{8}\right)C+yCO+\frac{x}{4}H_2+\frac{x}{8}CH_4$	热解反应	$2H_2+O_2 \longrightarrow 2H_2O$	气相燃烧
$C+O_2 \longrightarrow CO_2$	完全燃烧	$2CO+O_2 \longrightarrow 2CO_2$	气相燃烧
$2C+O_2 \longrightarrow 2CO$	部分燃烧	$CO+H_2O \longrightarrow CO_2+H_2$	水煤气变换
$C+CO_2 \longrightarrow 2CO$	Boudouard 反应	$CO+3H_2 \longrightarrow CH_4+H_2O$	甲烷化
$C+H_2O \longrightarrow CO+H_2$	水蒸气气化		

煤炭气化的原料煤可以是褐煤、烟煤和无烟煤，气化剂主要是空气、氧气和水蒸气。

近年来也开始用氢气以及这些成分的混合物作为气化剂，生成气体的主要成分包括 CO、CO_2、H_2、CH_4 和水蒸气等。气化介质为空气时，还带入氮气，煤炭气化过程中，煤中灰分以固体或液体废渣形式排出，硫则主要以硫化氢形式存在于煤气中。

86 什么是整体煤气化联合循环发电技术?

整体煤气化联合循环（integrated gasification combined cycle，IGCC），是把高效的联合循环总能系统和洁净的燃煤技术结合起来的先进发电系统，为当今世界能源界关注的一个热点。它集煤炭气化、燃气循环和蒸汽循环于一体，主要原理是煤气化后，经过除尘、脱硫和脱除碱金属物质成为清洁煤气，清洁煤气在燃气轮机中燃烧发电，尾气通过余热锅炉回收热量产生蒸汽，并推动蒸汽轮机发电。

IGCC 由两大部分组成，即煤的气化与净化部分和燃气-蒸汽联合循环发电部分。第一部分的主要设备有气化炉、空分装置、煤气净化设备（包括硫的回收装置），第二部分的主要设备有燃气轮机发电系统、余热锅炉、蒸汽轮机发电系统。IGCC 的工艺过程如下：煤经气化成为中低热值煤气，经过净化，除去煤气中的硫化物、氮化物、粉尘等污染物，变为清洁的气体燃料，然后送入燃气轮机的燃烧室燃烧，加热气体工质以驱动燃气透平做功，燃气轮机排气进入余热锅炉加热给水，产生过热蒸汽驱动蒸汽轮机做功。

87 IGCC 技术有哪些特点?

IGCC 发电技术的主要特点如下。

（1）发电热效率高

气化炉的碳转化率可达 96%～99%，由于燃气-蒸汽联合循环发电技术的快速发展，其热效率已达到 60%，与其相关的 IGCC 发电效率已有可能从目前的 43%～45%提高到 50%以上。

（2）环保性能好

由于煤气在送入燃机燃烧之前，已在压力状态下高效净化，IGCC 电厂污染物的排放量仅为常规燃煤电站的 10%，其脱硫效率可达 99%，SO_2 排放浓度在 $25mg/m^3$ 左右，NO_x 排放浓度是常规燃煤电站的 15%～20%，耗水指标是常规燃煤电站的 30%～50%，其环保性能是其他燃烧发电技术所不能媲美的。

（3）负荷适用性好，调峰能力强

IGCC 电厂可在 35%～100%负荷条件下平稳运行（常规燃煤电站为 50%～100%），负荷变化率可达每分钟 7%～15%（常规燃煤电站为 2%～5%），具有很好的调峰效果。

（4）燃料适用性广

从一般高硫煤种到低品位的劣质煤，甚至生物废料，对 IGCC 气化炉的性能影响不大，其具有良好的煤种适应性，进料价格远低于天然气价格。

（5）可实现多联产，提高经济效益

合成气中主要成分为 H_2 和 CO，可大量生产氢气等清洁能源，为今后进入氢能经济时代创造条件。此外，还可生产硫酸等副产品。

88 IGCC 技术的发展现状如何?

世界上第一座真正试运行成功的 IGCC 电站于 1984 年建于美国，该电站采用以水煤浆进料的 Texaco 气流床气化技术，供电效率为 31.2%，彻底解决了燃煤电站固有的污染物排放严重的问题，被誉为当时最清洁的燃煤电站。进入 20 世纪 90 年代，美国、日本、欧盟等都提出了相应的 IGCC 发电发展计划，IGCC 开始进入商业示范阶段，供电效率达到 42%～43%，比投资费用降低到 1500～2200 美元/kW，污染物排放远低于美国国家环保标准，完全能够满足 21 世纪初、中期的需要。2009 年，我国首座自主开发、设计、制造并建设的 IGCC 示范工程项目华能天津 IGCC 示范电站开工，2012 年至今已实现长周期稳定运行。

40 多年来，通过在美国、欧洲、日本及中国若干电站的示范探索及商业运行，IGCC 发电技术已经取得了重大发展。据统计，全世界已经运行的 IGCC 电站有 59 座，最高发电效率已逾 45%（相当或高于超超临界参数燃煤发电机组在同样净化要求下的最高水平），净效率可达 43%以上，运行可靠性良好，为 IGCC 未来电站建设积累了丰富的经验。预计到 2030 年，全球已经宣布或正在规划中的 IGCC 项目大约 50 多个。

89 什么是煤炭直接液化? 主要技术有哪几种?

煤炭液化有两种不同的技术路线，直接液化和间接液化。直接液化是对煤进行高温高压加氢直接得到液体产品的技术，间接液化是先把煤气化转化为合成气（$CO+H_2$），然后再在催化剂作用下合成液体燃料和其他化工产品的技术。煤炭通过液化将其中的硫等有害元素以及矿物质脱除，产品为洁净燃料。目前发达国家开发的煤液化工艺技术已有德国 IGOR 工艺、日本 NEDOL 工艺和美国 HTI 工艺。

（1）德国 IGOR 工艺

20 世纪 70 年代，世界石油危机发生后，德国鲁尔煤炭公司联合 VEBA 石油公司和 DMT 矿冶及检测技术公司，以德国原煤液化工艺为基础，经不断改进和完善，开发出了 IGOR 工艺。1976 年以后，在对该工艺进行长期的 PDU 试验基础上，以实验数据为依据设计建设了 200t/d 规模的大型中试装置，并进行了 55d 的试验运转，取得了工程放大的设计数据。此后，中试厂改为处理废塑料并将之加工成油品的生产厂，至今还在正常运转。

该工艺的主要特点是：

① 反应条件较苛刻，反应温度为 470℃，反应压力为 30MPa；

② 催化剂使用炼铝工业的废渣（赤泥）；

③ 液化反应和液化油加氢精制在一个高压系统内进行，可一次得到杂原子含量极低的液化精制油，该液化油经过蒸馏就可以得到低辛烷值柴油，汽油馏分再经重整即可得到

高辛烷值汽油；

④ 配煤浆用的循环溶剂是加氢油，供氢性能好，煤液化转化率高。

(2) 日本 NEDOL 工艺

日本于 20 世纪 80 年代在 NEDO 组织下，开发出 NEDOL 煤液化工艺，并在 PDU 试验成功的基础上，设计建设了 150t/d 的大型中试装置。到 1998 年，该中试装置已完成运转两种印尼煤和一种日本煤的试验，取得了工程放大设计数据。

该工艺的特点是：

① 反应压力较低，为 17～19MPa，反应温度为 455～465℃；

② 催化剂使用合成硫化铁或天然黄铁矿；

③ 固液分离采用减压蒸馏的方法；

④ 配煤浆用循环溶剂单独加氢，以提高溶剂的供氢能力；

⑤ 液化油含有较多的杂原子，必须加氢提质才能获得合格产品。

(3) 美国 HTI 工艺

20 世纪 70 年代中期，美国碳氢化合物研究公司（HTI）的前身 HRI 公司利用已得到普遍工业化生产的沸腾床重油加氢裂化工艺研发了 H-Coal 煤液化工艺，并以此为基础，将之改进成两段催化液化工艺（TSCL）。后来，利用近十几年开发的悬浮床反应器和拥有自主知识产权的铁基催化剂（Gelcat TM）对该工艺进行了改进，形成了 HTI 煤液化新工艺。

HTI 工艺的主要特点是：

① 反应条件比较缓和，反应温度为 440～450℃，压力为 17MPa；

② 采用悬浮床反应器，达到全返混反应模式；

③ 催化剂采用 HTI 专利技术制备的铁系胶状催化剂，催化活性高，用量少；

④ 在高温分离器后面串联在线加氢固定床反应器，起到对液化油加氢精制的作用；

⑤ 固液分离器采用临界溶剂萃取法，从液化残渣中最大限度地回收重质油，大幅度提高了液化油收率；

⑥ 液化油含 350～450℃馏分，可用作加氢裂化原料，其中少量用作燃料油。

90 什么是煤的间接液化技术?

煤的间接液化是将煤首先经过高温下气化制得合成气（$CO+H_2$），合成气再经催化合成（F-T 合成等）转化成有机烃类——液体油品或石化产品。其核心技术是合成反应段，主要工作集中在开发先进的催化剂。

煤间接液化的煤种适应性广，并且间接液化过程的操作条件温和，典型的煤间接液化的合成过程在 250℃、15～40 个大气压下操作。此外，有关合成技术还可以用于天然气以及其他含碳有机物的转化，合成产品的质量高，污染小。

91 直接液化和间接液化各有哪些优缺点?

(1) 直接加氢液化

煤炭直接加氢液化工艺包括氢气制备、油煤浆制备、加氢液化反应、油品加工4个步骤。液化过程中，将煤、催化剂和循环油制成的煤浆，与制得的氢气混合送入反应器。出反应器的产物包括气、液、固三相。气相的主要成分是氢气；固相为未反应的煤、矿物质及催化剂；液相则为轻油（粗汽油）、中油等馏分油及重油。液相馏分油经提质加工得到合格的汽油、柴油和航空煤油等产品。重质的液固淤浆经进一步分离得到循环重油和残渣。

直接液化的优点是：

① 液化油回收率高，可高达63%～68%；煤消耗量小，生产1t液化油需消耗原料洗精煤2.4t左右；

② 馏分油以汽、柴油为主，目标产品的选择性相对较高；

③ 油煤浆进料，设备体积小，投资低，运行费用低。

但是直接液化的不足之处是：

① 反应条件相对较苛刻，液化压力、温度要求过高，现代工艺如IGOR、HTI、NEDOL等液化压力达到17～30MPa，液化温度为430～470℃；

② 出液化反应器的产物组成较复杂，液、固两相混合物由于黏度较高，分离相对困难；

③ 氢耗量大，一般为6%～10%。

（2）间接（F-T合成）液化

间接液化工艺包括煤的气化、F-T合成反应、油品加工3个步骤。气化装置产出的煤气进入合成反应器后，在一定温度、压力及催化剂作用下，H_2和CO转化为直链烃类、水以及少量的含氧有机化合物。生成物经三相分离、提取、深加工得到合格的油品及多种化工产品。

间接液化的优点是：

① 合成条件较温和，反应压力为2.0～3.0MPa，反应温度低于350℃；

② 转化率高，如SASOL公司的SAS工艺采用熔铁催化剂，合成气的一次通过转化率达到60%以上，如采用更先进的催化剂，转化率甚至更高。

间接液化的缺点也十分明显：

① 反应物均为气相，设备体积庞大，投资高，运行费用高；

② 煤基间接液化全部依赖于煤的气化，没有大规模气化便没有煤基间接液化；

③ 合成副产物较多，目标产品的选择性相对较低；

④ 煤消耗量大。

因此，煤直接液化及间接液化不能简单从技术上论优劣，二者根本的区别在于各有其适用范围，各有其目标定位。适用哪种液化技术，应从工艺特征、煤种的选择性、产品的市场适应性等多方面分析。

92 什么是煤油共炼技术?

目前煤油共炼技术（COP）以美国碳氢化合物研究公司（HTI）的技术最为成熟。HTI的煤油共炼工艺是石油渣油加氢裂化和煤两段催化液化技术的结合和发展，将煤和石油渣油同时加氢裂解，转变成轻、中质馏分油，生产各种运输燃料油的工艺技术。工艺温度条件为433～455℃，压力为15～20MPa。

在COP工艺中，煤油浆一次通过两段反应器（在高煤浆浓度时，用少量重质循环油），固液分离只用常减压蒸馏，过程比较简单。在加氢液化反应过程中，渣油作煤液化供氢溶剂，煤及其灰分促进渣油转变成轻、中质馏分油，防止渣油结焦，吸附渣油中镍、钒等重金属化合物。煤和渣油之间的这种协同作用，使该工艺不但有较高的油收率，而且油品比煤直接液化油更易加工成汽油、柴油。工艺过程氢耗低，氢利用率高，脱金属率高，可处理劣质渣油，对原料煤有较好的适应性，更适合褐煤。

煤油共炼技术改变了单一煤直接液化、重质油悬浮床加氢裂化的加工模式，能够充分利用煤、油在加氢裂化反应中的协同效应，将煤粉均匀分散到低品质油、煤焦油、环烷基重油或石油渣油等重质油中，单次通过反应器进行加氢裂化反应，产生轻质油品，实现煤与重油的高效转化。由于该工艺具有诸多技术优势受到世界各国的关注。国外煤油共炼技术的研究开始较早，代表性工艺主要有美国碳氢化合物研究公司（HTI）的HTI工艺、加拿大能源开发公司（CED）和德国煤液化公司（GFK）合作开发的PYROSOL工艺、加拿大矿产和能源技术中心（CANMET）的CANMET工艺等。国内起步较晚，但取得了长足进步。国内开发出煤油共炼工艺的主要有陕西延长石油、神华集团、煤科总院煤化工分院。这些工艺的迅速发展有望推动煤油共炼技术工业化应用进程。

93 水煤浆的洁净煤特性有哪些?

水煤浆的洁净煤特性表现在下述三个方面。

① 水煤浆的制备、储运全封闭，避免了煤炭在装、储、运中的损失和给环境带来的污染。

② 燃用水煤浆明显地减少了燃煤 NO_x 的排放。因为水煤浆的燃烧温度比煤粉低约100℃，可减少 NO_x 生成。

③ 水煤浆燃烧比直接燃煤可显著减排 SO_2。

94 水煤浆燃烧和煤粉燃烧相比对脱硫有哪些优势?

水煤浆燃烧技术在脱硫方面的优点主要有以下几点。

① 燃煤中小锅炉、电站煤粉锅炉的脱硫率均显著地低于水煤浆锅炉。中小燃煤锅炉脱硫率6.44%；改燃水煤浆平均达到40.10%；电站煤粉锅炉脱硫率只有23.06%，水煤浆锅炉达到42.30%～50.69%。折合含硫1%时 SO_2 排放浓度，水煤浆锅炉平均只有720mg/m^3，不到煤粉与燃煤锅炉1500mg/m^3 的一半。

② 燃烧水煤浆兼有烟气脱硫功能。燃烧水煤浆烟气脱硫率平均达到了29.08%，而燃煤与煤粉锅炉则不到7%。这是水煤浆烟气中富含水蒸气的结果。热力学初步分析证明，在烟气中，煤灰中的脱硫物质会与水蒸气发生反应，该类反应可自发进行，从而提高了脱硫效果，我们称之为燃烧水煤浆烟气自增湿脱硫作用。脱硫型水煤浆，可进一步提高脱硫

效果。煤炭自身所含脱硫矿物质不足，是制约脱硫效果的瓶颈。在制浆中可方便地补加脱硫剂，制成脱硫型水煤浆。特别是由造纸厂排放的黑液制成的黑液煤浆，脱硫效果更明显。这是因为造纸黑液中所含碱金属与碱土金属化合物是良好的脱硫剂。将造纸黑液制成黑液煤浆燃烧，既治理了造纸废液的污染，又减排了燃煤 SO_2 污染。

③ 燃用水煤浆热效率高，从而减少燃煤污染。中小水煤浆锅炉热效率超过 81%，而燃煤锅炉不到 60%。所以，用于中小锅炉代煤可节煤 1/3。

95 水煤浆的主要成分有哪些?

水煤浆由 65%～70%的煤粉、30%～35%的水及 1%～2%的添加剂（分散剂和稳定剂）组成。

① 水煤浆中煤粉是主要的燃烧成分，一般选用经过洗选的低硫、低灰分、高热值的优质精煤。这是因为水煤浆中的水分高达 30%～35%以上，如果不去除煤中的灰分，水煤浆的热值就会达到相当低的水平，在目前锅炉制造水平下，会导致着火困难，燃烧不稳定。因此目前实际投入使用的水煤浆的收到基灰分都在 5%～8%之间，低位发热量在 20MJ/kg 左右，原料洗精煤的发热量在 28MJ/kg 以上。不仅如此，原料煤的挥发分高低直接影响到水煤浆的燃烧效果，一般均采用高挥发分的烟煤。

② 30%～35%的水不能提供热量，在燃烧过程中还会因蒸发造成热损失，但这种损失并不大，约占燃料热值的 4%，水的重要作用是提高煤炭的燃烧活性，使煤炭从传统的固体燃料转化为一种流体燃料，实现泵送、雾化。

③ 添加剂是实现煤与水保持浆状的介质，是制造水煤浆的关键物质。水煤浆的储存时效与添加剂有很大关系。

96 如何能使水和煤始终保持浆状而不分层，不沉淀?

生产水煤浆过程中使水和煤始终保持浆状而不分层，不沉淀，是制造水煤浆的关键技术，具体包括以下几个方面。

① 为了形成稳定的胶体状态，必须将煤变成颗粒状，即煤粉。我们知道，物体的表面积随粒度变小而增大，例如将 $1mm^3$ 的煤粒碎成边长只有 0.1mm 的细煤粉，它的表面积就会增加 1000 倍，若把它们分散在水中，则与水的接触面也就增加 1000 倍。也就是说，颗粒越细，它与介质（例如水）所发生的物理的或化学的作用越大。这样做成的水煤浆当然就更稳定、更不容易沉淀。

② 水煤浆中煤的颗粒并非一样大，而是有两种不同大小的颗粒，大的承受整体负荷，小的分散在大颗粒之间的缝隙中，这样才能形成比较稳定的体系。

③ 要加入少量的添加剂，如有机氟化物等，以增强水对煤粉润湿性以及水与煤的表面作用力。添加剂是水煤浆组成的重要成分，它的种类很多，根据选用煤种的不同，需要加入适用的添加剂。

97 水煤浆添加剂的作用机理有哪些?

水煤浆中常用添加剂主要有分散剂和稳定剂。分散剂吸附到煤粒表面后，在煤粒表面形成很薄一层添加剂分子和水化膜，能显著地降低溶液的表面张力，提高煤粒表面的润湿性。根据静电斥力作用和空间位阻作用，降低固、液间的界面张力，可使体系的表面自由能降低，体系将会趋于更稳定。水煤浆稳定剂的作用是形成空间结构，对颗粒沉淀产生机械阻力，它使水煤浆中的颗粒相互交联，从而有效地阻止颗粒沉淀，防止固、液间的分离。常用的稳定剂有无机盐、高分子有机化合物及羧甲基纤维素（CMC）。

98 影响水煤浆燃烧固硫作用的因素有哪些?

影响水煤浆燃烧固硫作用的主要因素如下。

（1）含硫量

煤中含硫量越高，制备出的脱硫型水煤浆燃烧固硫效果越好。这是因为硫分越高，水煤浆燃烧时产生的 SO_2 浓度越高，使得反应向着有利于固硫反应方向进行。

（2）燃烧温度

脱硫型水煤浆燃烧固硫效率与水煤浆燃烧温度有关，对于不同的燃烧器和煤种，应经过相应的试验来确定最佳的燃烧温度。

（3）钙硫比

钙硫比是影响水煤浆燃烧固硫率的重要因素，钙硫比越高，固硫效果越好，但钙硫比太高时会严重影响浆体的雾化燃烧，经济上不合适。钙硫比应有一个较佳的比值，不同煤制备的脱硫型水煤浆，其最佳钙硫比不同，需通过试验方法确定。

（4）固硫剂

使用钙基复合固硫剂可较大幅度地提高水煤浆燃烧固硫率。

（5）固硫助剂

制备脱硫型水煤浆时，添加少量硅系和铝系固硫助剂，可以提高水煤浆的燃烧固硫率。

99 电厂锅炉水煤浆燃烧过程中需要注意哪些问题?

水煤浆和煤粉燃烧不同，以发电厂锅炉使用水煤浆作为燃料为例，如果实现水煤浆的稳定燃烧，必须解决好以下几个环节的技术问题。

（1）选用合适的炉前供浆泵

选用何种供浆泵，选用工作和备用供浆泵的台数，均关系到锅炉能否安全稳定地运行。

（2）设置炉前搅拌罐

炉前搅拌有两个作用：①为了均质，就是将来自储浆罐不同高度的浆经搅拌后均质；

②通过搅拌，可以降低某些种类水煤浆的黏度。搅拌器对于水煤浆的雾化燃烧效果非常明显。

（3）设置加热器

常温状态下的水煤浆，可能由于黏度过大，达不到雾化燃烧的要求，通过加热器将水煤浆加热至40℃左右，可以明显改变水煤浆的雾化状态，保证燃烧稳定。

（4）燃烧器的设计

水煤浆燃烧器必须根据水煤浆燃烧的特点进行专门设计。因为水煤浆含有30%～35%的水分，以高速喷雾形式喷入炉膛将推迟着火过程，水分蒸发着火后燃尽过程与煤粉相近。同时，由于水分的存在，使理论燃烧温度下降。这些特点都要求对水煤浆燃烧器的结构布置及稳燃特性等进行专门设计。

（5）选用合适的水煤浆喷嘴

合适的水煤浆喷嘴结构有助于减小喷嘴的磨损。减小喷嘴的入口角、适当增加喷嘴长度、在喷嘴出口端增设出口角、减少雾化气的压力、增加雾化气孔的数量等，均能起到减少喷嘴磨损的作用。

100 相比湿法，高温干法煤气净化有哪些优点?

煤气净化可以采用湿法和干法，湿法脱硫虽技术成熟，但需在常温下进行，这样不仅会浪费煤气中的显热，且需增设换热设备，而煤气干法净化可以在高温下进行。高温干法同常温湿法相比具有以下优点：

① 可回收高温煤气中占热值约15%～20%的显热，可提高发电效率2%以上；

② 不必像湿法那样除去热煤气中的水汽及CO_2，直接推动燃气轮机，增加了输出功率；

③ 省去了热交换装置，减少设备投资，简化系统，降低发电成本；

④ 高温干法脱硫的硫回收弹性大，可视市场供需情况，生产硫黄或硫酸，而常规火电厂燃煤中的硫分常作为废料排走；

⑤ 煤气中的焦油等杂质不因冷凝而堵塞系统。

101 什么是高温煤气净化?

高温煤气净化是煤基多联产技术、先进煤基发电技术等新一代洁净、高效煤基转化利用技术的关键组成部分，对提高整体资源利用率、延长设备使用寿命、减小环境污染起着重要作用。

高温煤气净化主要包括脱硫和除尘两部分，按照常规的净化工艺，脱硫和除尘是独立的单元操作，需分别经各自独立的过滤器和脱硫反应器完成。近年来，结合深层过滤器（固定床、移动床）的特点，提出了脱硫除尘一体化工艺，其基本原理在于脱硫剂颗粒既作为脱硫反应物又作为除尘的捕集体，使脱硫和除尘过程经过一个操作单元完成。一体化操作具有简化工艺流程、节约设备投资的优点。

燃烧中脱硫技术

（一）工业型煤燃烧固硫技术

102 工业型煤固硫技术的工作原理是什么?

工业型煤燃烧固硫技术是在原有的工业型煤技术基础上发展起来的，目的是防止煤烟型大气污染。事实上最初开发型煤技术是为了提高原煤的利用率。其中代表技术有褐煤压制成型技术、无烟煤末煤制型煤造气技术、非黏性煤成型炼焦等。长期以来型煤技术只是为了满足不同的工业需要而发展，随着全社会环保意识的加强，型煤技术的发展出现了新的趋势，即满足工业应用要求的同时能达成脱硫效果以满足环境要求。这样工业固硫型煤就应运而生。

型煤燃烧固硫技术是将不同的原料煤经筛分后按照一定的比例配煤，粉碎后同经过预处理的黏结剂和固硫剂混合，经机械设备挤压成型及干燥，即可得到具有一定强度和形状的型煤。由于型煤在加工生产过程中，将固硫成分混入成型煤料中，这样在燃烧过程中煤中的硫分就会固定在灰渣中，减少对大气的污染。

103 型煤用黏结剂和固硫剂有哪些?

（1）型煤用黏结剂

型煤用黏结剂按化学状态可分为有机、无机及复合三大类。常用黏结剂见表 3-1。

表 3-1 工业固硫型煤常用黏结剂

黏结剂分类		黏结剂名称
有机	疏水型	煤焦油沥青
	亲水型	纸浆废液、糠醛废液、酿酒废液、制糖废液
无机	不溶性	水泥、石灰、各类黏土
	水溶性	水玻璃
复合黏结剂		黏土-纸浆废液、水玻璃-黏土、水玻璃-水泥

（2）型煤用固硫剂

型煤用固硫剂，按化学状态可分为钙系、钠系及其他三大类。固硫剂选择的基本原则是：

① 来源广泛，价廉；

② 碱性较强，对 SO_2 具有较高的吸收能力；

③ 热化学稳定性好；

④ 固硫剂与 SO_2 反应生成硫酸盐的热稳定性好，在窑炉炉膛温度下不会发生热分解反应；

⑤ 不产生臭味和刺激性有毒的二次污染物；

⑥ 加入固硫剂的量，一般不会影响工业炉窑对型煤发热量的要求。

常见的固硫剂见表 3-2。

表 3-2　工业固硫型煤常用固硫剂

固硫剂分类		固硫剂分子式	固硫剂分类		固硫剂分子式
钙系	金属氧化物	CaO，MgO	钠系	氢氧化物	NaOH，KOH
	氢氧化物	$Ca(OH)_2$，$Mg(OH)_2$		盐类	Na_2CO_3，K_2CO_3
	盐类	$CaCO_3$，$MgCO_3$	其他金属氧化物		MnO_2，Fe_2O_3，SiO_2，Al_2O_3

石灰、大理石粉、电石渣等是制作工业固硫型煤较好的固硫剂。固硫剂的加入量，视煤含硫量的高低而定，如石灰粉加入量一般为 2%～3%。

104 型煤燃烧技术对我国煤烟型大气污染有什么意义？

我国是世界第一产煤大国和燃煤大国，煤炭一直是我国的主要能源，近年来一直在我国一次能源消费总量中保持主导地位，而在我国消费的原煤总量中，用于燃烧的动力煤占到 80%。根据国家统计资料表明，我国燃煤排放的烟尘和 SO_2 约占全国同类污染物总排量的 70%和 87%。所以我国的烟尘和 SO_2 污染的主要排放来源就是动力煤的燃烧。

从煤炭工业发展的历史来看，人们很早就认识到燃烧型煤能够显著地提高燃烧效率，同时减少烟尘排放。型煤燃烧烟气黑度较低，烟尘量较少，SO_2 排放量显著减少，氮氧化物排放量减少而节煤率较高，对于燃煤污染控制技术而言，型煤燃烧是能同时达到以上诸多要求的技术。像我国这样的以燃煤为主要能源的大国，长期大量的原煤散烧不但加剧我国的大气污染而且每年还造成大量的能源浪费。发展型煤燃烧技术既能减少能源浪费，又能控制煤烟型大气污染，符合可持续发展战略要求。

105 型煤如何分类？

所谓型煤，就是以粉煤为主要原料，按照具体用途要求的配比、机械强度和形状大小经机械加工压制成的煤制品。

型煤一般按用途分为两类：民用型煤和工业型煤。

（1）民用型煤

民用型煤按形状分为蜂窝煤和煤球，蜂窝煤包括常规蜂窝煤、上点火蜂窝煤、航空型煤、烧烤方形炭等；煤球包括炊事采暖煤球、烧烤煤球、火锅煤球和手炉取暖煤球等。

（2）工业型煤

工业型煤一般按用途分为原料型煤和燃烧型煤两种。原料型煤包括造气型煤、冷压炼焦型煤和热压炼焦型煤等。燃料型煤包括工业窑炉型煤、工业锅炉型煤和机车锅炉型煤等。

工业型煤还有其他分类方法，即按主用煤种分为无烟煤、烟煤和褐煤三种工业型煤，或者按成型工艺特征分为胶黏剂型煤和非胶黏剂型煤。

如果煤中含有一定量的秸秆类、植物碎屑或者工业废渣，这样的型煤也被称为生物质型煤。

目前随着环境要求的逐步提高，燃烧型煤开始向固硫型煤发展，所谓固硫型煤就是在型煤生产过程中往成型煤料中混入固硫组分，使得燃烧过程中可以将原煤中的硫分固定在灰渣内。事实上不光是工业原料型煤，其他各种型煤都可以通过添加固硫剂的方式改性，成为固硫型煤。

106 工业型煤的性能指标有哪些?

工业型煤的性能指标主要有机械特性、储存特性和燃烧特性三类。

（1）机械特性

工业型煤的机械特性一般都是用抗压强度、落下强度和转鼓强度三个指标衡量的。机械特性的性能好坏主要取决于成型参数和胶黏剂。

① 抗压强度是型煤在存放和使用中对压力承受能力的定量表示。一般是以 0.2mm/s 加压速度情况下试样被压溃时对应压力的统计值来表示。

② 落下强度是衡量型煤在运输、中转和使用过程中抗冲击能力的一种性能指标，以试样群体从一定高度上整体跌落一定的次数后某种粒度的保持率来表示，单位为%。对于原煤而言，跌落的下垫面一般采用 Q235 钢板平台，跌落高度一般定为 2m，跌落次数不超过 3 次，取 13mm 以上颗粒度质量百分比作为落下强度。

③ 转鼓强度主要反映型煤的耐磨性，同时也表示型煤的抗冲击能力。一般以试样群体在试验鼓内以 25r/min 转过 50 转后的粒度保持率来表示，单位为%。

（2）储存特性

储存特性一般用吸潮和浸水后的抗压强度或者下降率来表示，主要反映型煤的防潮和耐水性能，主要的影响因素也是胶黏剂和防水剂。防潮耐水性能的测定和抗压强度相同，但是试样取样的环境条件不同。

（3）燃烧特性

型煤的燃烧特性一般用燃烧反应活性来表示，对固硫型煤还应增加一个类似的固硫反应活性或固硫率指标，这些指标都是随着燃烧温度变化而变化的，可以分别用各自不同的某一特征温度下的指标来反映。从化学动力学的角度来看，燃烧特征主要和型煤的化学组成有关系。

107 工业固硫型煤的煤质要求有哪些？达不到要求时如何调整？

型煤的煤质主要包括可燃基挥发分、应用基低位发热量、水分、灰分、焦渣特性和灰熔点等。工业固硫型煤作为工业层燃炉的燃料，对这些煤质指标都有一定的要求。

和原煤散烧的情形不同，原煤在散烧时火焰旺而且集中，而型煤在工业层燃炉内的燃烧，尤其是在机械炉排上的燃烧着火线一般错后，而且在着火线之后有相当长的火焰燃烧区段。

相比原煤而言，型煤的单体质量比较大，密实度高，内部导热性比较好，表面升温和挥发分析出的速率比较慢，所以导致着火时间一般会滞后。基于同样的原因，单体内部着火下传速率快，挥发分在较长时间内和上层焦炭一起燃烧，也有利于单体之间的着火传递。

同时型煤粒度均一，布风和燃烧比较均匀，而且型煤可以通过适当的方法改变成型，提高原煤的反应活性，加上着火传递过程中型煤上下表面的温度悬殊产生的胀裂作用和成型应力的释放造成的花卉状燃烧，也能强化燃烧。

108 什么是型煤的反应活性？

所谓型煤的反应活性是指一定温度下型煤和氧气、CO_2 和水蒸气等气相介质反应的能力。反应活性对燃烧效率的影响很大，因为反应能力越大、反应活性越高，燃烧性能和燃烧效率或气化效率也就越高。

煤的反应活性可以用多种不同的指标来表示，不同的指标用不同的测试方法和试验系统确定。一般常用化学动力学反应速率、活化能、反应物的转化率或反应产物的最大浓度等。动力学反应速率一般是在消除内外扩散影响的多次试验之后，也就是与动力学控制相应的粒径和气速条件下进行。

109 如何提高型煤的反应活性？

在实际工况下反应活性的大小，如果单从固相方面来说，一般是和颗粒大小、固相组分、颗粒的孔结构、孔表面性质和孔隙率这些因素相关，所以从型煤的角度来说，只要能改变这些因素就能改变型煤的反应活性。一般来说，在一定的粒径和孔隙大小范围内，内外表面的总面积越大、表面物质结构缺陷和价键不饱和部位越多，则反应活性越大。这些因素都和型煤的成型工艺条件有关，所以控制型煤成型的各个工艺环节就能通过改变以上各项因素使型煤的反应活性提高。

通常型煤压制成型后密实度比较高，块体尺寸也比原煤要大，不过型煤内部比较疏松，所以提高型煤的反应活性主要要使型煤的孔隙结构得到改善，内表面得到充分的利用。型煤的内表面积和孔隙大小、料煤粒径、成型压力以及胶黏剂性质等成型工艺参数有比较大的关系，一般可采用以下措施来改变工艺参数，提高型煤的反应活性。

（1）将压制型煤的料煤进一步细化

型煤由料煤压制而成，型煤的煤块都是由细小的料煤煤粒构成的，因此料煤的粒度越细，制成的型煤的内表面积也就越大，内表面上物质分子结构缺陷和价键不饱和部位也就相应越多。但料煤的粒度也不是越小越好，因为料煤煤粒间的孔隙越小，到了一定程度，反而会导致型煤内表面有效面积变小。所以为了提高反应活性，料煤粒径应选取一个适中的范围。

另外，料煤粒径的大小对于型煤的强度以及固硫率也都有一定的影响，所以要确定料煤的粒度时还需要综合考虑这些因素。有关研究表明，将料煤粒径分布控制在3mm以内可以显著提高型煤的反应活性。

（2）采用低压成型的方法，通过选择合适的胶黏剂来确保型煤强度

成型压力对反应活性也有一定的影响，主要是通过改变料煤的粒径分布和孔隙率来实现的。如果型煤的成型压力过大，会导致煤粉碎，孔隙变小，减少有效反应面积，这样型煤就不容易烧透。

成型压力的大小也要满足型煤机械强度的要求。根据试验研究的结果，当成型压力大于25MPa时，型煤的强度主要取决于胶黏剂，即使不断提高成型压力，型煤强度提高得也很少。因此选择适当的胶黏剂十分重要。低压成型所用的胶黏剂一般都用有机类胶黏剂，这样可以利用有机组分的热解气化改善孔结构。

（3）添加活性剂也是提高型煤反应活性的一种手段

添加少量的活性剂能够进一步提高型煤的燃烧性能，通常添加量都在0.1%左右，有些添加剂还能够提高原煤中碱性物质的固硫功效。

另外像木屑、稻壳等生物质活性剂可以改善着火性能和燃烧造孔，从提高反应活性而言，和有机类胶黏剂类似，在低温燃烧的条件下作用显著，在高温下活化作用就不太明显了。

事实上除了以上所述改进型煤成型工艺的部分参数来提高煤的反应活性外，通过配煤的方式也能有效地提高型煤的反应活性。

110 燃煤过程中 SO_2 是如何释放的？

固硫反应的实质是当燃煤燃烧过程中 SO_2 释放时，固硫剂与 SO_2 的反应。如果固硫反应和 SO_2 的释放相比明显滞后，或者固硫反应的反应速率比 SO_2 的释放速率要低得多的情况下，固硫率就比较低，固硫效果也就比较差。因此燃煤过程中的 SO_2 释放规律对于我们选择固硫剂相当重要。

从我国的情况来看，我国的产煤中主要含硫的形式是黄铁矿和有机硫，硫酸钙和硫酸镁的含量比较低，这样就决定了在燃煤燃烧过程中，不需要升温到很高 SO_2 就能释出。有资料表明，我国燃煤中的 SO_2 在达到800℃之前几乎就已经全部从燃煤中释放出来了，SO_2 释放曲线的峰值一般都出现在600℃以下。另一个问题是当煤中加入固硫剂之后，在低温阶段被固硫剂固定的硫分，在温度达1000℃的高温时又会重新开始释放。因此，选择固硫剂必须要注意具备两个条件，即低温下具有良好的反应活性而高温时分解速率比

较低。

111 钙基固硫剂的固硫机理是什么?

钙基固硫剂是指主要成分为含钙化合物的固硫剂，常见的有石灰、消石灰、电石渣、石灰石和白云石等，来源比较广、价格低，因而成为目前使用最为广泛的固硫剂。关于固硫剂的固硫机理，由于煤的组分相当复杂，固硫剂、胶黏剂和水分加入，加上成型工艺的影响，物质分子结构发生的变化是很难确切认定的，而且在燃烧过程中不同温度段各种组分可能发生的化学反应和产物就更难确定了。就钙基固硫剂而言，在燃煤燃烧过程中主要有以下四类反应。

(1) 热解反应

$$CaCO_3 \longrightarrow CaO + CO_2$$

$$Ca(OH)_2 \longrightarrow CaO + H_2O$$

(2) 合成反应

$$Ca(OH)_2 + SO_2 \longrightarrow CaSO_3 + H_2O$$

$$CaO + SO_2 \longrightarrow CaSO_3$$

(3) 中间产物的氧化和歧化反应

$$2CaSO_3 + O_2 \longrightarrow 2CaSO_4$$

$$4CaSO_3 \longrightarrow CaS + 3CaSO_4$$

(4) 固硫产物在高温下分解

$$CaSO_3 \longrightarrow CaO + SO_2$$

$$CaSO_4 \longrightarrow CaO + SO_2 + O\cdot$$

反应中的 O 又同 CO 和 H_2 反应，生成 CO_2 和水蒸气。实际发生的反应要比上述所列的多。从反应可知，如白云石和石灰石这类固硫剂首先都要转化为 CaO，然后才能起到固硫作用。

112 钙基固硫剂有哪些局限性? 如何改进?

虽然钙基固硫剂在型煤燃烧固硫中广泛使用，但钙基固硫剂也有一定的局限性。简单地说，主要是固硫剂的低温反应活性较低，固硫反应速率不足以跟上低温段 SO_2 的释放速率，而到高温段时高温分解产生 SO_2，也会严重影响固硫率。根据试验数据，钙基固硫剂在 850℃左右固硫效果最好。在 850℃之前，以固硫合成反应为主，固硫反应速率是随着温度的提高而提高的，在 680℃之前固硫反应速率低于 SO_2 释放速率，在 680℃之后才能跟上 SO_2 的释放速率。而在温度超过 850℃之后，因 CaO 晶粒结构变化和高温下固硫产物的分解，固硫剂的固硫率不可避免会下降。

对于钙基固硫剂的局限性，使用添加剂可以有效提高固硫剂的反应活性，提高固硫剂抗高温分解的能力。向钙基固硫剂中加入添加剂是比较合适的改进方法，不过开发合适的添加剂也是工业固硫型煤技术的难点。

113 如何计算型煤固硫率?

对于固硫率的计算方法，目前尚没有统一的说法。这主要是因为学术界对于型煤固硫率的含义认识不同。一般有以下几种看法。

① 固定在灰渣中的硫量占型煤含硫量的百分比就是固硫率。

② 有人用进入炉内的型煤中的硫量和烟气排出的硫量的差值占入炉硫量的百分数来表示固硫率。

③ 也有人将型煤燃烧对原煤散烧在相同锅炉出力下 SO_2 排放量下降的百分率来表示固硫率。

通过分析可知，实际上前两种计算方法的本质是一样的，那么在排除误差的情况下这两种方法的结果也应该相同。在实际应用中，这两种方法将原煤散烧灰渣的固有残硫率包含在计算结果中，使得结果偏高。第三种方法比较直接，而且相对大气环境影响而言比较合理，只是其实际扣除量包括原煤散烧灰渣中的残硫量和两种不同机械漏煤含硫量的差额。事实上对于定型固硫率影响而言，上述三种方法都可以应用。

114 型煤中的钙硫比对固硫率有哪些影响?

型煤中的钙硫比是影响固硫率的主要因素。工业层燃锅炉的燃烧温度一般都高于1200℃，所以目前许多研究的重点都是高温固硫添加剂，但高温固硫添加剂只能延缓固硫产物的高温分解，对固硫影响最大的还是固硫产物的生成率，这就取决于型煤中的钙硫比。

钙硫比就是指固硫剂中所用的钙的物质的量和原煤中所含硫的物质的量之比，记为Ca/S。从固硫的主要反应 $CaO+SO_2 \longrightarrow CaSO_3$ 中可见，1mol 钙能固定 1mol 的硫。但是由于实际反应条件的限制，在工业上是无法实现完全反应的。要保证 SO_2 全部参加反应，就必须使钙过量。钙硫比越大，则钙越多，和 SO_2 的接触机会也就越多，固硫的效果也就越好；另一方面，由于费用的缘故，应取满足 SO_2 排放要求的范围内最低的钙硫比。相关研究的结果表明，虽然钙硫比的增加可以使固硫率上升，但是当钙硫比大于 2.5 时，固硫率随钙硫比上升的趋势变慢，这样对提高固硫率的作用有限而经济负担增加，就不太合适，因此有研究推荐将钙硫比设为 2。

一般在工业上大都引入钙利用率来反映钙硫比对型煤燃烧固硫率和固硫经济性的不同影响，所谓钙利用率是指因固硫所减少的与 SO_2 有相同摩尔数的钙占总钙量的百分率。如果钙硫比太大，虽然固硫率提高，但是钙利用率下降；同等钙硫比的情况下，如果钙利用率较高，则固硫率也比较高。

115 型煤中的添加剂对固硫率有哪些影响?

使用添加剂的目的是克服钙基固硫剂的局限性，主要解决固硫剂低温反应活性和高温分解这两个问题。比如，铁、镁、锰、锌等金属氧化物能提高钙基固硫剂的低温反应活性，铬、锶、钡等氧化物能提高高温段的燃烧固硫率。如前所述，其实提高钙硫比也能提高固硫效果，虽然一方面经济上压力增大，同时钙利用率降低；另一方面由于CaO量过多，产生大量的灰分，降低焦炭的温度，缓解了硫酸钙的高温分解，又间接提高了固硫率。所以选择添加剂要注意经济性，如果添加剂的费用超过了钙基固硫剂的节约费用和高灰分条件下的能量损失，就没有实用的意义了。事实上一般除了天然的廉价矿源（如白云石等）或者工业废渣 Fe_2O_3 等，金属氧化物添加剂经济上都很难承受。

除了钙硫比和添加剂以外，还有其他一些因素也对固硫率有影响，比如型煤的成型工艺、原料煤的煤种、燃烧温度等。

① 型煤的成型工艺不同，原料的混合顺序和效果也就不同，对固硫率有一定的影响。由于使用添加剂的量相对料煤的量来说是比较少的，根据添加剂的使用机理，应该先和主固硫剂混合再与料煤混合。

② 一定的混合均匀度可以减轻原煤中无机硫分布不均匀对钙硫比的影响。煤种的影响主要包括两个方面，一是煤种决定了料煤中硫的含量；二是煤种决定了燃烧比和灰分，燃烧比和灰分决定了焦炭的燃烧温度，同时灰渣中 SiO_2、Al_2O_3、CaO 和 Fe_2O_3 对固硫率和添加剂的选择也有影响。

③ 燃烧温度主要是确保添加剂固硫效果的一项因素，一般添加剂的实用固硫温度在1200℃以上。

116 影响型煤中钙硫比的因素有哪些?

钙硫比一般是在多种影响因素的试验结果上综合考虑的。这其中除了添加剂的影响外，主要是固硫剂粒径和原煤含硫量的影响。

（1）固硫剂粒径

一般来说，固硫剂粒径越小，其反应面积也就越大，钙利用率也就高，同时在一定的粒径范围内混合均匀性较好，这样就有利于提高固硫率，特别是当钙硫比较小的情况下效果就更明显。型煤的固硫反应和一般的反应气体通过固相颗粒层固定床的气固反应不同，因为参加反应的 SO_2 是燃烧反应过程中产生的，煤中的硫分布又是不均匀的，型煤内部的孔结构分布也不均匀，因此固硫剂的粒径也不能过小，以免对型煤的孔结构和反应面积起不利的影响。实际应用中还要参照现有技术容易保证的经济粒径，综合起来看一般将固硫剂粒径控制在0.10～0.15mm之内。

（2）原煤含硫量

原煤的含硫量越高，固硫剂用量越大，型煤中的固硫剂分布就越密集，固硫反应的发生概率也就相应的大，固硫率也就越高。所以在一定的钙硫比条件下，固硫剂的用量和原煤中的含硫量成正比，原煤的含硫量对钙硫比的选择有较大影响。

117 工业固硫型煤的成型方式有哪几种?

块状型煤的成型方式主要有三种：圆盘造粒、螺杆挤压和对辊成型。

（1）圆盘造粒

圆盘造粒的制作过程类似于元宵的制作，生产的型煤呈准球状，强度主要靠胶黏剂提供，型煤质地比较疏松，便于燃烧。

（2）螺杆挤压

螺杆挤压生产的型煤一般为圆柱形，比较便于制成细条状以充分燃烧。

（3）对辊成型

虽然以上两种成型机的结构比较简单，但是生产率比较低，不适合大规模制造，而且还需要性能优良的胶黏剂做保障才能顺利生产。所以工业上一般不采用这两种成型方式，而主要用对辊成型。对辊成型的主要过程是料煤经过一对辊轮表面，辊轮表面布有浅弧状的半形窝。通过辊轮的下旋，使辊轮柱面的两个半形窝在对辊中逐渐闭合，料煤就在辊轮下旋的过程中逐渐压实。

118 什么是固硫型煤的炉前成型工艺？

炉前成型是指型煤成型后直接入炉燃烧的型煤生产和使用方式。由于炉前成型不需运输，成型压力不必很高，因而着火容易、燃尽率高。集中处理既能保证洁净煤的质量稳定，又省去了用户对煤进行处理的麻烦。因此统配洁净煤不仅能保证粒径范围等质量要求，而且具有良好的着火和燃烧性能，保证污染物达到环境保护的排放标准。经炉前成型后洁净煤以团块的形式在炉内燃烧，有效地降低了飞灰及灰渣的含碳量，提高了锅炉效率。固硫洁净型煤除上述型煤的优点外，还有燃烧脱硫的优越性。

炉前成型技术克服了集中成型煤强度过高的缺点，颗粒均匀，并且与洁净型煤技术相配套，有利于改善炉内着火和燃烧性能。

119 什么是生物固硫型煤？生物固硫型煤有哪些特点？

固硫生物型煤是在粉煤中添加有机活性物质（如秸秆等）、脱硫剂（氧化钙）等，将其混合后经高压而制成具有易燃、脱硫效果显著、未燃损失小等特点的型煤。

一般型煤固硫率是40%左右，生物型煤的固硫率可以达到70%左右。一般型煤在燃烧过程中，当温度升高到一定程度后，固硫剂 CaO 颗粒内部发生烧结，使孔隙率大大下降，增大了 SO_2 和 O_2 向颗粒内部的扩散阻力，致使钙利用率下降。生物型煤在成型过程中，不仅加了脱硫剂氧化钙，而且加了有机活性物质（秸秆等），生物型煤在燃烧过程中，随着温度的升高，由于这些有机生物质比煤先燃烧完，炭化后留下空隙起到膨化疏松作用，使固硫剂 CaO 颗粒内部不易发生烧结，甚至使孔隙率反而大大增加，增大了 SO_2 和 O_2 向 CaO 颗粒内的扩散作用，提高了钙的利用率，因此，生物型煤比一般型煤固硫率高。

120 工业型煤固硫的应用中目前主要存在哪些问题？

工业型煤固硫的应用中主要存在以下问题。

(1) 型煤产品加工成本偏高

目前，国内型煤的生产工艺主要分为有黏结剂的低压成型和无黏结剂的高压成型两类。大部分型煤厂采用有黏结剂的低压成型，其工艺过程主要包括原煤的粉碎、配料，黏结剂、固硫剂等助剂的添加，混捏与成型，型煤烘干等，工艺冗长，最终型煤价格与块煤相差无几，从而使型煤用户在经济上承受起来较为困难。

(2) 缺乏质优价廉的黏结剂

工业型煤一般多采用冷压黏结剂成型。现阶段开发研制的黏结剂主要分无机与有机两大类。无机类黏结剂来源广，价格低，但其防水和黏结性能较差，添加过多会影响型煤的发热量和挥发分，不易着火，影响锅炉出力。常用的纸浆造纸黑液、电石渣、黏土、石灰、膨润土等均属无机黏结剂。有机类黏结剂具有良好的黏结性能与防水性能，但价格较贵，生产成本会大幅度增加，故使用较少，如 PVC、酚醛树脂等。此外一些化工副产品如煤焦油、石油沥青等，虽有较好的防水性能和黏结性能，但其在加工过程中需要熔化与保温，工艺复杂，而且型煤产品在燃烧过程中还会产生二次污染和异味，不符合环境要求。由于缺少来源广泛、价格便宜、性能优异的黏结剂，工业型煤的推广应用受到制约。

(3) 加工过程粗糙，型煤质量指标较差

在型煤生产过程中，一些企业一味追求型煤产品的防水性、抗压强度和成球率等，没有严格控制型煤生产中的配料调质过程，使得部分型煤产品质量指标不均一，在燃烧过程中出现操作困难、点火难、断火或灭火、熔融结渣、锅炉出力低等现象。研究表明，型煤的煤质指标（如发热量、挥发分、灰熔点、热稳定性等）对型煤产品的燃烧十分重要。在型煤工艺设计中，这些煤质指标没有得到优化，在生产过程中又缺乏对这些指标稳定化的保证体系，使有些工业型煤的燃烧性能较粉煤差。

(4) 型煤生产设备的性能较差

目前型煤机械存在的主要问题是：

① 设备的结构相对简单，机械加工精度不高，耐磨性差，如普通成型机缺乏有效的调压装置；

② 辊皮材料采用耐磨性差的普通碳钢。

此外，成型机的球形设计也存在问题，比如单个型煤的球重和粒度偏大，不适应链条锅炉使用；型煤外形单一，多采用三轴尺寸相差不大的椭球形；球窝咬入角对煤种的适应性较差等。

121 针对型煤利用中存在的问题，有哪些解决措施?

解决型煤利用中存在的问题有以下几个途径。

(1) 简化成型工艺，降低生产成本

传统的低压成型工艺路线较长，设备较多，增加了设备投资和电耗。尤其是型煤烘干工段，采用固定床烘干方式，占地面积大，烘干时间长，一般在 10h 以上，热效率低，制约了型煤产量的提高。采用移动式烘干窑，热效率较高，一般烘干时间仅为 2h 左右。因此，应研究高效、低成本的连续烘干设备及低能耗的粉碎、成型设备。随着免烘干型煤黏结剂的开发成功，有望除去烘干工段，变烘干为养护。

此外在工艺流程改善的研究中，要继续探索混合与捏合一体化的可能性，将双轴搅拌与立式搅拌的功能二合一，或开发具有类似功能的新型设备，简化流程，进一步降低生产成本。

（2）研究开发高效、多功能助剂

黏结剂在成本核算中占有较大份额，研究开发高效、多功能、来源广、价格低的黏结剂，有利于降低成本和提高型煤产品的质量。因此应集中精力，研究开发各种功能的助剂。如免烘干防水型黏结剂、固硫型黏结剂、防水剂、固硫剂、助燃剂、复合多功能黏结剂等。对于型煤固硫剂的研究需要侧重于高温固硫，传统的钙基固硫剂在900℃下有较高固硫率，但在高温下会产生二次分解而影响固硫率。助燃剂的开发，主要是解决型煤的着火燃烧及燃尽问题；无论是何种助剂，在研究开发中需着重考虑来源、性能、价格三方面的问题。

（3）研究开发工业型煤的成套技术

工业型煤的成套技术包括型煤机械制造技术、型煤厂工艺设计、型煤燃烧技术等。型煤机械制造要兼顾工艺选择中的灵活性、生产过程的稳定性、机械材料的耐磨性等。型煤厂的工艺设计要考虑到连续生产的可靠性、工艺过程对不同生产原料的适应性、型煤产品对用户的适用性、型煤产品的质量指标等。型煤的燃烧则要研究现行各种锅炉对型煤的不同质量要求，现行锅炉通过技术改造燃用型煤的可能性、专用型煤锅炉的研制等。实践表明，一般链条锅炉只要在操作上略加调整，对型煤均有较好的适应性。

（4）研究开发多用途的工业型煤

工业型煤的种类很多，主要分为原料型煤和燃料型煤两大类。原料型煤主要有造气型煤、型焦、炼铁球团等；燃料型煤主要有锅炉型煤、窑炉型煤、机车型煤等。

多用途工业型煤的开发，可以推动工业型煤的应用，最大限度地利用粉煤资源。生物质型煤属于燃料型煤，它是在煤中添加20%以上的植物废弃物，通过高压成型制得。在其生产工艺中可省去低压成型工艺中的烘干工段，节约生产成本，但一次性投资较大。生物质型煤在固硫方面具有较大的潜力。由于生物质型煤本身的固硫作用，再辅以适当的固硫剂，有望得到较高的固硫率。同时由于添加了生物质，降低了型煤的燃点；植物灰烬对熔融物的包裹作用，降低了型煤结渣的可能性；植物燃尽留下的孔隙有利于型煤内部挥发性气体的释放。生物质型煤在有效利用植物废弃物、提高固硫率、节约煤炭资源方面，具有广阔的开发应用前景。

（二）流化床燃烧脱硫技术

122 流化床燃烧有哪些优点？

流化床燃烧技术起源于固体流态化技术。流化床燃烧是指小颗粒煤与空气在炉膛内处于沸腾状态下，高速气流与所携带的处于稠密悬浮状态的煤料颗粒充分接触进行燃烧。它介于固定床和气流床之间，包括鼓泡流化床和循环流化床两种燃烧方式。流化床的流化速度小于3.5m/s时，形成鼓泡流化床，床层内存在稀相和浓相，床上界面不稳定，压力波动大。当流化速度达到4～10m/s时，即形成流化床，床内气体为连续相，床料呈现强烈混合聚团，聚团不断破裂、分散和重组，如此循环，气固充分接触。

流化床燃烧的主要优点有：

① 当新的煤粒进入炽热床层时，水分迅速蒸发，挥发分和碳的燃烧几乎同时进行，因而大大缩短了预热着火的时间，强化了燃烧过程。

② 由于颗粒的循环扰动，传热和传质都很好，燃烧完全、效率高，炉膛断面温度分布均匀。

③ 通常床层的温度为850～900℃，犹如由熟料组成的密度均一的“蓄热池”，其中可燃物质约占5%，当一定量的可燃物质进入比它大数十倍的灼热“池”内，瞬间即可着火，即使使用高灰分和高水分的劣质燃料也可稳定燃烧。

④ 因颗粒在床层中停留时间长，尤其是循环床，燃料颗粒容易烧透，是流化床燃烧的一大优势。

⑤ 流化床属于较低温燃烧，碱金属类很少升华，因而避免了受热面的高温腐蚀，同时NO_x生成量减少。

如果向流化床内添加适量的脱硫剂，使烟气在排出炉腔之前进行脱硫，将大大减少SO_2的排放。这是因为流化床燃烧方式也为炉内脱硫提供了理想的环境：

① 床内流化使脱硫剂和SO_2能充分混合接触且反应面不断更新；

② 燃烧温度适宜，不易使脱硫剂烧结而损失化学反应表面；

③ 脱硫剂在炉内停留时间长，利用率高。

实践证明，流化床是一种高效的清洁燃烧方式。

123 流化床燃烧常用脱硫剂有哪些？其脱硫原理是什么？

石灰石（$CaCO_3$）或白云石（$CaCO_3 \cdot MgCO_3$）是流化床燃烧脱硫常用的脱硫剂。当脱硫剂进入锅炉的灼热环境中，其有效成分$CaCO_3$遇热发生煅烧分解，煅烧时CO_2的析出会产生并扩大石灰石中的孔隙，从而形成多孔状、富孔隙的CaO，反应如下：

$$CaCO_3 \longrightarrow CaO + CO_2 \uparrow$$

CaO与SO_2作用形成$CaSO_4$，从而达到脱硫的目的：

$$CaO + SO_2 + \frac{1}{2}O_2 \longrightarrow CaSO_4$$

124 流化床燃烧设备有哪些？

按流态的不同，可以把流化床锅炉分为鼓泡流化床锅炉和循环流化床锅炉两类。鼓泡流化床锅炉流化速度一般取临界流态化速度的2～4倍，循环比（返回到床层的固体物料质量速度与新鲜燃料供给质量速度之比）通常不高于4∶1。鼓泡流化床的分布板区有较大的孔隙率，有细小气泡形成。气泡在上升过程中不断反复地发生聚并和分裂，泡径随之增大，直到床面破裂。床层内存在两相，即气泡相和乳化相。颗粒绝大部分存在于乳化相中，少部分存在于气泡中，或被携带于向上运动的气泡尾涡旋中。循环流化床的流化速度介于鼓泡流化床和气力输送之间，物料循环比约为 20：1，甚至更高。循环流化床锅炉中无明显的气泡存在，断面孔隙率大，沿垂直轴向存在颗粒的浓度梯度但不存在确定的床层界面。鼓泡流化床和循环流化床锅炉的结构示意见图 3-1。

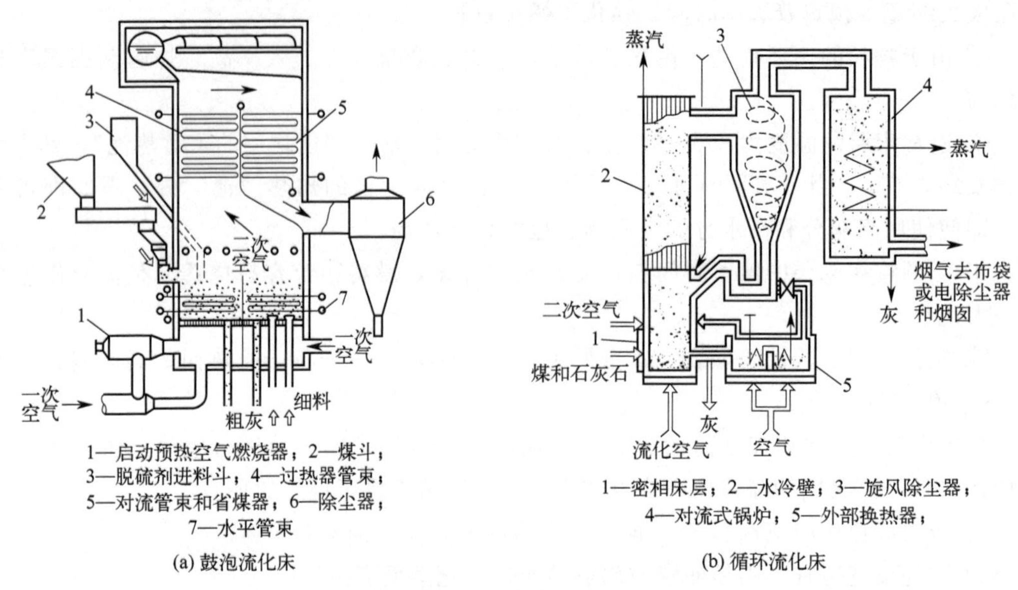

图 3-1 流化床示意图

根据运行压力不同，流化床锅炉又可分为常压流化床锅炉和增压流化床锅炉。前者在常压下进行燃烧；后者在压力为 6～16MPa 的密封容器中进行燃烧。增压流化床燃烧能进一步强化燃烧与传热，使燃烧室体积大大缩小。

125 影响流化床燃烧脱硫的主要因素有哪些?

影响流化床燃烧脱硫的主要因素如下。

（1）钙硫比

钙硫比是表示脱硫剂用量的一个指标。在影响 SO_2 脱除性能的所有参数中，钙硫比影响最大。无论何种类型的流化床锅炉，钙硫比（c）与脱硫率 R 的关系均可用下式近似表示：

$$R=1-\exp(-mc)$$

式中，c 为钙硫比，脱硫剂所含钙与煤中硫的摩尔比；m 为综合影响参数，是床高、流化速度、脱硫剂颗粒尺寸、脱硫剂种类、床温和运行压力等的函数。

不同类型的流化床锅炉有不同的 m 值。因此，在不同炉型和燃烧工况下，要达到相同的脱硫效率，所需的钙硫比是不同的。一般要达到 90％的脱硫率，常压鼓泡流化床、常压循环流化床和增压流化床的钙硫比分别为 3.0～3.5、1.8～2.5、1.5～2.0。

（2）煅烧温度

根据研究结果，对于常压流化床锅炉，有一最佳脱硫温度范围，为 800～850℃左右。

出现这种现象的原因与脱硫剂的孔隙状态有关。温度较低时，脱硫剂孔隙数量少，孔径小，反应几乎完全被限制在颗粒外表面。随着温度增加，煅烧反应速率增大，孔隙扩展速率增大，相应地，与 SO_2 反应的脱硫剂表面也增大，由此导致脱硫率增大。但是，当床层温度超过 $CaCO_3$ 煅烧平衡温度约 50℃以上时，烧结作用变得越来越严重，其结果是使煅烧获得的大量孔隙消失，从而造成脱硫活性降低。

(3) 脱硫剂的颗粒尺寸和孔隙结构

由于脱硫剂颗粒形状、孔径分布不一，床内又存在颗粒磨损、爆裂和扬析等影响，使得脱硫率与颗粒尺寸的关系十分复杂。在一定范围内减小颗粒尺寸，脱硫率变化不明显。当颗粒尺寸小于发生扬析的临界粒径时，脱硫剂发生扬析，使颗粒停留时间减少，但小颗粒的比表面积较大，因而脱硫效率提高。综合考虑脱硫和流化床的正常运行，脱硫剂颗粒尺寸有一个适宜范围，并非越小越好。

脱硫剂颗粒孔隙大小的分布对其固硫作用也有重要影响。含有小孔径的颗粒有更大的比表面积，但其内孔入口容易堵塞。大孔可提供通向脱硫剂颗粒内部的便利通道，却不能提供大的反应比表面积。因此，脱硫剂颗粒的孔隙结构应有适当的孔径大小，既要保证有一定的孔隙容积，又要保证孔道不易堵塞。

(4) 脱硫剂种类

石灰石和白云石在含钙量、煅烧分解温度、孔隙尺寸分布、爆裂和磨损等特性方面互不相同。与石灰石相比，白云石的孔径分布和低温煅烧性能好，但锅炉低压运行时，更易于爆裂成细粉末，在吸收更多的硫之前遭到扬析。此外，对于相同的钙硫比，白云石的用量比石灰石将近大两倍，相应地，脱硫剂处理量和废渣量也大得多。因此，锅炉常压运行时，倾向于采用石灰石作脱硫剂；锅炉增压运行时，视具体情况而定。

(5) 流化速度

降低流化速度可以增加脱硫剂的停留时间，有利于提高脱硫率。但是，对循环流化床锅炉而言，因物料多次循环，流化速度的影响不很重要，重要的是气固分离器捕集颗粒的能力。

(6) 流化床的高度和压力

增加流化床高度，可以增加物料的停留时间，提高脱硫效率。但是高度增加 1 倍，脱硫率仅增加 15%，所以增加床层高度对提高脱硫率的作用不会太大。

流化床的压力对脱硫率的影响是值得注意的。试验表明，常压下石灰石的脱硫率高，增压下则是白云石的脱硫率高。其原因是，常压下 $MgCO_3$ 很少和 SO_2 反应，而在增压下才大量分解，放出 CO_2 生成 MgO；石灰石则正好相反，其分解反应在常压下比在增压下剧烈得多。

126 循环流化床锅炉与煤粉锅炉相比的优势有哪些?

循环流化床锅炉与普通流化床锅炉和煤粉炉相比，具有以下特点。

(1) 对燃料的适应性特别强

循环流化床可以烧优质煤，也可以烧各种劣质燃料。在燃料的来源、种类和质量多变的情况下，采用循环流化床锅炉较为适宜。因此，把循环流化床锅炉视为清洁燃烧设备之一。

(2) 燃烧效率高

一般来讲，循环流化床锅炉烧劣质煤或优质煤，其燃烧效率均能达到 98%～99%，可与煤粉炉相媲美。由于气固两相高度混合，充分接触，而且停留时间长，99%以上的固定碳可以燃尽。

(3) 脱硫性能好

循环流化床锅炉燃烧高硫煤时，用石灰石作为脱硫剂，其炉内脱硫效率在钙硫比为 1.5～2.5 时可达 85%～90%，石灰石的利用率比普通流化床锅炉提高近一倍，与煤粉炉相比，甚至无须采用烟气脱硫装置，电厂建造费用可以降低 10%～20%。

(4) NO_x 生成量低

循环流化床可采用低温和分级燃烧，NO_x 生成量显著减少。

(5) 易实现大型化

循环流化床锅炉不受给煤量大和现场布置困难的限制，输煤、给料装置的布置大为简化。燃料和石灰石制备系统较简单，只需使用破碎机即可，不必磨成细粉，入炉煤的粒度为 3～10mm 以下，石灰石 1mm 以下，比煤粉炉的颗粒粗得多。

燃烧后烟气脱硫技术

（一）概述

127 烟气脱硫方法如何分类？

在电力行业，尤其是在脱硫技术领域，常用的烟气脱硫（FGD）工艺分类方法是根据吸收剂及脱硫产物在脱硫过程中的干湿状态，将脱硫工艺分为湿法（WFGD）、干法（DFGD）以及半干法（SDFGD），主要工艺及分类见图 4-1。

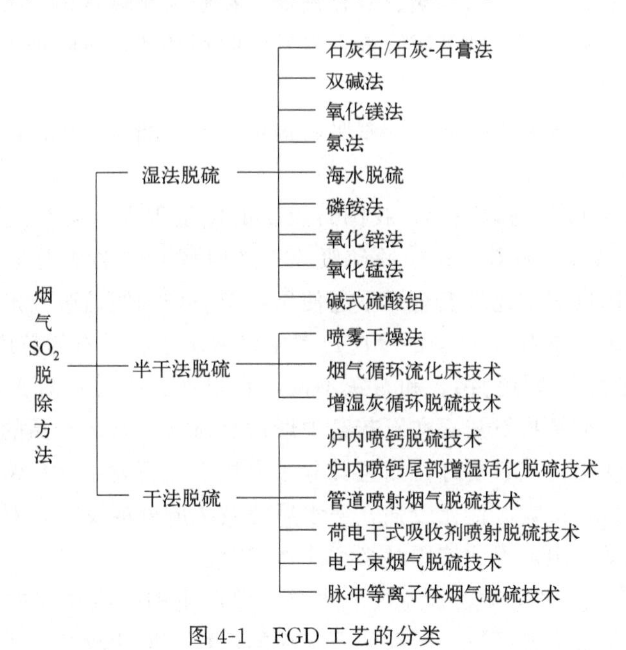

图 4-1 FGD 工艺的分类

128 烟气脱硫的脱硫剂应如何选择？

目前，尽管脱硫工艺非常多，但是其基本原理都是以一种碱性物质作为 SO_2 的吸收剂，即脱硫剂。吸收剂的性能从根本上决定了 SO_2 吸收操作的效率，因而对吸收剂的性能有一定要求。一般情况下，吸收剂可按下列原则进行选择：

① 吸收能力高。要求对 SO_2 具有较高的吸收能力，以提高吸收速率，减少吸收剂的用量，减少设备体积和降低能耗。

② 选择性能好。要求对 SO_2 吸收具有良好的选择性能，对其他组分不吸收或吸收能力很低，确保对 SO_2 具有较高的吸收能力。

③ 挥发性低，无毒，不易燃烧，化学稳定性好，凝固点低，不发泡，易再生，黏度小，比热容小。

④ 不腐蚀或腐蚀性小，以减少设备投资及维护费用。

⑤ 来源丰富，容易得到，价格便宜。

⑥ 便于处理及操作时不易产生二次污染。

完全满足上述要求的吸收剂是很难选择到的，只能根据实际情况，权衡多方面的因素，有所侧重地选择。

129 烟气脱硫工艺中常用的吸收剂有哪些?

工业上常用的吸收剂一般可以分为天然产品和化学制品两大类，天然产品主要有石灰石、石灰、天然磷矿石、电石渣（工业废料）等，化学制品主要有氢氧化钠、亚硫酸钠、碳酸钠、碱性硫酸铝、氨水、活性炭、氧化镁等。在脱硫领域常用的吸收剂又可以根据主要化学成分分为钙基吸收剂、钠基吸收剂、氨基吸收剂和镁基吸收剂等。

（1）钙基吸收剂

主要是石灰石、石灰和消石灰。钙基吸收剂价格便宜而且脱硫性能比较好，在脱硫领域应用广泛。

① 石灰石的主要成分是碳酸钙，我国石灰石的储量很大，矿石的品位较高，其碳酸钙的含量一般大于93%。石灰石用于脱硫吸收剂的时候必须磨成粉末。石灰石的优点在于无毒无害，在使用过程中比较安全，不过使用石灰石作为脱硫吸收剂时还要考虑石灰石的纯度和活性，因为石灰石与 SO_2 的反应速率主要取决于石灰石的粒度和颗粒比表面积。

② 石灰的主要成分是氧化钙。和石灰不同，在自然界中并没有天然的石灰资源。作为脱硫剂的石灰一般都是将石灰石在石灰窑中煅烧后所得。石灰产品的优劣主要取决于煅烧过程。石灰的活性比石灰石要好，而且其分子量比石灰石要小，单位质量的脱硫效果比石灰石高得多。但是石灰吸湿性比较强，遇水后能发生剧烈的反应，对人体的皮肤、眼睛有强烈的烧灼和刺激作用。因此使用时必须注意安全。

③ 消石灰是石灰加水反应之后经过消化反应而产生的生成物，主要是氢氧化钙。因为在消化过程中石灰粉化的缘故，所以消石灰粉的颗粒一般比较细，用于脱硫反应就无需磨粉。消石灰的低温反应活性很好，但是易于吸水而与空气中的 CO_2 反应生成活性较低的碳酸钙，因此在运输、储存的过程中要注意避免长期与空气接触。

（2）钠基吸收剂

主要有用于湿法洗涤工艺的碳酸钠和用于炉内喷射及管道喷射的碳酸氢钠。钠基吸收剂普遍比钙基吸收剂易溶于水，反应活性好，与石灰相比能达到更好的脱硫率。但是钠基吸收剂一般都比钙基吸收剂贵，而且脱硫产物中钠盐溶于水会导致废水处理的困难。

（3）氨基吸收剂

一般是以氨水和氨液的形式作为吸收剂，用于电子束辐射脱硫工艺和氨洗涤工艺中。氨基吸收剂的反应活性好，用量比较小。用氨基脱硫的副产物是硫酸铵，可以用于农业。但是使用氨基吸收剂也要注意：氨的价格比较高，而且需要专门的运输、储存和计量设备。氨气如果泄漏，会导致臭味甚至中毒等比较严重的后果。

（4）镁基吸收剂

一般是用 MgO 的浆液吸收烟气中的 SO_2。我国镁资源（主要是氧化镁矿）丰富。菱镁矿是我国的优势矿产，主要成分为碳酸镁，经过高温煅烧分解得到的氧化镁可用于烟气脱硫的脱硫剂。氧化镁脱硫工艺主要为抛弃法，虽然氧化镁价格高于石灰石粉，但因其用量小，实际脱硫费用与石灰石法相近。使用氧化镁脱硫效率更高，不结垢、不堵塞，且脱硫副产物亚硫酸镁、硫酸镁可综合利用。

130 烟气脱硫工艺的评价原则是什么?

脱硫工艺的评价原则主要包括以下几个方面：

① 脱硫效率。SO_2 排放浓度和排放量必须满足国家和当地的环保法规，并且在进行少量的技术升级后有进一步提高脱硫效率的能力，以适应今后更为严格的环保要求。

② 吸收剂的利用率直接反映了脱硫工艺对于吸收剂的利用程度，在达到同样脱硫效率的前提下，不同脱硫工艺所需要的吸收剂的量（化学当量）有很大的差异。

③ 脱硫工艺适用于已确定的煤种条件并适应燃煤含硫量在一定范围内可能的变动。

④ 技术成熟，运行可靠，经济合理。

⑤ 脱硫装置布置合理，占地面积较少。

⑥ 吸收剂、水和能源消耗较少，运行维护费用较低。

⑦ 吸收剂有可靠的来源，且质优价廉。

⑧ 能够很好地防止腐蚀、结垢。

⑨ 脱硫副产品、脱硫废水能得到合理的利用或处置。

⑩ 对主要设备（如锅炉、风机等）的影响尽可能少。

⑪ 适合现有的空间条件、场地条件及其他有关条件。

⑫ 脱硫工程的建设投资尽可能省，建设周期尽可能较短。

131 火电厂选择烟气脱硫工艺的复杂性有哪些?

脱硫工程是目前火电厂建设中一次性投资和持续性运行投入均较高的环保项目，且企业自身难以获得相应的利润回报。因此必须合理选择适合电厂自身情况的脱硫工艺。

脱硫工艺选择的复杂性主要体现在以下几点。

① 脱硫工艺种类繁多，在火电厂应用过的有 200 多种，其中能长期稳定运行、技术成熟、经济合理的工艺有 20 多种。

② 决定一种脱硫工艺适应性的因素很多，脱硫工艺的适应性在很大程度上取决于电

厂的具体情况，其他电厂的经验教训只能作为参考。

③ 脱硫工艺的选择除了与脱硫工艺本身有关外，在很大程度上还取决于与之相配合的电厂及机组的具体情况，受到诸多因素的限制。因此，针对一个具体的电厂，必须根据建设项目的具体要求，因地制宜、因厂制宜，按照一定的准则，采用科学合理的方法选择相对最优的脱硫工艺。

火电厂脱硫工艺的选择主要考虑技术评价、经济评价、综合评价和决策 4 个部分。

132 火电厂选择烟气脱硫工艺的技术原则是什么？

脱硫工艺选择的主要技术原则有以下几项：

① 立足 SO_2 污染现状和环境的可容纳性，结合国家和地方环境法规的要求，提出合理的、可行的控制目标，包括脱硫效率、SO_2 排放浓度和排放量。

② 结合机组的现状，充分考虑当地的资源条件、脱硫的建设条件，提出相对最优的脱硫工艺。

③ 脱硫工程实施后，在允许的时间和最大的投资允许限度内，能达到最终的技术目标和经济效益。

④ 脱硫工程实施后，应确保脱硫系统的安全可靠运行，且不会影响机组的正常运行和安全发电，努力构造资源节约型和环境友好型电厂。

⑤ 脱硫工程实施后，不造成二次污染或尽可能将污染降至最少，脱硫副产品要尽力实现减量化、资源化、无害化的目标。

133 烟气脱硫工艺的性能指标具体有哪些？

通常在选择过程中通过脱硫系统的指标来判断选择的合理性，这些指标主要包括：①脱硫效率；②钙硫比；③吸收剂的利用率；④吸收剂的可获得性和易处理性；⑤脱硫副产品的处置和可利用性；⑥对锅炉和烟气处理系统的影响；⑦对机组运行的适应性；⑧对周围环境和生态的影响；⑨占地面积；⑩工艺流程的复杂程度；⑪能源消耗；⑫工艺的成熟程度和商用业绩。几种脱硫技术的性能指标见表 4-1。

表 4-1 几种脱硫技术性能指标

<table>
<tr><th>技术名称</th><th>脱硫率/%</th><th>吸收剂利用率</th><th>吸收剂的可获得性与易处理性</th><th>脱硫产品的处置和可利用性</th><th>对锅炉及烟气处理系统的影响</th><th>电耗占总发电量的比例/%</th></tr>
<tr><td>石灰石-石膏法</td><td>>90</td><td rowspan="2">Ca/S<1.03</td><td rowspan="2">易获得</td><td rowspan="2">$CaSO_4$ 灰渣，可利用</td><td>基本不影响锅炉和除尘系统，降低了排烟温度，腐蚀烟囱</td><td>1.5～2</td></tr>
<tr><td>简易石灰石-石膏法</td><td>70～80</td><td>降低了排烟温度，腐蚀烟囱</td><td>1.0</td></tr>
<tr><td>喷雾干燥法</td><td>80～85</td><td>1.5</td><td>较易获得</td><td>$CaSO_4$、$CaSO_3$ 及 $Ca(OH)_2$ 混合灰渣，不好利用</td><td>增加除尘器除灰量，塔壁易积灰</td><td>1.0</td></tr>
</table>

续表

技术名称	脱硫率/%	吸收剂利用率	吸收剂的可获得性与易处理性	脱硫产品的处置和可利用性	对锅炉及烟气处理系统的影响	电耗占总发电量的比例/%
海水脱硫法	>90	海水	沿海地区易获得	生成物采用抛弃法，稍加处理可排入大海	降低排烟温度，不利于烟气扩散	1.0
烟气循环流化床	>90	消石灰、焦炭等 Ca/S 为 1.3～1.5	需处理	脱硫渣难以利用	脱硫率增加会影响除尘器的除尘效果和除尘器的正常运行	0.5～1
炉内喷钙增湿活化法	60～80	石灰石 Ca/S 为 2.0～3.0	易获得	产物数量大，灰渣处理复杂	影响锅炉和除尘器效率	<0.5
电子束法	>90	NH_3	一般	不产生废水废渣，副产物可作肥料	可同时脱硫脱硝	2～2.5

134 烟气脱硫工艺的经济指标有哪些?

在脱硫工艺选择时，还有一个要注意的问题就是经济选择，也就是必须在基建投资与运行费用之间建立某种程度的平衡。通常，投资高的脱硫工艺，往往运行费用较低；而一些投资较低的简易工艺，由于吸收剂利用率低，使得在相同脱硫效率下的吸收剂耗量增加，从而使运行费增大。对于新建电厂的烟气脱硫系统来说，由于机组有较长的剩余寿命，因此希望降低运行费用；而对于现有电厂的烟气脱硫改造工程的工艺选择，往往会由于剩余寿命较短而选用投资低、运行费用高的工艺方案。几种脱硫技术的经济指标见表 4-2。

脱硫工艺的选择是火电厂脱硫工程建设的关键，为此从技术和经济两个方面，提出应重点考虑的选择原则、选择指标体系和选择方法，对新扩改建脱硫工程建设，应根据工程具体的建设要求和条件，科学合理地选择切合实际的脱硫工艺。

表 4-2 几种脱硫技术的经济性指标

各项费用 脱硫技术	FGD 投资/万元		FGD 单位投资/(元/kW)		年均化投资/万元		年运行费用		脱硫成本			
									脱除 SO_2/(元/t)		每 kW·h 时成本/分	
燃料含硫量	1.5	2.5	1.5	2.5	1.5	2.5	1.5	2.5	1.5	2.5	1.5	2.5
石灰石-石膏法	20970	21300	699	710	2603	2643	1730	2016	1547	998	2.22	2.39
简易石灰石-石膏法	13530	13860	451	462	1679	1720	1381	1612	1483	968	1.57	1.71
炉内喷钙法	9330	9900	311	330	1158	1229	1504	2043	1289	961	1.37	1.68
电子束法	17905	17905	597	597	2222	2222	2228.4	3044.6	1981	1106	1.5	1.4

135 烟气脱硫设备的腐蚀机理是什么?

燃煤锅炉排放烟气中含有 SO_2、SO_3、NO_x、HCl、HF 等腐蚀性酸性气体，以及 H_2O、O_2 等腐蚀介质成分。烟气温度范围约为 120～160℃。燃煤锅炉排放原烟气呈干态，一般情况对设备不会造成腐蚀，但是在烟气净化过程中，烟气温度被降低到露点以下，设备表面会出现结露，形成稀硫酸、亚硫酸、盐酸、氢氟酸等酸性溶液雾滴或液膜，由此引发腐蚀。因此，对于湿法脱硫工艺，由于烟气出塔时温度降低，低于其露点温度，防腐要求比较严格。脱硫设备的腐蚀主要有以下四种原因。

(1) 化学腐蚀

烟气中的腐蚀性介质在一定的温度、湿度下和金属材料发生化学反应生成可溶性盐，使设备被腐蚀。这其中酸性气体起主要的作用，反应方程式如下：

$$Fe+SO_2+H_2O \longrightarrow FeSO_3+H_2$$

$$2HCl+Fe \longrightarrow FeCl_2+H_2$$

更严重的是，钢铁在含有 SO_2 的湿空气中的腐蚀，可能是“酸的再循环”。SO_2 首先被吸附在金属表面上，在有氧的条件下发生如下反应：

$$Fe+SO_2+O_2 \longrightarrow FeSO_4$$

$FeSO_4$ 水解生成游离的硫酸：

$$4FeSO_4+6H_2O+O_2 = 4FeO \cdot OH+4H_2SO_4$$

如此循环往复，使腐蚀不断进行。在这一过程中，SO_2 实际起到一种催化作用。

(2) 电化学腐蚀

烟气脱硫后仍含有少部分的 SO_2、SO_3、氯化物、氟化物和硫酸雾等，在潮湿的环境下，当烟温低于烟气露点温度时，烟气在设备内壁凝结，形成很薄的液膜，并吸收烟气中的硫化物形成酸液，从而导致低温析氢电化学腐蚀。此外，由 Cl^- 引起的点蚀，也是脱硫系统中（尤其是在吸收塔内部）一种普遍的电化学腐蚀，点蚀常发生在金属表面膜不完整的部位。

(3) 结晶腐蚀

在烟气脱硫过程中，由于生成了可溶性的硫酸盐或亚硫酸盐，液相则渗入表面防腐层的毛细孔内，当设备停用时，在自然干燥下生成结晶型盐，产生体积膨胀，使防腐材料自身产生内应力而破坏，特别在干湿交替作用下，腐蚀更加严重。

(4) 磨损腐蚀

烟气脱硫工艺中，固体脱硫剂直接与设备表面发生湍动摩擦，不断地更新表面使其逐渐变薄，腐蚀加剧。

136 烟气脱硫设备的环境腐蚀因素有哪些？分别有什么影响？

烟气脱硫设备的环境腐蚀因素主要有环境温度、固体物料作用、设备基体结构等。

(1) 环境温度

环境温度影响是各种烟气脱硫装置共同存在的问题，但具体各种工艺使用的设备所处于的环境温度不同。温度对设备衬里的影响主要有以下 4 方面：

① 温度不同，选择的材料也不同，如果选择了不适合的材料将会造成比较大的损失。

② 衬里材料和设备基体在温度作用下产生不同步线性膨胀，这样会导致两者粘接处产生热应力，影响衬里寿命。

③ 温度使材料的物理化学性能下降，从而降低衬里材料的耐磨性和抗应力破坏能力，加速材料的老化过程。

④ 在温度的作用下，衬里内施工形成的缺陷（如气泡、微裂纹等）受热应力作用，

为介质渗透提供条件。

(2) 固体物料作用

固体物料对设备的影响主要体现在固体物料以浆液态从塔顶落下的过程中冲刷衬里表面，如果衬里表面凹凸不平，则会进一步加剧磨损。

(3) 设备基体结构

设备基体结构的影响主要是由于烟气脱硫设备大多是平板焊接结构，为保证内衬防腐蚀质量，设计和现场制作安装时必须要注意安装和焊接工作的一些要求，避免影响设备的防腐性能。

（二）湿法烟气脱硫技术

137 石灰石/石灰-石膏湿法烟气脱硫中 SO_2 的吸收机理是什么?

用石灰石（或石灰）吸收烟气中的 SO_2，首先生成亚硫酸钙：

$$CaO+SO_2+\frac{1}{2}H_2O \longrightarrow CaSO_3 \cdot \frac{1}{2}H_2O$$

$$CaCO_3+SO_2+\frac{1}{2}H_2O \longrightarrow CaSO_3 \cdot \frac{1}{2}H_2O+CO_2 \uparrow$$

$$CaSO_3 \cdot \frac{1}{2}H_2O+SO_2+\frac{1}{2}H_2O \longrightarrow Ca(HSO_3)_2$$

在塔底，通过向浆液池通入空气将亚硫酸钙进一步氧化为硫酸钙：

$$2CaSO_3 \cdot \frac{1}{2}H_2O+O_2+3H_2O \longrightarrow 2CaSO_4 \cdot 2H_2O$$

$$Ca(HSO_3)_2+\frac{1}{2}O_2+H_2O \longrightarrow CaSO_4 \cdot 2H_2O+SO_2 \uparrow$$

表 4-3 分别给出了石灰石和石灰法烟气脱硫的反应机理，说明了相应系统所必须经历的化学反应过程。

表 4-3 石灰石和石灰法烟气脱硫的反应机理

脱硫剂	石灰石	石灰
(1)溶解反应	$SO_2+H_2O \longrightarrow H_2SO_3$ $H_2SO_3 \longrightarrow H^++HSO_3^- \longrightarrow 2H^++SO_3^{2-}$	$SO_2+H_2O \longrightarrow H_2SO_3$ $H_2SO_3 \longrightarrow H^++HSO_3^- \longrightarrow 2H^++SO_3^{2-}$
(2)解离反应	$H^++CaCO_3 \longrightarrow Ca^{2+}+HCO_3^-$	$CaO + H_2O \longrightarrow Ca(OH)_2$ $Ca(OH)_2 \longrightarrow Ca^{2+}+2OH^-$
(3)吸收反应	$Ca^{2+}+SO_3^{2-}+\frac{1}{2}H_2O \longrightarrow CaSO_3 \cdot \frac{1}{2}H_2O$ $Ca^{2+}+HSO_3^-+2H_2O \longrightarrow CaSO_3 \cdot 2H_2O+H^+$	$Ca^{2+}+SO_3^{2-}+\frac{1}{2}H_2O \longrightarrow CaSO_3 \cdot \frac{1}{2}H_2O$ $Ca^{2+}+HSO_3^-+2H_2O \longrightarrow CaSO_3 \cdot 2H_2O+H^+$
(4)中和反应	$H^++HCO_3^- \longrightarrow H_2CO_3$ $H_2CO_3 \longrightarrow CO_2+H_2O$	$H^++OH^- \longrightarrow H_2O$
(5)总反应	$CaCO_3+SO_2+\frac{1}{2}H_2O \longrightarrow CaSO_3 \cdot \frac{1}{2}H_2O+CO_2 \uparrow$	$CaO+SO_2+\frac{1}{2}H_2O \longrightarrow CaSO_3 \cdot \frac{1}{2}H_2O$

可以看出，石灰石系统中最关键的反应是 Ca^{2+} 的形成，因为 SO_2 正是通过 Ca^{2+} 与 HSO_3^- 反应而得以从溶液中除去的。这一关键步骤也突出了石灰石系统和石灰系统的一个极为重要的区别：石灰石系统中，Ca^{2+} 的产生与 H^+ 浓度和 $CaCO_3$ 的存在有关；而在石灰系统中，Ca^{2+} 的产生仅与氧化钙的存在有关。因此，为了保证液相有足够的 Ca^{2+} 浓度，石灰石系统在运行时，其 pH 较石灰系统低。

138 石灰石/石灰-石膏湿法烟气脱硫中对脱硫剂有什么要求?

按照《石灰石/石灰-石膏湿法烟气脱硫工程通用技术规范》(HJ 179—2018)，脱硫用石灰石中 $CaCO_3$ 含量宜不小于 90%，细度宜不低于 250 目 90%过筛率；若采用生石灰做脱硫剂，则生石灰的 CaO 含量宜不小于 80%，细度宜不低于 150 目 90%过筛率。吸收剂制备可采用磨制系统制浆或来粉制浆，采用来粉制浆时，浆液箱总容量宜不小于设计工况下 4h 的浆液总消耗量。

139 石灰石-石膏湿法烟气脱硫系统由哪些单元构成？如何运作?

以火电厂应用最为广泛的石灰石-石膏湿法烟气脱硫系统为例，烟气脱硫系统主要包括石灰石浆液制备系统（由石灰石储仓、磨石机、石灰石浆液罐、浆液泵等组成）、烟气系统（由烟道挡板、烟气换热器、增压风机等组成）、吸收系统（由吸收塔、循环泵、氧化风机、除雾器等组成）、石膏脱水系统（由石膏浆泵、水力旋流器、真空脱水机等组成）、废水处理系统、公用系统及事故浆液排放系统等，其工艺流程如图 4-2 所示。

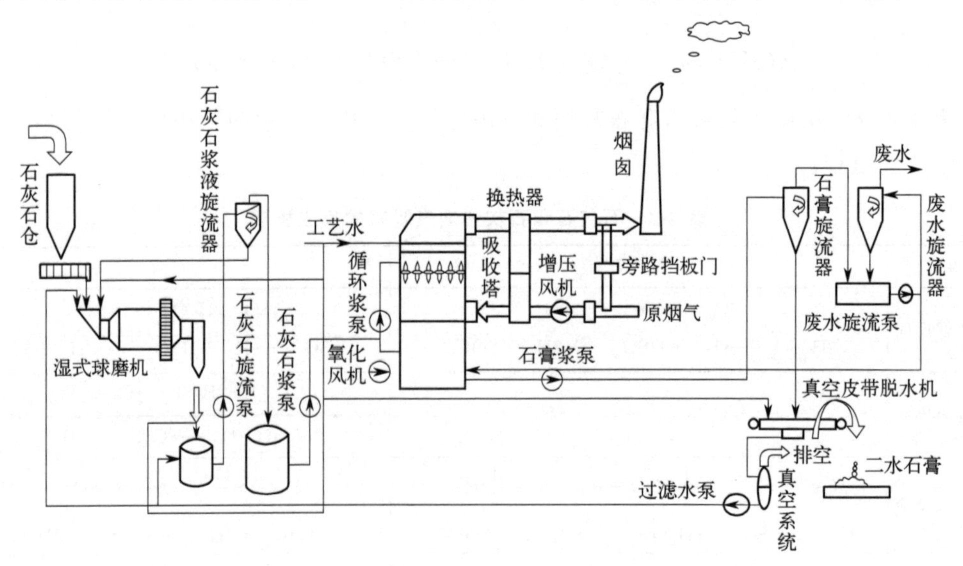

图 4-2 石灰石-石膏法湿法烟气脱硫工艺示意图

(1) 石灰石浆液制备系统

石灰石制备系统中将石灰石根据要求磨成一定粒度的粉状（也可采用来粉制浆），同时还必须控制石灰石的纯度在90%以上，以保持石灰石的反应活性，然后通过给料机将石灰石粉送入浆池，加水制备成一定密度的浆液。脱硫设计一般要求石灰石浆液的密度为1210～1230kg/m^3，对应为固体质量分数30%的浆液。

（2）烟气系统

脱硫烟气系统（FGD）为锅炉风烟系统的延伸部分，主要由烟气进口挡板门（原烟气挡板门）、出口挡板门（净化烟气挡板门）、旁路挡板门、增压风机和气-气换热器（GGH）、烟道及相应的辅助系统组成。

原烟气挡板门和净化烟气挡板门在启动FGD时开启，停止FGD时关闭。而旁路挡板门在启动FGD时关闭，停止FGD时开启，这样达到脱硫系统正常运行时，将原烟气切换至脱硫系统；在脱硫系统故障或停运时，使原烟气走旁路，直接排到烟囱。脱硫旁路是脱硫系统乃至锅炉运行的安全保障，当脱硫系统故障时，可以通过开启旁路来保障系统安全。德国及日本作为湿法脱硫技术运用最成熟的国家，都设有脱硫系统旁路。我国严于国际通行做法，到2015年，绝大部分电厂已完成了取消旁路的改造。

增压风机是为了克服FGD装置的烟气阻力，将原烟气引入脱硫系统，并稳定锅炉引风机出口压力的重要设备。随着国内脱硫技术的进步，引风机和脱硫增压风机合并（引增合一）的技术革新成为主流，合并后具有管理方便、故障点少、节能效果明显、占地面积小等优势，成为新建机组脱硫系统设计的首选。

通过气-气换热器（GGH），入塔的烟气温度降低，有利于吸收，但其主要作用是对出塔的烟气进行加热，保证FGD中的排烟温度不低于烟气露点温度。

（3）吸收系统

主要包括吸收塔、循环泵、除雾器、氧化空气管网及搅拌器等。

① 吸收塔　吸收塔是烟气脱硫系统核心装置，要求气液接触面积大、气体的吸收反应良好，压力损失小，而且适用于大容量的烟气处理。其工作原理为：烟气从吸收塔下侧进入，与吸收浆液逆流接触进行吸收反应，脱除烟气中SO_2、SO_3、HF和HCl后的清洁空气经除雾器除去雾滴后进入换热器。而石灰石、副产物和水等混合物形成的浆液从吸收塔浆池经循环浆液泵打至喷淋层，由喷嘴雾化成细小的液滴，自上而下地落下，形成雾柱，其中的石灰石与烟气中的酸性气体反应生成亚硫酸盐后，进入塔底部的氧化池进行氧化反应，得到脱硫副产品二水石膏。

② 循环泵　吸收塔浆液循环泵是石灰石-石膏脱硫系统中的一个主要设备，为喷淋层及喷嘴输送足够压力和流量的吸收浆液，与烟气充分接触，从而保证适当的液气比，以确保脱硫效率。循环泵的消耗功率仅次于增压风机，因此设计运行并维护好是非常重要的。浆液循环泵必须满足以下条件：

a. 泵头防腐耐磨。泵送的浆体含有10%～20%石灰石、石膏和灰粒，pH为4～6的腐蚀性介质，所以对泵的要求非常苛刻。

b. 低压头、大流量。目前制造能力下，循环浆泵的流量已达到10000m^3/h，扬程为16～30m，还要适应停机及非高峰供电情况下的非正常运行的要求。

c. 性能可靠连续运行。

③ 除雾器　湿法烟气脱硫采用的除雾器通常装在吸收塔顶部，也可安装在吸收塔后的烟道上，其作用是捕集脱硫后洁净烟气中的水分，保护其后的管路及设备不受腐蚀。

④ 氧化空气管网　氧化空气的主要作用是将 $CaSO_3$ 氧化为 $CaSO_4$。氧化空气进入吸收塔浆液池的方式一般有氧化曝气管曝气和喷枪喷入两种，其中喷枪的形式较为简单，一般适用于中、小尺寸的吸收塔；对于直径较大的吸收塔，一般采用氧化曝气管。氧化空气通过曝气管上均匀分布的气孔进入浆液池，在搅拌器切割扰动下与浆液池中的亚硫酸盐进行充分反应，生成稳定的硫酸盐。曝气管采用主管侧面开孔、末端开放式端口的形式，以避免扩散管结垢，保证设备正常运行。

⑤ 搅拌器　为避免吸收塔浆液池内的晶粒沉积，保证氧化空气与亚硫酸盐的充分接触与反应，在吸收塔浆液池内，通常设搅拌器。脱硫搅拌器根据安装位置不同分为侧进式搅拌器和顶进式搅拌器。广泛应用的是侧进式搅拌器，其采用浆罐外壁安装方式。搅拌器设置的台数是根据吸收塔浆池容积和介质参数进行选取的。搅拌器分上下两层布置，上层搅拌器使浆液中的固体物质与氧化空气接触，加强浆液的氧化反应，下层使浆液中的固体物质保持在悬浮状态，避免沉淀。

(4) 石膏脱水系统

从吸收塔排出的石膏浆液要去除水分才能达到商业利用价值，因此必须设置石膏脱水系统。石膏脱水系统由初级旋流器浓缩脱水（一级脱水）和真空皮带脱水（二级脱水）两级组成。吸收塔石膏排出泵将含石膏 12%～20%的浆液送至石膏水力旋流器，浓缩成约50%的较粗晶粒石膏浆液，再经真空皮带脱水机进一步脱水、过滤后，石膏滤饼含水量降到 10%以下。

(5) 废水处理系统

设置废水处理系统主要是因为烟气中氯化物的溶解提高了脱硫吸收液中氯离子的浓度。氯离子浓度的增高会带来很多不利影响，如降低了溶液的 pH 值从而引起脱硫效率的下降和 $CaSO_4$ 结垢倾向的增大。因此，这部分废水需要进行处理。废水的排放量和氯离子的量有关，一般控制吸收塔中氯离子含量低于 20000mg/L。

(6) 公用系统

公用系统由工艺水系统、工业水系统、冷却水系统和压缩空气系统等子系统构成，为脱硫系统提供各类用水和控制用气。公用系统的主要设备包括工艺水箱、工艺水泵、工业水箱、工业水泵、冷却水泵、空压机等。

(7) 事故浆液排放系统

事故浆液及排放系统主要包括事故浆液箱（池）及搅拌器、事故浆液返回泵、地沟、地坑、地坑搅拌器、地坑泵、烟囱疏水等。

140 石灰石-石膏湿法烟气脱硫吸收设备有哪几种形式?

吸收塔是石灰石-石膏脱硫工艺的核心装置，由吸收区、氧化区和除雾区三个主要的区域构成。烟气脱硫工艺对吸收塔的要求是：①气液接触面积大；②气体的吸收反应良好；③适宜的反应时间；④压力损失小；⑤操作稳定，有一定的操作弹性；⑥结构简单，制造维修方便，造价低，使用寿命长；⑦适用于大流量烟气处理。

吸收塔主要有喷淋塔、填料塔、双回路塔和喷射鼓泡塔等几种类型。各种吸收设备中，喷淋塔由于具有内部构件少，塔内不易结垢和堵塞，压力损失较小等优点，是湿法脱硫工艺的主流塔型，其结构如图 4-3 所示。

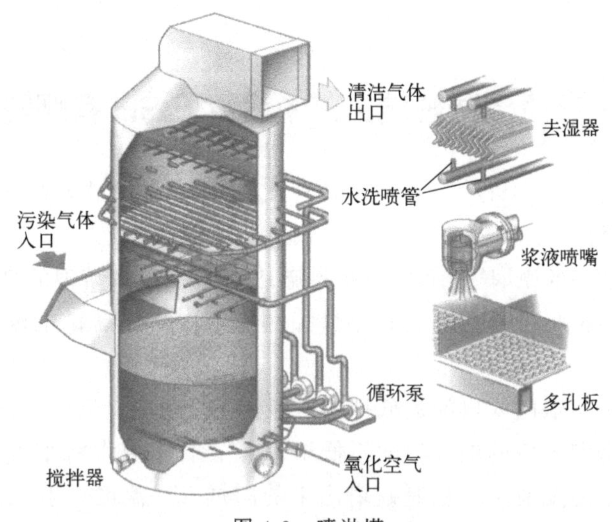

图 4-3　喷淋塔

喷淋塔多为圆筒形结构，底部为平底，在塔的上部布置若干层喷嘴，脱硫剂通过雾化喷嘴形成液滴，与含 SO_2 的烟气接触，SO_2 被吸收，烟气经上部的去湿器或除雾器去除烟气中夹带的液滴后从出口排出。脱硫喷淋吸收塔的主要作用有两个：一是对烟气中 SO_2 进行脱除，二是使脱硫生成物变成合格石膏晶体。由于塔体内部直接接触弱酸浆液，所以必须采取防腐措施。一般情况下，吸收塔本体为钢制，采用橡胶、玻璃鳞片或耐腐钢壁纸进行内衬防腐处理。

141 湿法脱硫过程中为什么要设置烟气除雾装置？常用的除雾装置有哪些形式？

湿法吸收塔在运行过程中，易产生粒径为 10～60μm 的雾滴。这种雾滴中不仅含有水分，还溶有硫酸、硫酸盐、SO_2 等。如不妥善解决，将使烟气带水，烟气带水后很容易腐蚀管道和风机，并使风机叶轮粘灰、结垢，引起风机振动，缩短风机使用寿命。因此，湿法脱硫必须配置除雾设备，其性能直接影响到湿法烟气脱硫系统能否连续可靠运行。

除雾器通常由除雾器本体及冲洗系统构成。除雾器本体作用是捕集烟气中的液滴及少量粉尘，减少烟气带水，防止风机振动；冲洗系统是定期冲洗由除雾器叶片捕集的液滴、粉尘，防止叶片结垢，维持系统正常运行。除雾器一般设在吸收塔的顶部。通常应设二级除雾器，使得净化除雾后烟气中残余的水分一般不得超过 $50mg/m^3$，否则将腐蚀热交换器、烟道和风机。

除雾器主要有折流板除雾器与旋流板除雾器两种类型。旋流板除雾器的除雾原理是气流穿过旋流板片时，由直线运动气流变为以一定仰角作旋转运动的气流，烟气中的液滴由于惯性的作用而被甩向外侧汇集，达到截留液滴的目的。折板除雾器的除雾原理是气流流过折板时，由于流线的偏折，惯性大的液滴撞在叶片上面被截留下来，气体惯性较小，可相对比较流畅地从弯曲的烟道流过。在大型的烟气脱硫项目中，普遍采用折流板除雾器，其按几何形状可分为折线型和流线型，按结构特征可分为两通道叶片和三通道叶片。

142 石灰石-石膏湿法脱硫工艺中设置 GGH 有哪些优点和缺点?

气-气换热器，简称 GGH，是目前大型 FGD 装置中应用最为普遍的换热器类型。设置 GGH 有两个作用：

① 降低进入吸收塔的原烟气温度，满足脱硫工艺的要求，其降温的热量用于加热净烟气；

②（也是最主要的）利用原烟气的热量加热净烟气，提高排烟温度，一般要求不低于 80℃。

很多国家都规定了烟囱入口的最低排烟温度：德国规定，烟囱入口的烟气温度不低于72℃；英国规定，烟囱入口的烟气温度不低于 80℃；日本要求将烟气加热到 90～110℃。我国和美国则无排烟温度要求。从脱硫塔出来的净烟气，温度一般在 45～55℃之间，为湿饱和状态，已低于酸露点，如果直接排放会带来两种不利后果：

① 烟气抬升的扩散能力低，可能在烟囱附近形成水雾，污染环境；

② 由于烟气在露点以下，会有酸性液滴从烟气中凝结出来，即所谓的“下酸雨”，既污染环境，又对烟道和烟囱造成低温湿烟气的腐蚀。

但安装 GGH 的同时也将造成投资成本、运行成本、维修费用的增加，降低 FGD 运行的可靠性和可利用率。GGH 的投资较高，一台 GGH 的价格占整个 FGD 设备投资的10%～15%；安装 GGH 后烟道压降约在 1200 Pa 左右，为克服这些阻力，须增加增压风机的压头，FGD 运行费用也将大幅增加；营运过程中 GGH 的冲洗需要提供相应的冲洗水、压缩空气或高压蒸汽；运行中烟气携带的吸收塔浆液液滴会沉积在 GGH 换热元件上，同时 GGH 热侧产生黏稠的浓酸液也会黏附大量烟气中的飞灰，在 GGH 换热元件的表面形成固体的结垢物，进一步增加了 GGH 的压降，甚至造成堵塞，导致 FGD 系统停运。目前 GGH 是造成 FGD 装置事故停机的主要设备。

在目前流行的湿法脱硫工艺中，有些工艺不使用烟气再热系统而采取湿烟囱或冷却塔排放烟气。一般来讲，不设置烟气再热系统较优。但具体情况还要具体分析，由于不设置烟气再热系统，烟气的温度降低，其抬升高度也降低，另外烟气由于含水量增加，其观感也变差，因此不设烟气再热系统首先必须得到当地环保部门的许可；设置不设置烟气再热系统的一次性投资高低还要根据机组容量区别对待，一般来说 60MW 机组不设置烟气再热系统与设置相比投资降低，60MW 机组以下应根据市场情况具体分析。

随着国家全面实施燃煤电厂超低排放工作的进行，目前国内好多电厂面临着拆除 GGH 装置的问题，主要原因是：GGH 的漏风率不好控制，导致净烟气出口的 SO_2 超标；超低排放改造场地和风机压头受到限制。

143 如果采用烟气再热装置，应该如何选择再热系统?

目前大量在 FGD 系统中使用的烟气再热器主要有两种：回转式 GGH 和管式 WMH

（水媒体加热器）。这两种烟气再热器各有优缺点。

（1）回转式 GGH

不采用低泄漏装置的 GGH 漏风量为 1.5%～3%，采用低泄漏密封装置的 GGH 漏风量为 0.5%，占地和重量小，阻力小，清洗可通过配备有效的吹灰器进行压缩空气吹灰及水冲洗。即使发生冷端堵灰或腐蚀，可通过更换冷端换热面进行消除。安装与维修方面，回转式加热器虽然是模块式，结构紧凑，但现场安装工作量较大，时间较长，运行维修量也较大。材料方面，回转式换热器则可在较大范围内选择更为有效的防腐材料，如传热元件采用镀搪瓷技术等。

（2）管式 WMH（水媒体加热器）

运行初期没有漏风，运行一段时间后，由于焊缝的裂缝和冷端的腐蚀，也会产生漏管，而且一旦漏风发生，很难消除，只能堵管或换管。占地和重量大，阻力也较大，清洗方面，一旦发生冷端堵灰或腐蚀，很难处理。安装与维修管式加热器工厂化程度较高，现场安装工作量较小，在正常维修方面，管式加热器维修量较回转式小。但如果管式加热器一旦出现堵灰或腐蚀漏管，维修工作量较大。材料方面，由于管式换热器全部为焊接结构，其材料的选择有很大的限制性，管子一般选择耐腐蚀钢材，成本高。

从上面可以看出，回转式 GGH 在清洗、材料、阻力、占地和重量等性能方面优于管式 WMH。虽然漏风、安装维护方面管式 WMH 占优，但一旦发生腐蚀、漏管、堵灰等现象，其优点也就变成缺点。

144 石灰石-石膏湿法脱硫工艺中增压风机如何选择?

增压风机用于克服整个脱硫系统设备的阻力，是保证脱硫系统运行的重要设备。一般对于新建机组，增压风机可以和引风机共用一套，这样系统简单、可靠；对于老机组，由于引风机设计一般没有考虑脱硫设备的压降，需要重新安装一套增压风机。一般一套脱硫系统使用一台增压风机，根据脱硫系统的工艺流程，增压风机可以设置在烟气加热器进出口的地方，为了避免腐蚀引起的叶片更换或风机的维修，常设置在原烟气进口处。目前国内 200～600MW 机组大型锅炉中，常用的增压风机主要有离心风机、动叶可调轴流风机和静叶可调轴流风机。

离心风机体积大、占地大，检修起吊困难，变负荷调节性能差，因此在燃煤锅炉烟气脱硫工程中的应用较少，轴流风机则得到广泛的使用。

从基本性能分析，和静叶可调（静调）轴流风机相比，动叶可调式（动调）轴流风机具有调节性能好的优点，能很好地适应变工况负荷运行。它的主要缺点是：①耐磨性比静调轴流风机差，叶片寿命较静调轴流风机短，更换费用高；②液压调节系统较复杂，虽精密，但也易出现漏油、卡涩，现场维修量大。而静调轴流风机的调节系统采用简单的电动执行机构调节，可靠性较高，系统简单，维修也方便。从可靠性分析，动调轴流风机和静调轴流风机的可靠性指标均为 99%，但由于两者各自的结构特点，在高温含尘烟气的工作条件下，动调轴流风机叶片磨损的潜在风险较静调轴流风机高。从运行经济性分析，虽然动调轴流风机的运行效率略高于静调，但考虑维护、检修费用、一次性投资，静调轴流风机的经济性要略强于动调轴流风机；从安全可靠性、安装维护方面，静调轴流风机为优。

145 石灰石/石灰烟气脱硫系统中，浆液循环池容量如何确定?

石灰石法或石灰法系统的最重要特点之一是需要设计浆液循环池，循环池是一个接收脱硫系统排液的容器，并起着增加反应时间的作用。$CaSO_3$、$CaSO_4$、未反应的 $CaCO_3$ 以及其他硅酸盐的沉淀，正是发生在循环槽中。务必使沉淀发生在循环槽而不是脱硫器中是至关重要的，因为固体物脱硫器中的沉积会阻塞和阻碍系统运行。

在石灰法和石灰石法系统中，发生在循环槽的反应可归纳为下列一系列反应式。

石灰法系统：

$$CaO+Ca(HSO_3)_2+3H_2O \longrightarrow 2CaSO_3 \cdot 2H_2O$$

$$CaO+Ca(HSO_3)_2+O_2+3H_2O \longrightarrow 2CaSO_4 \cdot 2H_2O$$

石灰石法系统：

$$CaCO_3+Ca(HSO_3)_2+3H_2O \longrightarrow 2CaSO_3 \cdot 2H_2O+CO_2$$

$$CaCO_3+Ca(HSO_3)_2+3H_2O+O_2 \longrightarrow 2CaSO_4 \cdot 2H_2O+CO_2$$

有关试验说明，$CaSO_3$ 和 $CaSO_4$ 通常在循环槽内大致按 22.5∶77.5 的摩尔比共沉淀为固溶体。$CaSO_4$ 和 $CaSO_3$ 在循环槽内的这种共沉淀，对脱硫系统的无垢运行是必不可少的。石灰石法系统脱硫剂在循环池内的停留时间应为 10min 左右，而石灰系统的停留时间约为 5min 左右，一般吸收塔浆池容积宜保证吸收塔浆池浆液循环停留时间不小于 4.2min。由于停留时间的不同，石灰系统循环池容积比石灰石系统小许多，容积大小取决于处理烟气量、化学过量比、液气比及在循环槽内的停留时间。

146 为什么要设置事故浆液池或事故浆液箱?

按照《石灰石/石灰-石膏湿法烟气脱硫工程通用技术规范》(HJ 179—2018)，脱硫装置应设置事故浆液池或事故浆液箱。事故浆液池或浆液箱用于储存在吸收塔检修、小修、停运或事故情况下排放的浆液。在脱硫系统内设置一个公用的事故浆液箱，容量宜不小于一座吸收塔最低运行液位时的浆液池容量，内配有防止浆液发生沉淀的搅拌器。吸收塔的浆液通过吸收塔石膏浆液排出泵送到事故浆液池或浆液箱中，浆液可通过事故浆液返回泵从事故浆液箱或浆液池送回到各吸收塔。

147 石灰石-石膏湿法烟气脱硫的主要影响因素有哪些?

石灰石-石膏湿法烟气脱硫的主要影响因素如下。

(1) 浆液的 pH 值

浆液的 pH 值是影响脱硫效率的一个重要因素。一方面，pH 值高，SO_2 的吸收速度就快，但是系统设备结垢严重；pH 值低，SO_2 的吸收速率就会下降，当 pH 值小于 4 时，则几乎不能吸收 SO_2。另一方面，pH 值的变化对 $CaSO_3$ 和 $CaSO_4$ 的溶解度有重要的影响，见表 4-4。

pH 值较高时，$CaSO_3$ 的溶解度明显下降，但 $CaSO_4$ 的溶解度则变化不大，因此当溶液 pH 降低时，溶液中存在较多的 $CaSO_3$，又由于在石灰石粒子表面形成一层液膜，其中溶解的 $CaSO_3$ 使液膜的 pH 值上升，这就造成 $CaSO_3$ 沉积在石灰石粒子表面，形成一层外壳，即所谓的包固现象。由于包固现象的出现，石灰石粒子表面钝化，抑制化学反应的进行，同时还造成结垢和堵塞。因此，实际中，应根据每天的石膏化验结果、实际运行工况及燃煤硫分等进行浆液 pH 值的合理控制。

表 4-4 50℃时 pH 对 $CaSO_3 \cdot \frac{1}{2}H_2O$ 和 $CaSO_4 \cdot 2H_2O$ 溶解度的影响

pH	溶解度/(mg/L)		
	Ca^{2+}	$CaSO_3 \cdot \frac{1}{2}H_2O$	$CaSO_4 \cdot 2H_2O$
7.0	675	23	1320
6.0	680	51	1340
5.0	731	302	1260
4.5	841	785	1179
4.0	1120	1873	1072
3.5	1763	4198	980
3.0	3135	9375	918
2.5	5873	21995	873

(2) 钙硫比

钙硫比的大小表示加入到吸收塔中的吸收剂量的多少。从脱除 SO_2 的角度考虑，在所有影响因素中，钙硫比对脱硫率的影响是最大的。一般采用石灰石作为脱硫剂，钙硫比接近 1，不宜超过 1.03。

(3) 液气比

液气比对吸收推动力、吸收设备的持液量有影响。增大液气比对吸收有利，但大液气比条件下维持操作的运行费用很大，实际操作中应根据设备的运行情况决定吸收塔的液气比，石灰石系统液气比一般为 8～25。

(4) 石灰石的粒度

石灰石颗粒的大小，即比表面积的大小，对脱硫率和石灰石的利用率均有影响。一般来说，粒度减小，脱硫率及石灰石利用率增高。为保证脱硫石膏的综合利用及减少废水排放量，用于脱硫的石灰石中 $CaCO_3$ 的含量宜高于 90%，石灰石粉的细度不低于 250 目 90%过筛率。

(5) 吸收温度

吸收温度较低时，吸收液面上 SO_2 的平衡分压亦较低，有助于气、液相间传质；但温度过低时，H_2SO_3 和 $CaCO_3$ 或 $Ca(OH)_2$ 之间的反应速率降低。通常认为吸收温度不是一个独立可变的因素，它取决于进气的湿球温度。

(6) 烟气流速

烟气流速对脱硫效率的影响较为复杂。一方面，随气速的增大，气液相对运动速度增大，传质系数提高，脱硫效率就可能提高，同时还有利于降低设备投资。经实测，当气速在 2.44～3.66m/s 之间逐渐增大时，随气速的增大，脱硫效率下降；但当气速在 3.66～24.57m/s 之间逐渐增大时，脱硫效率几乎与气速的变化无关。在吸收塔中，烟气流速为 2.5～3.8m/s（最不利设计条件不大于 3.8m/s）。

(7) 结垢

石灰石-石膏法脱硫的主要缺点是设备容易结垢堵塞。为了防止结垢，特别是防止 $CaSO_4$ 的结垢，除使吸收塔满足持液量大、气液间相对速度高、有较大的气液接触面积、内部构件少及压力降小等条件外，还可控制吸收液过饱和和使用添加剂等方法。

控制吸收液过饱和最好的办法是在吸收液中加入二水硫酸钙晶种或亚硫酸钙晶种，以提供足够的沉积表面，使溶解盐优先沉淀于其上，可以控制溶液过饱和。添加剂不仅可以改善吸收过程，还可以减少设备产生结垢的可能，并提高脱硫效率。目前使用的添加剂有镁离子、氯化钙、己二酸等。

148 影响石膏质量的主要因素有哪些?

影响石膏质量的主要因素如下。

(1) 吸收塔对石膏质量的影响

脱硫率优良与否直接决定着石膏质量，提高了脱硫率，也就是提高石膏的生成速率及其质量。在对 SO_2 的吸收过程中，吸收塔设计显然是影响石膏质量的关键。吸收塔的合理设计将提供经济的液气比，减小液滴直径，有利于增加传质表面积。塔的吸收区高度恰当，可相应延长烟气与脱硫剂的接触时间，以及接触反应区液滴的停留时间，有利于脱硫反应的完全。而适当地提高烟气流速，有利于提高脱硫率。在吸收塔中控制吸收 SO_2 的温度或烟气预冷温度对脱硫率有明显影响，一般来说，较低的 SO_2 吸收温度能提高脱硫效果。

(2) 溶液中的杂质对石膏质量的影响

脱硫剂溶液中含有杂质对生成的石膏质量有直接影响。当石灰石的性质不良或粒度不合理时，生成石膏的杂质明显增多，影响了石膏的质量和使用。棕泥也是石膏的一种杂质，一些细小的未反应的石灰石颗粒以及金属氧化物等外观呈棕色，通称为棕泥，直接影响石膏外观。

脱硫塔内氯化物浓度由下列反应确定：

$$2HCl + CaSO_3 \longrightarrow CaCl_2 + SO_2 + H_2O$$

上述反应表明 $CaCl_2$ 的出现使 $CaSO_3$ 被无谓消耗，同时易结垢，影响石膏的生成及质量。烟气中其他杂质（如焦炭等）混入脱硫剂溶液中，使得溶液杂质增多，也会影响石膏的外观。

(3) 浆液中 pH 值对氧化反应的影响

一般来说，pH 值高对吸收 SO_2 有利，但只有在 pH 值低于 4.8 以下时脱硫率才有明显下降。pH 值对亚硫酸钙和硫酸钙的溶解度有较大影响。pH 值低时，溶液中含有大量的亚硫酸钙，此时如果石灰石表面有一层 pH 值较高的膜，亚硫酸钙结晶使石灰石钝化。若 pH 值低于 5 时，亚硫酸钙将生成亚硫酸氢钙，pH 值骤然增加时，亚硫酸氢钙转化生成亚硫酸钙，急速结晶导致结垢。

(4) 氧化反应的影响

从烟气中吸收的 SO_2 溶解于脱硫剂溶液，当 pH 值为 5 时生成亚硫酸氢钙，其作为溶解性离子可以被氧化。氧化反应的好坏影响石膏的生成及质量的提高。

（5）溶液的过饱和度

石膏倾向于形成比较稳定的饱和液，需要一定的过饱和度才能维持其结晶过程。由于过饱和度太高会引起结垢，所以要求在石膏浆池内有足够的停留时间，以利于生产石膏，防止结垢。

（6）石膏残留水分

影响石膏残留水分的主要因素有石膏晶体的大小、形状，石膏旋流站的运行压力，旋流子磨损情况，真空皮带机滤布清洁程度，皮带机真空度大小以及运行状况等。若在运行中控制足够的石膏结晶时间、稳定的 pH 值及适当的石膏液密度，较易形成大于 100μm 的菱形的石膏晶体，此种石膏易于分离和脱水。

石膏旋流站运行的压力，旋流子磨损程度均影响脱水之前石膏浆液能够达到的密度。石膏旋流站的运行压力越高，旋流效果越好，则旋流子磨损越小，旋流的石膏浆液密度越高，这样的浆液利于真空皮带机脱水。

当石膏从滤布上去除以后，进入滤布清洗和纠偏程序。在皮带机的运行维护中，必须准确调节皮带滑动水、真空盒密封水、真空泵的密封冷却水以及滤布的冲洗水量，水量过大或过小都会影响皮带机的运行状况及真空度。同时，要检查滤布冲洗喷嘴的出水量及出水角度，以保证冲洗效果；真空泵的真空度过高，石膏的含水量会增大，此时可适当调整石膏层的厚度或提高排出石膏浆液的密度。

149 石灰石/石灰烟气脱硫系统中，液气比和化学过量比如何确定?

在溶液中，SO_2 与石灰和石灰石的反应均是以电离的形式进行的，无论是石灰还是石灰石都是难溶物质，所以，脱硫过程必不可少的 Ca^{2+} 浓度很可能是比较低的。为了提高反应速率，应尽量提高离子浓度，如果不断地搅动固体溶质使之与水溶液接触，则盐类和碱类的溶解度可超过饱和极限而达到过饱和。这种搅动混合使单位时间内单位体积浆液能接触到的固体表面积增大而有助于过饱和。石灰和石灰石法脱硫系统表面接触度的量度是液气比（θ）。

$$\theta = L/G$$

式中，L 为脱硫浆液流量，L/h；G 为烟气流量，m^3/h。

在吸收剂活性低的系统中，必须采用高的液气比。石灰石系统的活性低于石灰系统，实践证明，石灰石法可靠运行的 θ 一般大于 10，而石灰法系统由于活性较高，θ 为 5.6 就已足够。

化学过量比则是另一个取决于吸收剂活性的操作参数。该参数的意义是：一个 SO_2 脱除系统为除去 SO_2 实际所用吸收剂质量与理论所需吸收剂质量之比。为便于比较，化学过量比必须应用于系统从入口到出口测得相同的 SO_2 浓度降低率。理论上，从烟气中脱除 1kg SO_2，所需的石灰和石灰石当量分别为 0.8750kg 和 1.5625kg（两者的纯度均为 100%）。由于石灰和石灰石的活性差别很大，典型石灰法系统的化学过量比为 1.05～1.15，石灰石法系统则为 1.25～1.60。上述化学过量比是相对于约 90% 的 SO_2 脱出率而言的。根据这些化学过量比以及脱除 SO_2 所需的吸收剂理论质量可知，为达到相同的 SO_2 脱出率，石灰石法系统所需的吸收剂质量约为石灰系统的 2.3 倍。

150 如何确定系统运行的 pH 值?

石灰石（石灰）-石膏湿法烟气脱硫系统运行控制的 pH 值既要有利于脱硫反应的进行，保证较高的脱硫效率，又要保证系统运行安全可靠，避免系统堵塞。

（1）根据脱硫反应机理确定 pH 值

石灰、石灰石均为碱性物质，均可以作为脱硫剂，但其脱硫机理存在较大差异。石灰脱硫的机理是石灰的水合物 $Ca(OH)_2$ 与 SO_2 的水合物 H_2SO_3 发生中和反应。而石灰石是一种强碱弱酸盐，不能电离出 OH^-，其反应机理是 H_2SO_3 分解 $CaCO_3$，生成更稳定的 $CaSO_3$。因此，在石灰石法系统中，Ca^{2+} 的产生与 H^+ 的浓度和石灰石的存在有关，应控制为酸性环境，pH＜7；而在石灰法系统中，Ca^{2+} 的产生仅与石灰或其水合物［CaO 或 $Ca(OH)_2$］的存在有关，控制为碱性环境，pH＞7。

（2）根据运行安全可靠确定 pH 值

脱硫反应的生成物为 $CaSO_3$，为松散的沉淀物，它不稳定，容易氧化成坚硬的 $CaSO_4$，所以脱硫产物是 $CaSO_3$ 和 $CaSO_4$ 的混合物。大量沉淀物的形成会造成系统堵塞，因此合理的 pH 值必须保证系统内不会形成大量的沉淀物，造成系统堵塞。

在系统中，硫酸根和亚硫酸根之间存在如下的化学平衡关系：

$$2SO_3^{2-} + O_2 \longrightarrow 2SO_4^{2-}$$

SO_3^{2-} 的浓度随 pH 值降低而显著增大，反应将向右移，即 pH 值越低，$CaSO_4$ 析出越多，从而容易结垢而堵塞设备影响系统的正常运行。相反，若 pH 值较高时，SO_3^{2-} 浓度较低，易形成亚硫酸盐软垢。为了避免这种硬垢或软垢的生成，就应该保持一个合适的 pH 值。国内外大量实验表明，对于石灰系统，当入口 pH＜8.0 时，一般设备内的运行 pH≤6.0，可有效地避免堵塞现象。对石灰石法系统而言，将设备排液的 pH 值控制在 5.8～6.2 之间是合适的。

（3）运行 pH 值的确定

综合以上两方面，对于石灰脱硫系统，控制入口 pH 值不应超过 8.0；对石灰石系统应控制排液 pH＝5.8～6.2，就能够满足系统安全经济运行要求。

151 石灰石-石膏湿法脱硫工艺中需要哪些在线仪表？如何选择？

脱硫系统的测量仪表对于监视和优化整个工艺过程参数、评估工艺性能保证值、校准连续排放监测系统（CEMS）和检验设计合理性都是至关重要的。脱硫装置中需要测量的主要参数有 pH 值、固体浓度（密度）及烟气连续排放监测。

（1）pH 值测量

pH 值的测量用来控制输送到吸收塔中的石灰石浆液量。运行中，pH 值应控制在一定范围内，这样可确保系统的安全可靠运行，防止腐蚀、结垢的发生；同时又可保证系统较高的脱硫效率和生产高品质的石膏产品。pH 值通过 pH 计进行测量，pH 计一般设在石膏浆液泵后边，数量为 1～2 个。pH 计应设在石膏浆液管道的旁路上，配备有水冲洗系统，防止 pH 计的污损和结垢，确保 pH 计能准确地反映吸收塔内浆液的 pH 值。另外，pH 计应定期（一般是每周）检验一次，确保它们读数的准确度和精确度。pH 计是脱硫设备十分关键的仪表之一，一般当脱硫系统发生故障时，应首先检查 pH 计是否损坏或 pH 计所在管道是否阻塞。

（2）浆液浓度（密度）测量

在测量浆液密度时，最常用的装置是放射性密度测试计。放射性密度测试计并不接触浆液，它们被安装在浆液输送管道的外面。其优点是维护量小，适合脱硫系统使用，其缺点是放射性密度测试的信号与固体含量之间不是线性关系，需通过对浆液进行化学分析，再对装置进行预校准；该装置不能区分悬浮固体和溶解固体；一旦管道内出现固体沉积和结垢，就会出现错误信号。其他用于测量密度的仪表还有差压、超声波和簧片振动式仪表。在这些浆液浓度测量仪表中，放射性密度测试计是相对较好的选择。

（3）连续排放监测系统（CEMS）

常用的烟尘监测方法主要有激光透射法、激光反散射法、电荷感应法。电荷法和激光反散射法的传感器污染和腐蚀现象严重，影响寿命，增加成本。一般烟尘监测选择激光透射法。

常见的烟气测试方法有完全抽取非色散红外分析法、稀释抽取结合环境分析仪器、非抽取样品分析法（直接测量法）、直接抽取电化学分析法等。其中直接测量法和电化学法的传感器污染和腐蚀现象比较严重；稀释法探头容易堵塞，稀释比精确度差，含湿量变化影响测量结果。在实际工程中，稀释抽取法和直接抽取法均有较好的应用，从测量准确性来看完全抽取非色散红外分析法较好。

152 湿法烟气脱硫装置中对设备的材料有哪些要求?

湿法烟气脱硫系统对材质的耐蚀、耐磨、耐温、抗渗要求极为严格，各国工作者为研究合适的防腐材质付出了较多努力。材料的不断发展提高了脱硫装置防腐水平，主要有如下几个方面：

① 玻璃鳞片涂料（或胶泥）　它的耐腐蚀耐温等性能取决于合成树脂。实际应用中，往往和其他材料一起使用。国内目前生产这种涂层（或胶泥）的技术主要来自日本或美国。

② 合金钢　合金钢在 FGD 领域中的应用有两种方式，一种是在关键部件上整体采用合金钢，如吸收塔烟气入口烟道的壁板；另一种是在价格低廉的碳钢上衬合金钢箔形成复合板，用于烟道和吸收塔内表面的防腐。

③ 橡胶材料　合成丁基橡胶作为防腐衬里具有耐磨耐腐蚀、弹性好及化学稳定性好等特点，有的性能甚至超过了合金钢，因此这类橡胶可广泛应用于 FGD 系统。

④ 玻璃钢　玻璃钢作为衬里或整体用于防腐已显示出独特优势，与高镍合金材料相比，它造价低，防腐效果好，同时还可以阻止热振引起的热破坏和分层。我国在这方面应用较少，主要是因为缺少有关的制造技术和评价方法。

⑤ 复合结构　鳞片树脂涂料-玻璃钢衬里结构应用于 FGD 系统，可大大改善防护层的抗渗性、耐磨性、耐温性，增强了整体性和黏结力，为解决湿法燃煤烟气除尘脱硫设备的防腐问题提供了一种简便而易推广的新途径。

⑥ 无机材料　无机材料中，麻石、陶瓷等具有极其良好的性能价格比，是符合我国

国情的防腐材料，因此，在FGD系统中一般可直接用其制作脱硫装置。

此外，在材料选择上可采取优化组合方案。根据不同的环境条件，应用不同的单一材料或组合材料，充分发挥各种材料的长处。同时，在施工过程中，对施工质量必须严格把关，做到表面平整，减少缝隙的产生。

153 湿法烟气脱硫装置中如何控制系统参数来解决防腐问题？

湿法烟气脱硫装置中普遍存在的腐蚀问题可以通过控制脱硫系统的运行参数来解决。一般主要控制运行过程中洗涤液的pH值和排烟温度这两项。

（1）洗涤液pH值控制

洗涤液的pH值偏低，会对净化器产生壁腐蚀。一般的，针对石灰/石灰石湿法脱硫工艺，新鲜浆液的pH值通常控制为8～9；当采用石灰脱硫剂时，石灰浆液的pH值控制为6.9～8.9；当采用石灰石脱硫剂时，石灰石浆液的pH值宜控制为5.5～6。

（2）排烟温度控制

当经过FGD装置净化的烟气温度偏低时，FGD装置的尾部设施易产生露点腐蚀。因此，在实际运用中，一般采用烟气再热装置，即采用烟气旁路系统调节技术以控制空气预热器的出口温度，将空气预热器出口的烟气温度控制在露点以上，以减少露点腐蚀的产生。

此外，可采用钠碱双碱法脱硫工艺，即钠盐（碱）与钙基脱硫剂共同作用，来联合控制系统的pH值等参数，实现吸收SO_2于净化器，固硫于沉淀池的循环过程，防止净化器内的结垢。

154 石灰石-石膏湿法脱硫工艺中，造成管道和设备结垢堵塞的原因有哪些？

造成结垢堵塞的原因主要有3种：

① 因溶液或料浆中水分蒸发，导致固体沉积；

② $Ca(OH)_2$或$CaCO_3$沉积或结晶析出，造成结垢；

③ $CaSO_3$或$CaSO_4$从溶液中结晶析出，石膏晶种沉淀在设备表面并生长而造成结垢。

除此以外，在操作中出现的人为因素也不能忽略，比如没有严格按操作规程，加入的钙质脱硫剂过量，或将含尘多的烟气没经严格除尘就进入吸收塔脱硫等。这些人为因素有时也会带来比较严重的后果。

另一种结垢原因是烟气中的O_2将$CaSO_3$氧化成为$CaSO_4$（石膏），并使石膏过饱和。这种现象主要发生在自然氧化的湿法系统中。

155 如何解决石灰石-石膏湿法脱硫工艺中的管道和设备结垢堵塞问题？

现在还没有完善的方法能彻底地解决石灰石-石膏湿法脱硫工艺中管道和设备的结垢

堵塞问题。目前，一些常见的防止结垢堵塞的措施方法主要有以下几种：

① 在工艺操作上，控制吸收液中水分蒸发速率和蒸发量。

② 适当控制料浆的 pH 值。因为随 pH 值的升高，$CaSO_3$ 溶解度明显下降。所以料浆的 pH 值越低就越不易造成结垢。但是，如果 pH 值过低，溶液中就有较多的 $CaSO_3$，易使石灰石粒子表面钝化而抑制了吸收反应的进行，并且 pH 值过低还容易腐蚀设备，所以浆液的 pH 值应控制适当，一般采用石灰石浆液时，pH 值控制在 5.8～6.2。

③ 溶液中易于结晶的物质不能过饱和，保持溶液有一定的晶种。

④ 在吸收液中加入 $CaSO_4 \cdot 2H_2O$ 或 $CaSO_3$ 晶种来控制吸收液过饱和并提供足够的沉积表面，使溶解盐优先沉淀在上面，减少固体物向设备表面的沉积和增长。

⑤ 对于难溶的钙质吸收剂要采用较小的浓度和较大的液气比。如石灰石浆液的浓度一般控制小于 15%。

⑥ 严格除尘，控制烟气中的烟尘量。

⑦ 设备结构要作特殊设计，尽量满足吸收塔持液量大、气液相间相对速率高、有较大的气液接触面积、内部构件少、压力降小等条件。另外还要选择表面光滑、不易腐蚀的材料制作吸收设备，在吸收塔的选型方面也应注意。例如，流动床洗涤塔比固定填充洗涤塔不易结垢和堵塞。

⑧ 使用添加剂也是防止设备结垢的有效方法。目前使用的添加剂有 $CaCl_2$、$Mg(OH)_2$、己二酸等。如果是由于烟气中的氧气将 $CaSO_3$ 氧化成为 $CaSO_4$（石膏），使石膏过饱和而引起堵塞的话，其控制措施是通过强制氧化和抑制氧化的调节手段。既要将全部 $CaSO_3$ 氧化成 $CaSO_4$，又要使其在非饱和状态下形成结晶，有效地控制结垢。

156 实际运行中造成吸收塔内浆液 pH 值异常的原因有哪些?

在 FGD 系统正常运行时，系统根据锅炉烟气量和 SO_2 浓度的变化，通过石灰石供浆量进行在线动态调整，将 pH 值控制在适宜的范围内，以保证设计钙硫比下的脱硫效率以及合格的石膏副产品。但在实际运行中，会出现吸收塔内浆液 pH 值持续下降甚至低于 4.0，即长时间增供石灰石浆液后仍难以升高的现象，脱硫效率也维持不住，最终导致系统操作恶化。当出现这种情况时，可判定为出现了“石灰石盲区”现象，其原因大致有以下几种：

① FGD 进口 SO_2 浓度突变，造成吸收塔内反应加剧，$CaCO_3$ 含量减少，pH 值下降。此时若石灰石供浆量自动投入，为保证脱硫效率，则自动增加石灰石供浆量以提高吸收塔的 pH 值，但由于反应加剧，吸收塔浆液中的 $CaSO_3 \cdot \frac{1}{2}H_2O$ 含量大量增加，若此时不增加氧量而使其迅速反应成为 $CaSO_4 \cdot 2H_2O$，则由于 $CaSO_3 \cdot \frac{1}{2}H_2O$ 可溶性强，先溶于水中，而 $CaCO_3$ 溶解较慢，过饱和后形成固体沉积，即出现“石灰石盲区”，这是亚硫酸盐致盲，主要是氧化不充分引起的。另外，吸收塔浆液中的 $CaSO_4 \cdot 2H_2O$ 饱和会抑制 $CaCO_3$ 溶解反应。

② 进入FGD系统中的灰粉过高，造成氟化铝致盲。由于电除尘后粉尘含量高或重金属成分高，在吸收塔浆液内形成一个稳定的化合物AlF_n（n一般为2～4），附着在石灰石颗粒表面，影响石灰石颗粒的溶解和反应，导致石灰石供浆对pH值的调节无效。

③ 石灰石粉的质量变差，纯度低于设计值。石灰石粉中的$CaCO_3$含量降低，意味着其他成分含量增高，如惰性物、MgO等，它们使得石灰石粉的活性大大降低，吸收塔吸收SO_2的能力大为降低，即使大量供浆也无济于事。

④ 工艺水水质差、烟气中的氯离子浓度含量大等也会对吸收塔浆液造成影响而发生石灰石盲区。

157 造成“石膏雨”现象的原因有哪些?

在一些FGD系统中，特别是无GGH的湿烟囱，烟囱附近会出现“石膏雨”现象，地面上可见一层石膏粉。其原因是脱硫烟气中携带了大量的石膏，间接原因有以下几个方面：

① 除雾器问题。如除雾器效率差，浆液捕捉能力差，除雾器堵塞导致局部流速过高而带浆，除雾器坍塌等。

② 吸收塔设计流速过高，除雾器带浆多，因此吸收塔的流速设计非常重要。

③ 浆液喷嘴设计选型不当，雾化粒径分布不合理，加之泵的选型不匹配，雾化超细颗粒比例偏高，浆液被带出了吸收塔，在后续烟道、烟囱里碰撞聚集后在烟囱附近沉降。

要从根本上消除“石膏雨”，良好的吸收塔设计、除雾器设计、相关设备选型匹配、运行维护等都非常重要。

158 湿法脱硫完成后废水如何处理?

碱液吸收烟气中的SO_2后，主要生成含有烟尘、硫酸盐、亚硫酸盐等的呈胶体悬浮状态的废渣液，废渣液的pH值低于5.7，呈弱酸性。所以，这类废水必须适当处理，达标后才能外排，否则会造成二次污染。

现在，国内外电厂对石灰石-石膏法的脱硫废水主要以化学处理为主。化学处理的主要过程是首先将废水在缓冲池中经空气氧化，使低价金属离子氧化成高价（这样就能使金属离子更易于沉淀而去除），然后进入中和池，在中和池中加入碱性物质石灰乳，使金属离子在中和池中形成氢氧化物沉淀，部分金属离子得以去除。但是，还有一些金属的氢氧化物两性化合物，随着pH值的升高，其溶解度反而增大。因而，中和后的废水通常采用硫化物进行沉淀处理，使废水中的金属离子更有效地去除。废水与在反应池形成的金属硫化物反应后进入絮凝池，加入一定的混凝剂使细小的沉淀物絮凝沉淀。然后使混凝后的废水进入沉淀池进行固液分离，分离出来的污泥一部分送到污泥处理系统，进行污泥脱水处理，而另一部分则回流到中和池，提供絮凝的结晶核，沉淀池出水的pH值较高，需进行处理达标后才能排放。

159 脱硫石膏与天然石膏相比性能有哪些不同?

① 脱硫石膏品位与天然石膏相当，但由于二者来源不同，杂质状态相差较大。脱硫石膏中以碳酸钙为主要杂质，一部分碳酸钙以石灰石颗粒形态单独存在，这是由于反应过程中部分颗粒未参与反应；另一部分碳酸钙则存在于石膏颗粒中，这是由于碳酸钙与 SO_2 反应不完全所致，石膏颗粒中心部位为碳酸钙，这与天然石膏中杂质主要以单独形态存在明显不同。在杂质含量相同的情况下，脱硫石膏能有效参与水化反应的颗粒数量增多，有效组分高于天然石膏。天然石膏杂质颗粒粗，在水化时不能有效参与反应，对石膏性能有一定影响。

② 脱硫石膏和天然石膏相比，标准稠度二者相差不大，凝结时间非常接近，但强度相差甚大。在标准稠度需水量时，脱硫石膏抗压与抗折强度分别比天然石膏高 100%和80%，高于国家标准优等品值 78%和 72%。在高于标准稠度用水量 25%时，脱硫建筑石膏强度仍可达到国家标准优等品水平，而天然建筑石膏在比标准稠度用水量低 6%时才能达到优等品水平。在不同水膏比情况下，脱硫石膏强度均明显优于天然石膏。

③ 脱硫石膏由于石灰石特殊的技术要求及加工工艺，保证了其细度小、质量高。天然石膏由于开采及加工过程的原因，石膏颗粒一般不超过 200 目，所含杂质与石膏之间易磨性相差较大，因此石膏中粗颗粒多为杂质。脱硫石膏颗粒较细，分布范围较小。

④ 脱硫石膏与天然石膏的形成过程完全不同，导致建筑石膏颗粒形状有明显区别，在扫描电镜照片上可观察到，脱硫石膏颗粒外形完整，多为短柱状。水化后的扫描电镜照片表明，水化后石膏晶体为柱状，结晶结构紧密，致密的结晶结构网使水化硬化体有较高的强度。相反，天然建筑石膏水化后形成的多为针、片状晶体，结晶接触点应力增大，结晶体结构较疏松，硬化体强度较低。脱硫石膏水化硬化体的表观密度较天然石膏硬化体大10%～20%，也证明了二者结晶结构体致密程度的差异。

160 发达国家脱硫石膏的应用途径有哪些?

(1) 日本

日本是世界上最早利用脱硫石膏的国家之一，第一批脱硫石膏于 1972 年产出，且在短时间内得到了惊人的发展。在日本，促使脱硫石膏资源化利用的主要因素是：

① 缺乏天然石膏资源，对脱硫石膏的市场需求量大；

② 缺少处置副产品可利用的场地；

③ 调整后的政策不提倡对未氧化的脱硫副产品进行处置。

日本采用石灰石-石膏湿法脱硫的机组占总装机容量的 75%以上，脱硫石膏年产量约为 250 万吨，其品质较好，平均石膏含量超过 97%，表面自由水分<10%，综合利用率接近 100%。其主要利用途径为石膏墙板、建筑水泥、工艺水泥、黏结剂、石膏天花板等。其中石膏板约占 52.2%，水泥占 34.7%。另外，日本还将脱硫石膏与粉煤灰及少量石灰混合，形成烟灰材料，作为路基、路面下基层或平整土地所需砂土。

(2) 德国

德国在脱硫石膏资源化利用方面具有丰富的经验，目前，德国的脱硫石膏能够全部实现资源化利用。德国脱硫石膏的主要利用途径是生产建材制品和水泥缓凝剂。建筑制品主要是纸面石膏板、石膏抹灰、纤维石膏板和矿渣石膏板。由于采用大量的相对便宜的脱硫石膏，德国两个主要石膏公司已经将部分生产能力迁至电厂附近。

(3) 美国

美国天然石膏资源丰富。早期美国安装的石灰石-石膏法烟气脱硫工艺多采用自然氧化法，副产物是亚硫酸钙，性能不稳定、综合利用价值不大，基本上全部抛弃处理。后来开始重视利用脱硫石膏资源，脱硫石膏的利用也替代了部分天然石膏资源的开采。美国脱硫石膏主要用于生产石膏板、混凝土和水泥，以及农业等。在美国，脱硫石膏相对于天然石膏而言不具有竞争优势，主要原因是：

① 脱硫石膏不能在诸如运输距离等方面与天然石膏进行成本上的竞争；

② 墙板生产所要求的脱硫石膏纯度不能保持恒定，尤其是特定的氯和飞灰含量；

③ 当地的天然石膏供应已为当地的墙板生产工厂所接受。因此脱硫石膏在美国主要采用抛弃法进行处置，除了经济的原因之外，美国所具有的广阔国土面积，为抛弃法处置脱硫石膏废渣提供了场地保障。

161 我国脱硫石膏的应用情况如何?

我国在FGD石膏的利用方面，与发达国家相比较还存在差距，德国、日本等国FGD石膏利用率已达100%，而我国脱硫石膏利用率在80%左右。目前，我国脱硫石膏的利用途径比较单一，主要被用作水泥缓凝剂和用于生产石膏板、石膏砌块等新型墙体材料；同时，在石膏基干混砂浆、高强石膏等产品生产中也逐步推广应用。

(1) 水泥缓凝剂

这是目前脱硫石膏最主要的利用方式。在水泥生产时，为了调节和控制水泥的凝结时间，一般掺入石膏作为缓凝剂。石膏还可以促进硅酸三钙和硅酸二钙矿物的水化，从而提高水泥的早期强度及平衡各龄期强度。目前，我国水泥产量每年达4亿多吨，以掺入5%二水石膏作为缓凝剂计算，每年需要使用2000万吨的石膏。脱硫石膏与天然石膏成分相近，纯度比天然石膏高，从其性能看，完全可替代天然石膏用作水泥缓凝剂。但脱硫石膏含水率较高，如果直接用作水泥缓凝剂，不仅会在运输、储存过程中出现黏结、堵料现象，而且会造成计量不准、生产不稳定，影响水泥质量。目前水泥生产企业更多的是通过改进喂料设备，或将脱硫石膏在堆棚先自然晾干，降低水分后再使用。也有将一部分脱硫石膏煅烧成建筑石膏，并以此作为黏结剂与大部分脱硫石膏搅拌成直径为20～40 mm的球，经陈化后供给水泥厂作缓凝剂。

(2) 纸面石膏板

2004年以前，我国纸面石膏板生产主要以天然石膏作原料，生产企业大多分布在石膏矿产资源丰富的地区。随着脱硫石膏处理技术及装备的不断开发，以及脱硫石膏的大量增加，2006年以后国内新建的大型纸面石膏板生产线基本都用脱硫石膏作原料，因此，纸面石膏板可以100%地利用脱硫石膏，纸面石膏板适合大工业高标准的自动化流水线生产，产品运输半径大，能耗低，技术含量、附加值高，是脱硫石膏综合利用的最佳方向之一。

(3) 石膏砌块

以脱硫石膏为主要原料，掺加适量的辅助原料，经浇注或压制成型、脱水干燥等工艺制成的石膏砌块是一种轻质隔墙块型材料，属绿色墙材，其技术经济性好，市场竞争力较强，也是脱硫石膏综合利用的主要途径之一。

(4) 石膏基干混砂浆

脱硫石膏经干燥、煅烧、冷却、调性后，可生产出质量良好的脱硫建筑石膏。以脱硫建筑石膏为主要原料，掺加不同的填料和外加剂，可生产出包括粉刷石膏、石膏腻子、黏结石膏、嵌缝石膏等在内的石膏基干混砂浆，这也是脱硫石膏综合利用的途径之一。

当然脱硫石膏也可以应用在农业领域。脱硫石膏的高透气率使得它能成为较好的土壤调节剂，如把砂土或黏土改善成沃土，改进它的结构和排水特性；调节土壤pH值和增加阳离子交换能力；对于花生、土豆和棉花是很好的硫和钙源，对于果树是合适现成的钙源；提供有益的微量元素；增进根瘤产量，促进含氮化合物的转化，是保持花生等庄稼无病害的手段。

162 超低排放背景下的石灰石-石膏脱硫工艺增效技术有哪些？

根据燃煤电厂超低排放要求，在基准氧含量6%条件下，烟气中SO_2的排放浓度应小于等于35mg/m^3，则脱硫装置的脱硫效率往往需要达到98%甚至99%以上才能满足要求。而早期投运的石灰石-石膏法脱硫装置的设计脱硫效率往往在95%左右，因此，必须采用高效脱硫技术对其进行增效改造，才能满足超低排放要求。目前，国内主流的高效脱硫技术主要包括高效单塔脱硫工艺（如含合金托盘塔、旋汇耦合塔、单塔双循环）和双塔双循环脱硫工艺两大类，具体见表4-5，其增效的实质就是对脱硫系统进行优化和对传质过程进行强化。

表4-5 石灰石-石膏法脱硫增效技术概况

技术	单塔			双塔
	托盘技术	旋汇耦合技术	单塔双循环技术	双塔双循环技术
原理	喷淋塔内增设孔板托盘，烟气与浆液在此形成泡沫层，增大气液接触面积	塔内加装湍流器，烟气与浆液形成剧烈的湍流空间，增强气液传质	塔内设浆液循环系统，两级循环系统分别控制浆液的pH与密度，同时满足高脱硫率与高石膏品质的要求	双塔串联分别控制pH，同时得到高脱硫率与高品质石膏
优缺点	投资成本及运行能耗较低，检修方便，对场地无限制，但改造需增大浆池容积	投资成本及运行能耗较低，改动最小，效果最好，适应性强	系统安装简便，占地面积较小；投资成本及能耗较高，塔内构件多，可靠性较低	改造期间不影响原系统运行，安全可靠性高；投资成本及能耗高，占地面积大
适用范围	燃用低硫煤（硫含量≤1%），场地有限的机组改造	各种煤质，受场地及工期限制，改造难度较大的机组	燃用高硫煤，脱硫率要求高，空间有限的机组改造	燃用中高硫煤（1%～3%），脱硫效率要求较高的机组改造

续表

技术	单塔			双塔
	托盘技术	旋汇耦合技术	单塔双循环技术	双塔双循环技术
应用案例	中国较早的超低排放改造装置，浙能嘉兴电厂8#机组（1000MW），采用双层托盘，脱硫率高达98%，SO_2年减排270t	国电清新环保公司自主研发技术，对某电厂350MW机组改造，燃用高硫煤（5%）脱硫率达99.7%以上	广东省较早的超低排放改造项目，恒运电厂9#机组（300MW），脱硫率稳定在99%以上	中国较早运用此技术的装置是国电永福电厂2×320MW机组，其中4#机组脱硫率高达99.4%
经济分析	脱硫部分改造投资约2500万元，运行成本约0.04元/(kW·h)，较改造前增加约0.015元/(kW·h)	脱硫部分改造投资约2000万元，分别是同类机组单塔和双塔双循环的57%和50%	脱硫脱硝除尘改造总投资15亿元，运行成本较改造前增加0.0019元/(kW·h)	脱硫改造总投资成本为8000万元

163 单塔双循环和双塔双循环的工艺过程是怎样的?

常规石灰石-石膏法烟气脱硫的吸收、中和、氧化和沉淀结晶过程是在一个脱硫塔内进行的，由于上述4个过程的最佳反应条件不同，很难通过单塔单循环同时实现高的脱硫率和高品质石膏的要求。

单塔双循环技术示意图如图4-4所示，在脱硫塔内设置一个锥形收集碗，将脱硫塔分为两个区，位于脱硫塔上部的是高pH区，这一部分主要有利于SO_2的吸收以及石灰石的溶解；位于下部的是低pH区，这一部分有利于石膏的氧化结晶，同时使石灰石充分溶解。实际上，在单塔双循环中烟气在塔内经过了两次SO_2脱除过程，浆液经过两次循环及喷淋。两级浆液循环设有各自独立的循环浆液池和喷淋层，每级循环具有不同的运行参数，从而满足脱硫反应不同阶段、不同脱硫区域对pH值的要求。目前该技术已经在超低排放改造中得到较为普遍的使用，脱硫效率能稳定达到99.0%以上。

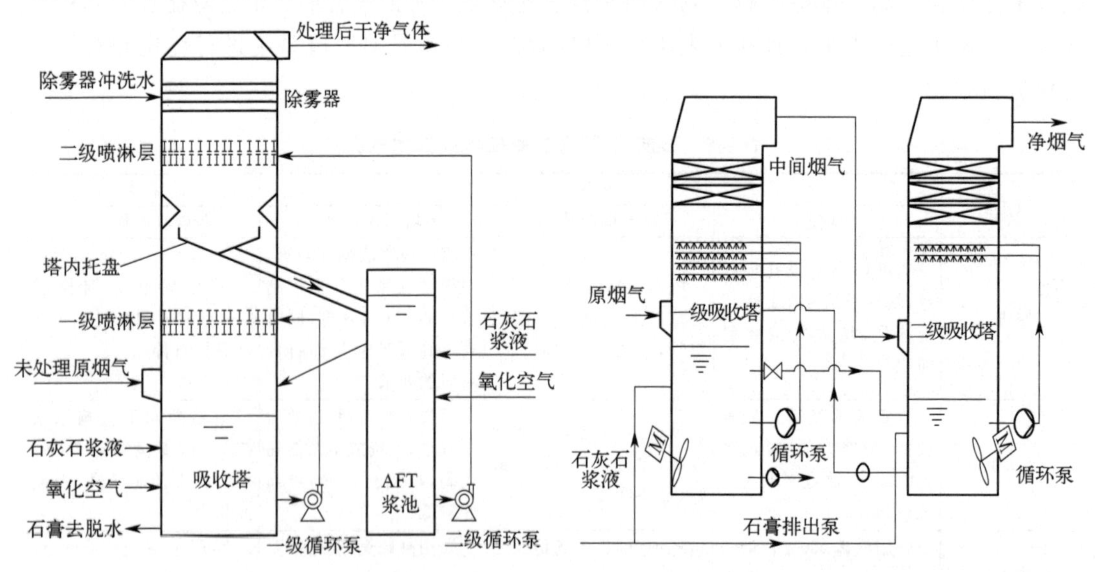

图4-4 单塔双循环示意图

图4-5 双塔双循环示意图

双塔双循环的工艺过程如图 4-5 所示，通过建立 2 座吸收塔，实现吸收塔串联运行，但其效果并不局限于单纯的两座吸收塔的叠加。两座脱硫塔都设有独立的循环系统，由于可以实现彻底的 pH 分级，一级吸收塔侧重氧化，控制 pH 为 4.5～5.2，便于石膏氧化结晶；二级吸收塔侧重吸收，控制 pH 为 5.5～6.2，便于 SO_2 的深度处理，从而可取得高的脱硫效率和石膏品质。在实际运行过程中，脱硫塔浆液池的功能发生了转变，前塔的浆液池依然用来结晶石膏，而后塔通过提高 pH 能够吸收更多的 SO_2 气体，后塔通过两个浆液池之间的小循环，将石膏结晶循环至前塔，由前塔统一排出。实际运行中，脱硫塔的除雾器会进行定期冲洗，极易造成浆液液位的提升，因此，浆液池间的小循环还可以调节脱硫塔内的浆液液位。

164 双碱法烟气脱硫技术的化学原理是什么？

双碱法烟气脱硫工艺是为了克服石灰石/石灰-石膏法容易结垢的缺点而发展起来的。由于在吸收和吸收液的处理中，使用了不同类型的碱，所以称之为双碱法。双碱法的种类很多，这里主要介绍钠碱双碱法。

钠碱法采用 Na_2CO_3 或 NaOH 溶液（第一碱）吸收烟气中 SO_2，再用石灰石或石灰（第二碱）中和再生，可制得石膏，再生后的溶液继续循环使用。其工艺过程可分为吸收和再生两个工序。

（1）吸收反应

$$Na_2CO_3+SO_2 \longrightarrow Na_2SO_3+CO_2\uparrow$$

$$2NaOH+SO_2 \longrightarrow Na_2SO_3+H_2O$$

$$Na_2SO_3+SO_2+H_2O \longrightarrow 2NaHSO_3$$

由于烟气中存在 O_2，吸收过程中还会发生氧化副反应：

$$2Na_2SO_3+O_2 \longrightarrow 2Na_2SO_4$$

锅炉烟气在吸收过程中大约有 5%～10%的 Na_2SO_3 被氧化，由于 Na_2SO_4 的积累会影响吸收效率，必须不断地从系统中排除。

（2）再生反应

$$2NaHSO_3+Ca(OH)_2 \longrightarrow Na_2SO_3+CaSO_3\cdot\frac{1}{2}H_2O\downarrow+\frac{3}{2}H_2O$$

$$Na_2SO_3+Ca(OH)_2+\frac{1}{2}H_2O \longrightarrow 2NaOH+CaSO_3\cdot\frac{1}{2}H_2O\downarrow$$

$$2NaHSO_3+CaCO_3 \longrightarrow Na_2SO_3+CaSO_3\cdot\frac{1}{2}H_2O\downarrow+CO_2\uparrow+\frac{1}{2}H_2O$$

$$CaSO_3+\frac{1}{2}O_2+2H_2O \longrightarrow CaSO_4\cdot 2H_2O$$

中和再生后的溶液返回吸收系统循环使用，所得固体进一步氧化可制得石膏，也可以抛弃。

165 双碱法烟气脱硫的一般流程是什么？

双碱法典型的工艺流程如图 4-6 所示。含 SO_2 烟气经除尘、降温后被送入吸收塔，塔内喷淋含 NaOH 或 Na_2CO_3 溶液进行洗涤净化，净化后的烟气排入大气。从塔底排出的吸收液被送至再生槽加 $CaCO_3$ 或 $Ca(OH)_2$ 进行中和再生。将再生后的吸收液经固液分离后，清液返回吸收系统；所得固体物质加入 H_2O 重新浆化后，加入硫酸降低 pH 值，鼓入空气进行氧化可制得石膏。

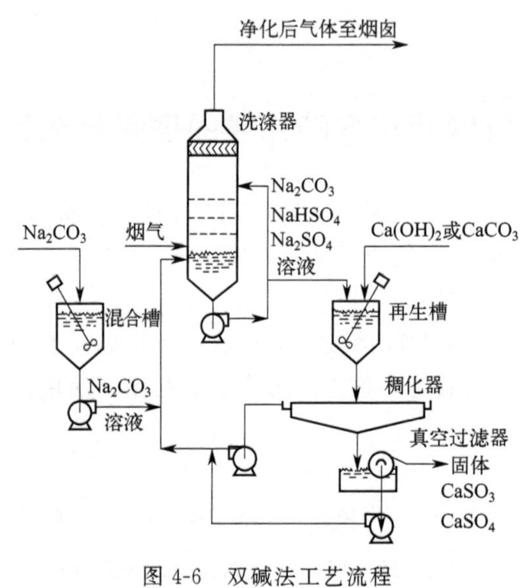

图 4-6 双碱法工艺流程

166 改进后的双碱法脱硫工艺与传统双碱法相比有哪些优点？

传统双碱法脱硫一般只有一个循环水池，NaOH、石灰与除尘脱硫过程中捕集下来的烟灰同在一个循环池内混合，在清除循环水池内的灰渣时，烟灰、反应生成物亚硫酸钙、硫酸钙及石灰渣和未完全反应的石灰同时被清除，清出的灰渣是一种混合物，不易被利用而形成废渣。

为克服传统双碱法的缺点，研究人员对双碱法工艺进行了改进，主要工艺过程是：清水池一次性加入氢氧化钠溶剂制成氢氧化钠脱硫液（循环水），用泵打入脱硫除尘器进行脱硫。三种生成物均溶于水。在脱硫过程中，烟气夹杂的烟道灰同时被循环水湿润而捕集进入循环水，从脱硫除尘器排出的循环水变为灰水（稀灰浆）一起流入沉淀池，烟道灰经沉淀定期清除，回收利用，如制内燃砖等。上清溢流进入反应池与投加的石灰进行反应，置换出的氢氧化钠溶解在循环水中，同时生成难溶解的亚硫酸钙、硫酸钙和碳酸钙等，可以回收，是制水泥的良好原料。因此可做到废物综合利用，降低运行费用。

另外，改进后的双碱法所需脱硫剂较少，运行费用相对比较低，操作方便，无二次污染，废渣可综合利用，因此，值得推荐和推广应用。

167 双碱法烟气脱硫技术的工艺特点是什么？

与石灰石或石灰湿法相比，钠碱双碱法具有以下优点。

① 用 NaOH 脱硫，循环水基本上是 NaOH 的水溶液。在循环过程中对水泵、管道、设备均无腐蚀与堵塞现象，便于设备运行与保养。

② 吸收剂的再生和脱硫渣的沉淀发生在吸收塔之外，减少了塔内结垢的可能性，因此可用高效的板式塔或填料塔代替目前广泛使用的喷淋塔，从而大大减少了吸收塔的尺寸和操作液气比，降低了脱硫成本。

③ 脱硫效率比较高，一般都在 90%以上。

相对的，双碱法也有自身的缺点，Na_2SO_3 氧化副反应产物 Na_2SO_4 较难再生，需不断地向系统补充 NaOH 或 Na_2CO_3 而增加碱的消耗量；另外，Na_2SO_4 的存在也降低了石膏的质量。

168 什么是氨法烟气脱硫工艺？

氨法烟气脱硫技术是采用氨水作吸收剂除去烟气中 SO_2 等污染物的烟气净化技术。20 世纪 70 年代初，日本与意大利等国开始研究氨法脱硫工艺，并相继获得成功。但因为经济技术等方面的原因，氨法烟气脱硫技术在世界上应用较少，氨的价格相对于低廉的石灰石等吸收剂来说太高了，高运行成本是影响氨法脱硫工艺得到广泛应用的最大因素。同时氨法脱硫工艺在开发初期也遇到了较多的问题，如成本高、腐蚀、净化后尾气中的气溶胶问题等。随着合成氨工业的不断发展以及厂家对氨法脱硫工艺自身的不断完善和改进，以及技术的进步和对氨法脱硫观念的转变，氨法脱硫技术的应用呈逐步上升趋势。

氨法脱硫工艺主要由以下两部分组成。

(1) 吸收过程

烟气经过吸收塔，其中的 SO_2 被吸收液吸收，并生成亚硫酸铵、亚硫酸氢铵和硫酸铵，反应方程式如下：

$$SO_2+2NH_3+H_2O \longrightarrow (NH_4)_2SO_3$$

$$(NH_4)_2SO_3+SO_2+H_2O \longrightarrow 2NH_4HSO_3$$

$$(NH_4)_2SO_3+\frac{1}{2}O_2 \longrightarrow (NH_4)_2SO_4$$

(2) 中和结晶过程

由吸收产生的高浓度亚硫酸铵与硫酸氢铵吸收液，先经过灰渣过滤器滤去烟尘，再在结晶反应器中与氨起中和反应，同时用水间接搅拌冷却，使亚硫酸铵结晶析出，反应方程式如下：

$$NH_4HSO_3+NH_3 \longrightarrow (NH_4)_2SO_3$$

$$(NH_4)_2SO_3+H_2O \longrightarrow (NH_4)_2SO_3 \cdot H_2O$$

从国内外氨法脱硫的实际运行效果看，氨法脱硫工艺具有很多别的工艺所没有的特点：

① 氨是一种良好的碱性吸收剂，从吸收化学机理上分析，SO_2 的吸收是酸碱中和反应，吸收剂碱性越强，越利于吸收，而氨的碱性强于钙基吸收剂；

② 从吸收物理机理上分析，氨吸收烟气中的 SO_2 是气-液或气-气反应，反应速率快，反应完全，吸收剂利用率高，可以做到很高的脱硫效率；

③ 相对钙基脱硫工艺来说，系统简单、设备体积小、能耗低；

④ 氨法脱硫副产品硫酸铵是一种农用肥料，副产品的销售收入能降低一部分因吸收剂价格高造成的高成本。

169 氨法脱硫工艺由哪些单元构成？如何运作？

氨法脱硫工艺主要由以下单元构成。

（1）氨站

氨站用于存储液氨、制备和存储所需浓度的氨水以及将定量的氨水输送到吸收塔。氨站内设置液氨储罐，液氨卸车、倒罐可采用氨压缩机或氨尾气吸收器。氨水合成器将液氨和软化水混合制成氨水，利用冷却水带走氨水合成时放出的热量。氨站一般布置在脱硫岛以内，以满足防火规范的要求。

（2）吸收塔

SO_2 吸收系统至少由 2 个非独立运行的吸收塔组成，对烟气进行洗涤，脱除烟气中的 SO_2，同时去除部分粉尘，并有一定的脱硝功能。烟气从一级吸收塔进入，经过浓缩区，烟气中的 SO_2 与二级吸收塔来的浆液发生顺流接触，部分 SO_2 被吸收，喷淋浆液中的水分被热烟气蒸发，喷淋浆液被浓缩后进入一级吸收塔。经过冷却的烟气进入喷淋区，一级吸收塔循环浆液为喷淋介质，气液顺流接触，脱硫效率在 40%左右。烟气接着进入二级吸收塔，与喷淋浆逆流接触，完成剩余部分 SO_2 的吸收。完成脱硫后的烟气经过除雾器去除其中的雾沫夹带，最后排出吸收塔进入烟囱。

吸收塔底部为浆池，用来容纳硫酸铵浆液，氨水也被注入池中，配置合适数量的搅拌器进行搅拌。

（3）硫氨系统

来自吸收塔下部的 50℃左右的硫氨浆液被送入水力旋流器，固体含量高的重组分从旋流器底部分离出来进入离心机，轻组分从旋流器顶部返回吸收塔。离心机将硫氨固体分离出来，母液返回吸收塔，硫氨经过干燥进入自动包装系统装袋存库。

（4）工艺水、冷却水系统

脱硫装置中需要使用的循环水用于补充吸收塔内的水、烟气降温等，存储于工艺水箱中，再由工艺水泵升压后送往各用水处。除盐水用于氨水合成装置、风机、循环泵等设备冷却水以及机械密封水。

170 氨法脱硫工艺的二次污染问题是什么？如何解决？

氨法脱硫主要的二次污染问题，是净化后的烟气中残留 NH_3，这是考核氨法烟气脱硫工艺的一个重要技术指标。氨法脱硫中的氨损失主要包括吸收液氨蒸气损失和吸收塔雾沫夹带损失两部分，前者由 NH_3-SO_2-H_2O 体系的性质决定，后者与操作负荷和设备条件有关。氨洗涤与其他碱类洗涤不同，$(NH_4)_2SO_3$-NH_4HSO_3 水溶液的阳离子和阴离子皆有挥发性。吸收液的硫氨比小时 SO_2 的吸收率高，但随净化气体由塔排空的氨量也多，因此氨法烟气脱硫工艺所用的吸收液的组成需兼顾 NH_3 和 SO_2 的分压。在氨法脱硫工艺中，减少氨的逃逸，主要从以下几方面考虑：

① 采取特殊的吸收洗涤塔结构；

② 控制塔内的反应温度，使之溶于水，同时保持塔底吸收液较低的 pH 值；

③ 增加喷淋层数，采用相对较大的液气比；

④ 烟气排出之前，喷水洗涤，使残留的氨溶于水；

⑤ 采用合适的烟气流速等。

通过采取以上措施，可以将脱硫塔尾气中氨的逸出降到最低，使之符合排放标准。这样就可以解决氨法脱硫的二次污染问题。

171 什么是新氨法烟气脱硫？

传统氨法是将 NH_3 和 H_2O 加入到吸收塔的循环槽中，使吸收液中的 NH_4HSO_3 转变为 $(NH_4)_2SO_3$，从而保证吸收塔有较高的脱硫率。而新氨法（NADS）则是将 NH_3 和 H_2O 分别直接加入吸收塔中吸收净化烟气中的 SO_2。与传统氨法相比，新氨法在工艺上更灵活。其原理用化学方程式表示如下。

吸收塔内用 NH_3 和 H_2O 脱硫反应为：

$$SO_2 + xNH_3 + H_2O \longrightarrow (NH_4)_xH_{2-x}SO_3$$

对脱硫液用不同酸 H_2SO_4、H_3PO_4 或 HNO_3 中和时，可副产相应酸的铵盐，即硫酸铵或磷酸二氢铵、硝酸铵，作为化肥使用；在酸中和脱硫液的同时可联产高浓度 SO_2 气体。

$$(NH_4)_xH_{2-x}SO_3 + \frac{x}{2}H_2SO_4 \longrightarrow x(NH_4)_2SO_4 + SO_2\uparrow + H_2O$$

$$(NH_4)_xH_{2-x}SO_3 + xH_3PO_4 \longrightarrow x(NH_4)_2H_2PO_4 + SO_2\uparrow + H_2O$$

$$(NH_4)_xH_{2-x}SO_3 + xHNO_3 \longrightarrow x(NH_4)NO_3 + SO_2\uparrow + H_2O$$

控制中和槽中空气的吹入量，可将 8%～10%的 SO_2 气体送入制酸装置生产 98%的浓硫酸。化学反应为：

$$SO_2 + \frac{1}{2}O_2 + H_2O \longrightarrow H_2SO_4 + (-\Delta H)$$

NADS 法的工艺流程如图 4-7 所示。来自电除尘器的温度为 140～160℃的含 SO_2 烟气经再热冷却器回收热量后，温度降为 100～120℃，再经水喷淋冷却到＜ 80℃，进入吸收塔。塔内烟气中 SO_2 被加入的 NH_3 和 H_2O 进行多级循环吸收，一般级数为 3～5 级。吸收塔的吸收温度为 50℃左右，SO_2 的吸收率大于 95%，烟气出口 NH_3 的浓度小于 20×10^{-6}。吸收后的烟气进入再热器，升温到 70℃以上由烟囱排放。

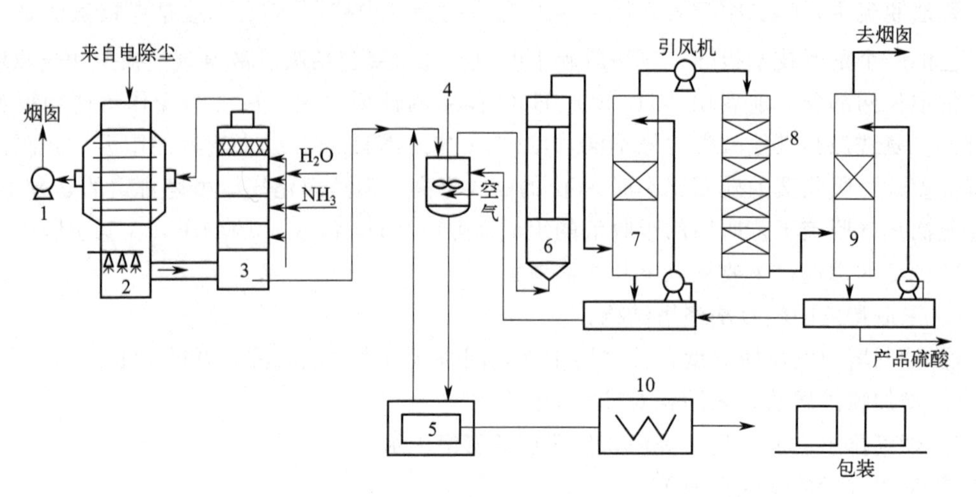

图 4-7 NADS 工艺流程简图

1—引风机；2—再热冷却器；3—吸收塔；4—中和釜；5—硫铵分离器；6—冷凝器；7—干燥塔；8—SO_2 转化器；9—吸收塔；10—硫铵干燥器

由吸收塔排出的含亚硫酸铵的溶液送入中和反应釜，用该系统制酸装置生产的 98% 硫酸中和，同时向中和釜鼓入空气，可得到硫铵溶液和浓度为 8%～10%的 SO_2 气体。硫铵溶液经过蒸发结晶、干燥可得硫铵化肥。SO_2 气体进入硫酸生产装置生产 98%的硫酸，约 70%～80%返回中和釜，20%～30%作为产品出售。

172 新氨法烟气脱硫工艺有什么优点?

在新氨法中 NH_3 和 H_2O 是分别进入吸收塔的，这种方式有三个优点：

① 吸收塔出口烟气的 NH_3 含量低，氨损耗比较小；

② 吸收液的循环量小，气液比大，能耗低，解决了大型循环泵的技术难题；

③ 得到的吸收产品亚硫酸铵是浓度比较高的，可以为后续的化肥生产节省蒸气，可确保回收 1t SO_2 的蒸汽消耗小于 1L。

由于我国是个人口、粮食和化肥大国，合成氨厂遍布全国各地，所以氨的供应是比较方便的。相比而言，这种新氨法比原有的方法更适合我国的实际情况，具有良好的发展前景。

173 什么是氧化镁再生法烟气脱硫技术?

氧化镁法脱硫工艺是随着烟气脱硫技术不断发展和完善而出现的一种新型烟气脱硫工艺，根据脱硫剂是否再生，可分为氧化镁再生法和氧化镁抛弃法，也称为氢氧化镁法。

氧化镁再生法烟气脱硫的基本原理是用氧化镁为脱硫剂吸收烟气中的 SO_2，生成含水亚硫酸镁和少量硫酸镁，然后送流化床加热分解。分解生成的氧化镁可再用于脱硫，释放出的 SO_2 可回收利用，加工成经济效益高的液体 SO_2 或硫黄。

美国化学基础公司开发的氧化镁浆洗-再生法（Chemico-Basic 法）是氧化镁再生法脱硫的代表工艺，工艺过程主要包括：氧化镁浆液制备、SO_2 吸收、固体分离和干燥、氧化镁再生。

（1）氧化镁浆液制备

$$MgO + H_2O \longrightarrow Mg(OH)_2$$

（2）SO_2 吸收

$$Mg(OH)_2 + SO_2 + 5H_2O \longrightarrow MgSO_3 \cdot 6H_2O \downarrow$$
$$MgSO_3 + SO_2 + H_2O \longrightarrow Mg(HSO_3)_2 \downarrow$$
$$Mg(HSO_3)_2 + Mg(OH)_2 + 10H_2O \longrightarrow 2MgSO_3 \cdot 6H_2O \downarrow$$

吸收过程发生的主要副反应（氧化反应）：

$$Mg(HSO_3)_2 + \frac{1}{2}O_2 + 6H_2O \longrightarrow MgSO_4 \cdot 7H_2O \downarrow + SO_2 \uparrow$$
$$MgSO_3 + \frac{1}{2}O_2 + 7H_2O \longrightarrow MgSO_4 \cdot 7H_2O \downarrow$$
$$Mg(OH)_2 + SO_3 + 6H_2O \longrightarrow MgSO_4 \cdot 7H_2O \downarrow$$

（3）固体分离和干燥

$$MgSO_3 \cdot 6H_2O \xrightarrow{\triangle} MgSO_3 + 6H_2O \uparrow$$
$$MgSO_4 \cdot 7H_2O \xrightarrow{\triangle} MgSO_4 + 7H_2O \uparrow$$

（4）氧化镁再生

在煅烧过程中，为了还原硫酸盐，要添加焦炭或煤，发生如下反应。

$$C + \frac{1}{2}O_2 \longrightarrow CO$$
$$CO + MgSO_4 \longrightarrow CO_2 + MgO + SO_2 \uparrow$$
$$MgSO_3 \xrightarrow{\triangle} MgO + SO_2 \uparrow$$

一般而言，可再生的回收系统，其投资和操作成本相对较高。而在回收产物有销路的情况下，脱硫费用又可显著降低。镁法脱硫的两种产物亚硫酸镁和硫酸镁，后者可作镁肥和配制复合镁肥；前者较易热分解，亦易氧化为硫酸镁。亚硫酸镁热分解的两种产物氧化镁和 SO_2，前者可作为脱硫吸收剂回收利用，后者亦具有工业回收利用价值。可见，两种脱硫产物均有回收利用价值。硫酸镁及其水合物有较大的市场需求，作为脱硫副产物，其经济性显著优于同类工业产品，关键在于减少有害物的含量。

174 氧化镁再生法的工艺流程如何?

氧化镁法的工艺流程如图 4-8 所示，可分为以下四部分。

（1）烟气预处理

在进行脱硫反应之前需要先除去烟气中的飞灰，以防止严重污染循环使用的吸收剂，同时用文丘里洗涤器对烟气进行预处理，可使烟气降温并增加湿度，还可以降低腐蚀性较

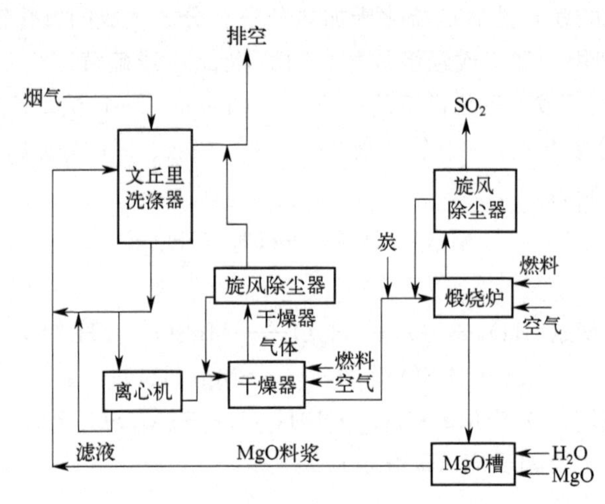

图 4-8 MgO 再生法工艺流程

强的氯的含量，有利于 SO_2 的吸收。

（2）SO_2 吸收

在文丘里洗涤器中 SO_2 被 MgO 浆液吸收，洗涤后的烟气由烟囱排出。这个阶段要注意控制 $MgSO_3$ 的氧化，不至于生成过多的 $MgSO_4$，否则再生阶段分解 $MgSO_4$ 所需的温度要比 $MgSO_3$ 高，也更困难。

（3）脱水干燥

从吸收塔出来的吸收浆液中固体浓度大约为 10%，要通过脱水干燥工序将固体的表面水分和结晶水去除，产生干燥的 $MgSO_3$、$MgSO_4$、MgO 和飞灰的混合物。干燥过程排出的尾气将通过旋风分离器回收其中的固体颗粒。

（4）再生

在再生工序中将干燥的 $MgSO_3$、$MgSO_4$ 进行高温焙烧，可得到 MgO，同时放出高浓度 SO_2 气体作为副产品。焙烧的温度对 MgO 的影响很大，一般将温度控制为 660～870℃，如果温度超过 1200℃，MgO 就会被烧结，无法循环利用。

175 什么是氧化镁抛弃法烟气脱硫？工艺流程如何？

氧化镁抛弃法或氢氧化镁法的脱硫思路就是将氢氧化镁作为碱性脱硫剂，吸收烟气中的 SO_2，生成亚硫酸镁，然后以空气进行氧化后生成无害的硫酸镁水溶液排放。

其化学原理如下：

$$SO_2 + H_2O \longrightarrow H_2SO_3$$

$$MgSO_3 + H_2SO_3 \longrightarrow Mg(HSO_3)_2$$

$$Mg(HSO_3)_2 + Mg(OH)_2 \longrightarrow 2MgSO_3 + 2H_2O$$

$$MgSO_3 + \frac{1}{2}O_2 \longrightarrow MgSO_4$$

氧化镁抛弃法和再生法的不同是，在再生法中，为了降低脱硫产物的煅烧温度，要防止脱硫吸收液的氧化，而抛弃法则必须强制氧化以促使亚硫酸镁全部或大部分转变为硫酸镁。

由于氢氧化镁的溶解性差，硫酸镁和亚硫酸镁的溶解性好，上述化学反应就是利用其溶解度性质及镁盐极易被氧化的特点。假如氢氧化镁浆液不会影响脱硫装置的脱硫效率，如果能有效地控制吸收液的 pH 值、镁盐的总浓度和亚硫酸盐总浓度，就可以得到高脱硫率且避免管道堵塞。

在氢氧化镁脱硫法中，亚硫酸镁是脱硫反应的主体，如超过其饱和溶解度，会由于结晶物生成造成管路堵塞。氢氧化镁脱硫法主要由冷却、除尘吸收、氧化、过滤四个工序组成。冷却工艺就是将含有 SO_2 和烟尘的烟气在预冷室和喷雾状的吸收液混流接触，在降温冷却过程中一部分煤灰、SO_2 被吸收，这样防止在以后的工序中由于吸收塔下部的局部干燥引起固形物析出。冷却后的烟气、烟尘与吸收液逆流接触，煤灰和 SO_2 同时被除去。吸收液循环系统中的排放液在氧化槽以空气氧化，生成无害的硫酸镁水溶液。排放液进行氧化后，通过过滤机过滤去除悬浮物就可以排放了。

这套工艺的优点主要在于：

① 脱硫效率高，同时除尘效果较好；

② 运行费用比较低，这主要是因为氢氧化镁的价格只有氢氧化钠的 60%左右；

③ 装置比较简单，这样使用过程中操作比较安全简单，运行稳定可靠。

176 氧化镁法如何预防和解决结垢堵塞的问题?

氧化镁法烟气脱硫的基本原理是，用 MgO 浆液吸收 SO_2，生成亚硫酸镁和硫酸镁。该法与目前普遍采用的湿式钙法烟气脱硫相比，具有脱硫效率高、不易结垢、产物便于回收利用等优点，因而，备受人们的关注，尤其是氧化镁资源丰富的地区，更是把氧化镁法脱硫看成是将全面替代湿式钙法脱硫的一种技术。如果从产物角度分析，氧化镁法脱硫结垢可能性远小于湿式钙法，但是，氧化镁法烟气脱硫是一个水、气、固共存的体系，其中涉及的固相物质众多，同样可能具备产生结垢的条件。根据目前研究的结果，可以认为困扰钙法的结垢问题，尤其是化学结垢的问题，在镁法中能够得到较大的解决。同时只要做好关键部位的防腐和进行合理的设计，镁法脱硫的结垢可能性将大大降低，相应提高设备的寿命和系统运转的稳定性，减少维修和维护的费用。防治氧化镁法中的结垢问题，可以采取以下措施。

(1) 科学设计脱硫塔，避免出现有利于结垢的塔体结构

这是因为结垢首先发生在塔内死区和水平设置的平板或管道中。若这些区域的水力条件（流体流速和紊流强度等）不足以干扰固相物质的沉淀析出过程，结垢就可能发生。

(2) 在吸收塔外分离去除易发生沉淀的固相物质

一些固相物质，如脱硫剂中的 SiO_2 和硅酸盐等，本身不具有脱硫作用，可借助塔外沉淀等手段优先去除，避免其进入塔内。对于反应生成的沉淀产物也应及时分离出来。

(3) 加强日常维护，保持系统连续正常运转

镁法脱硫所用脱硫剂 MgO 水合形成的 $Mg(OH)_2$ 溶解度低，为了提高脱硫效率，所

用吸收液为含有大量未溶 $Mg(OH)_2$ 的浆液。由于电荷的作用，水合 $Mg(OH)_2$ 成絮状存在于吸收浆液中，因而正常情况下，不会沉淀析出，引起结垢。但是，一旦停机或运行负荷变化，$Mg(OH)_2$ 会干燥，结垢就会产生。自然地，此情况下，体系所含其他物质也会因干燥而析出。

(4) 合理选择塔体内部防腐涂料

结垢是否发生也取决于塔体表面和沉淀固相物的化学性质，塔内壁或构件表面亲水性越强，沉淀固相物质与结垢表面接触面越大，越易发生结垢；另一方面，易结晶长大的反应物或产物沉积在固体表面并长成垢层的倾向较大。

177 氧化镁法脱硫有什么特点？其应用情况如何？

氧化镁法烟气脱硫的工艺特点如下：

① 脱硫率高，吸收剂利用率高，机组适应性强。在 Mg/S 值为 1.03 时，脱硫率最高可达 99%。

② 液气比小，吸收塔高度低。由于镁基的溶解性比钙基高数百倍，所需液气比仅为钙基脱硫的 1/6～1/3，而且吸收反应强度更高，不仅大大减少循环液量，而且吸收塔的高度显著低于石灰石脱硫塔。

③ 吸收剂制备系统简单，体积小。因为氧化镁、氢氧化镁分子量小，因此，吸收剂质量轻。且吸收剂为粉状，到厂后直接熟化成脱硫浆液，而不需进行破碎、磨碎等工序，因而脱硫剂制备系统大大简化。

④ 与石灰石-石膏系统比，系统不结垢、堵塞，运行可靠性高。

⑤ 脱硫副产物亚硫酸镁、硫酸镁容易综合利用，具有较高商业价值。

⑥ 对煤种变化的适应性强。

国外镁法烟气脱硫研发较早，并在不同规模的电站、锅炉房、烧结厂获得了广泛的应用。日本是较早采用氧化镁抛弃法进行烟气脱硫的国家，这项技术于 1975 年后由多家公司相继开发并在 1980 年迅速普及，目前已成为日本烟气脱硫的主要工艺之一。美国镁法烟气脱硫的研发与应用始于 20 世纪 70 年代初期，70 年代以来已经建立多套大型装置。在美国镁法烟气脱硫项目中以氧化镁再生法居多。波兰则是东欧地区采用镁法烟气脱硫最多的国家，2002 年在波兰安装的不同规模的镁法烟气脱硫装置已超过 20 套。

我国氧化镁资源丰富，菱镁矿是我国的优势矿产，其储量和出口量均居世界前列，这为我国镁法烟气脱硫提供了可靠的原料保证。截止到 2015 年，我国实际投产运行的镁法烟气脱硫装置已达 40 套，应用领域涉及电厂（单机容量达 330MW）、企业自备电站和有色金属烧结用炉窑等。镁法脱硫工艺主要作为抛弃法，在运行成本上不比钙法高，因此，在有镁矿资源的地区（我国镁资源地区分布不广，储量相对集中，主要产于辽宁、山东、河北、甘肃、新疆等地），是一种有竞争性的烟气脱硫技术。

178 什么是海水烟气脱硫技术？其基本原理是什么？

由于海水一般呈碱性，自然碱度为 1.2～2.5mmol/L，同时海水含有大量的可溶性盐，主要是氯化钠和硫酸盐及一定量的可溶性碳酸盐（CO_3^{2-}、HCO_3^-），这使得海水具有天然的酸碱缓冲能力和吸收 SO_2 的能力。根据海水的这些天然特性，开发出的各种不同的用海水脱硫的工艺一般统称为海水脱硫技术。当 SO_2 被海水吸收后，再经过氧化使之转化为无害的硫酸盐而排入海中。由于硫酸盐也是海水的天然成分。经脱硫而流回海洋的海水，其硫酸盐只会稍微提高，当离开排放口一定距离时，硫酸盐浓度就会降低。

SO_2 和海水发生的主要化学反应如下：

$$SO_2(g)+H_2O \longrightarrow H_2SO_3 \longrightarrow H^+ + HSO_3^-$$

$$HSO_3^- \longrightarrow H^+ + SO_3^{2-}$$

$$H^+ + CO_3^{2-} \longrightarrow HCO_3^-$$

$$H^+ + HCO_3^- \longrightarrow H_2O + CO_2$$

$$SO_3^{2-} + \frac{1}{2}O_2 \longrightarrow SO_4^{2-}$$

$$HSO_3^- + \frac{1}{2}O_2 \longrightarrow SO_4^{2-} + H^+$$

目前，海水脱硫工艺按照是否添加其他化学物质作吸收剂可分为两大类：

① 挪威 ABB 公司开发的 Flakt-Hydro 工艺，这种工艺不添加任何化学物质，用纯海水作为吸收剂；

② 美国 Bechtel 公司开发的 Bechtel 工艺，这种工艺在海水中添加一定的石灰以调节吸收液的碱度。

179 什么是 Flakt-Hydro 海水烟气脱硫工艺?

Flakt-Hydro 工艺的流程图如图 4-9 所示。

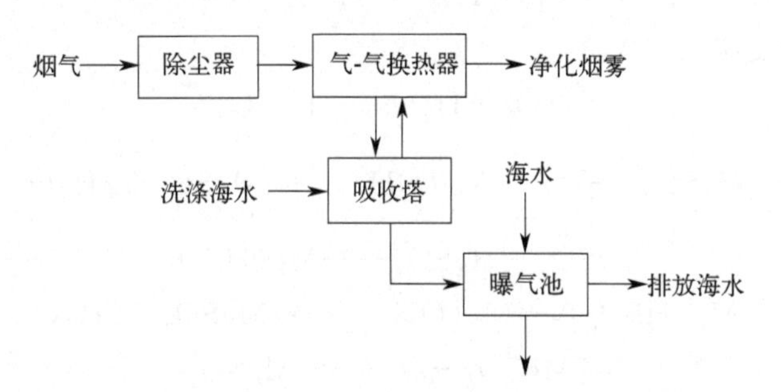

图 4-9 Flakt-Hydro 海水脱硫工艺简图

烟气经除尘器除尘后，先经气-气换热器冷却，以提高吸收塔内的 SO_2 吸收效率。冷却后的烟气从塔底送入吸收塔，在吸收塔中与由塔顶均匀喷洒的纯海水逆向充分接触混合，海水将烟气中 SO_2 吸收生成亚硫酸根离子。净化后的烟气，通过气-气换热器升温后，经烟囱排入大气。

海水恢复系统的主体结构是曝气池。来自吸收塔的酸性海水与凝汽器排出的碱性海水在曝气池中充分混合，同时通过曝气系统向池中鼓入适量的压缩空气，使海水中的亚硫酸盐转化为稳定无害的硫酸盐，同时释放出 CO_2，使海水中的 pH 升到 6.5 以上，达标后排入大海。

180 Flakt-Hydro 海水烟气脱硫工艺有哪些优点?

Flakt-Hydro 工艺装置主要由烟气系统、供排海水系统、海水恢复系统等部分组成，作为一种湿式抛弃法工艺，适用于沿海且燃用中、低硫煤的电厂，尤其是淡水资源和石灰石资源比较缺乏的情况下其优点比较突出，具体如下：

① 工艺简单、运行可靠。

② 系统无磨损、堵塞和结垢的问题，利用率较高。

③ 不需要设置陆地废弃物处理场，最大程度减少了给环境带来的压力。

④ 脱硫效率高，一般可达 90%以上。

⑤ 占地比较少，投资和运行费用比较低，一般投资占电厂投资的 7%～8%，全烟气量处理时系统电耗占机组发电量的 1%左右，不需要采购其他的添加剂，因此前景比较广阔。

181 什么是 Bechtel 海水烟气脱硫工艺?

Bechtel 工艺主要是利用海水中含镁量较多的优势，加入石灰浆液，海水中的镁与石灰浆发生反应，生成氢氧化镁，可以有效地吸收 SO_2。主要反应有以下几类：

海水与石灰浆反应

$$MgSO_4 + Ca(OH)_2 + 2H_2O \longrightarrow Mg(OH)_2 + CaSO_4 \cdot 2H_2O$$

$$MgCl_2 + Ca(OH)_2 \longrightarrow Mg(OH)_2 + CaCl_2$$

SO_2 吸收器中反应

$$SO_2 + H_2O \longrightarrow H_2SO_3$$

$$H_2SO_3 + \frac{1}{2}O_2 + Mg(OH)_2 \longrightarrow MgSO_4 + 2H_2O$$

$$MgSO_4 + H_2SO_4 \longrightarrow Mg(HSO_4)_2$$

$$Mg(HSO_4)_2 + Mg(OH)_2 \longrightarrow 2MgSO_4 + 2H_2O$$

$$2MgSO_3 + O_2 \longrightarrow 2MgSO_4$$

工艺流程主要如下：约为冷却水总量 2%的海水进入吸收塔，其余海水用于溶解脱硫生成的石膏晶体。在洗涤系统中加入石灰或石灰与石膏的混合物，提高脱硫所需的碱度，海水中的可溶性镁与碱液反应生成氢氧化镁，氢氧化镁活性比较高，能迅速吸收烟气中的 SO_2。

整个系统由烟气预冷却系统、吸收系统、再循环系统、电气及仪表控制系统等组成。设置预冷却器的目的主要是在烟气预冷却的同时喷入再循环碱性浆液，可脱除部分 SO_2，而且预冷却器还有利于吸收塔内烟气分布，也起到支撑托盘、除雾器和给料管的作用。吸收塔是主要的反应装置，烟气在吸收塔中与海水接触，其中部分 SO_2 也会被氧化。再循环槽设在吸收塔底端，预冷却器流下的酸性浆液和来自托盘及喷入的碱性浆液在槽中混合，同时鼓入空气，将亚硫酸镁完全氧化成为硫酸镁。再循环槽中设有搅拌器来加速反应进行，槽内 pH 值控制在 5～6 左右，使 $Mg(OH)_2$ 完全溶解。

182 Bechtel 海水烟气脱硫工艺有哪些优点？

Bechtel 工艺适用于新建机组和老机组的改造，其投资和运行费用较传统的烟气脱硫工艺低 50%。与其他脱硫方法相比，主要的优点有：

① 脱硫效率高，一般可达 95%。

② 吸收剂浆液的再循环量可以降至常规石灰石法的 1/4，液气比较低，投资少，能耗比较低。

③ 工艺生成完全氧化的产物，不经处理就可以直接排入大海，而且生成可溶性产物，保证全部溶于水。

④ 生产的最终产物是很细的石膏晶体，用冷却海水稀释会立即溶解，不需要再设溶解槽。

⑤ 通过再生槽中的沉淀反应，破坏了过饱和现象，减少了洗涤塔中氢氧化钙的浓度，从而可以避免结垢，并且保证系统中足够的晶核浓度。

183 海水脱硫法处理后的脱硫海水对海洋环境有哪些影响？

海水脱硫法有效地减缓了大气污染，那么产生的脱硫海水是否会对海洋造成污染就成为关注的焦点。根据研究数据，将海水脱硫装置进出海水水质进行一番比较，结果见表 4-6。

表 4-6 海水脱硫装置处理效果

温度	进口海水	处理后的海水
温度/℃	25	26
pH 值	8	7
溶解性硫酸盐/(mg/L)	2700	2770
COD 增量/(mg/L)	0	2.5
溶解氧/(mg/L)	6.7	6.0
悬浮物增量/(mg/L)	0	0.2～2
可沉降固形物增量/(mg/L)	0	0
盐度/%	3.3	3.3

与反应前相比，海水的温度略有上升，这是因为与烟气进行了热交换；pH 值也因吸收 SO_2 的原因而下降，经与受纳海域初混区混合后，pH 值上升为 7.8，处于海水固有的水质变化范围之内；溶解性硫酸盐增加，增量大约是总量的 3%，因为硫酸盐是海水中的固有组分，这一增量在仅考虑受纳海域混合稀释时也仍被认为是处于正常的变化范围之内的。虽然排水中微量的 SO_2 使得 COD 有所增加，但是考虑到脱硫海水还要经过充分曝气的水质恢复系统，COD 和溶解氧都会恢复到原有水平。至于微量重金属随飞灰带入的问题，经过研究发现，脱硫海水的重金属含量甚至远低于最严格的水质标准，因此可以认为

脱硫海水对海水水质的影响基本可以忽略。

另一个值得关注的问题是脱硫海水排入海洋中，对海洋生物有什么样的影响。根据美国关岛 Cabras 火电厂采用的 Flakt-Hydro 工艺的使用情况来看，没有一种生物的体内从洗涤塔的排水中积累了矾和镍，同时生物对排水引起温度的稍稍上升不会感到很敏感。挪威皇家科学工业研究所对奥斯陆附近一座燃煤电厂所采用的 Flakt-Hydro 工艺脱硫出水进行了研究，认为排水中的金属和多环类物质不会对主要稀释区之外的海洋环境构成危害。综合全球不同地区的研究结果，可以认为稀释后的海水洗涤液对海洋生物不会有有害的影响。

184 海水脱硫技术的腐蚀机理是什么？如何进行有效防范？

烟气海水脱硫工程具有脱硫效率高、运行成本低、投资少、利用天然弱碱性海水、无副产物、无固态废弃物等优点，但腐蚀防护要求很高，因为烟气脱硫系统的设备或构造物长期处在海水与酸性烟气的环境中，诱发腐蚀的原因也较复杂。

（1）硫腐蚀

SO_2 在水膜中的溶解度比 O_2 大 2000 倍左右，易在金属表面形成酸性物质；SO_2 又是强极化剂，使金属构成腐蚀电池的阳极而加快腐蚀；烟气中的水分和剩余氧也会产生 SO_2 的露点腐蚀。另外，SO_2 溶于水后会电离出 H^+，尤其在海水脱硫系统中，pH 一般在 2～3，SO_2 在海水中变成 SO_3^{2-} 和 SO_4^{2-}，具有很强的化学活性，会对钢铁造成腐蚀。

（2）氯腐蚀

海水含盐量一般在 30%左右，导电性很强，易对金属材料产生腐蚀。海水中的氯离子比氧更容易吸附在金属表面，并可把氧从金属表面排挤掉，甚至取代已被吸附的 O^{2-} 或 OH^-，从而使金属的钝态遭到局部破坏而发生点蚀穿孔。

防止海水脱硫设备腐蚀的措施主要从两方面考虑：

① 选用耐蚀的合金钢复合材料，合金钢的抗腐蚀性能好、耐磨，主要用作烟气挡板、烟道、GGH、吸收塔和曝气池等的耐腐材料；

② 选用防腐蚀涂料，常用的是环氧煤沥青涂料（涂在混凝土基体表面）和玻璃鳞片树脂涂刷（涂在金属基体表面），主要用于吸收塔和净烟气烟道的腐蚀防护。

185 什么是氧化锌法烟气脱硫技术？

氧化锌法就是用氧化锌浆液吸收烟气中 SO_2 的方法。氧化锌法比较适合锌冶炼企业的烟气脱硫，因为这种方法可以将脱硫工艺和原有的冶炼工艺紧密结合，从而解决了吸收剂的来源和吸收产物的处理问题。氧化锌法的工艺过程如下。

① 将从锌精矿沸腾焙烧炉内排出的，并从旋风除尘器中回收的氧化锌烟尘作为吸收剂，制成浆液来吸收锌冶炼烟气制酸系统尾气中的 SO_2，反应过程如下：

$$ZnO+SO_2+\frac{5}{2}H_2O \longrightarrow ZnSO_3 \cdot \frac{5}{2}H_2O$$

$$ZnO+2SO_2+H_2O \longrightarrow Zn(HSO_3)_2$$

$$ZnSO_3+SO_2+H_2O \longrightarrow Zn(HSO_3)_2$$

$$Zn(HSO_3)_2+ZnO+4H_2O \longrightarrow 2ZnSO_3 \cdot \frac{5}{2}H_2O$$

② 吸收液经过滤后得到亚硫酸锌渣，可送往锌精矿沸腾炉进行再生：

$$ZnSO_3 \cdot \frac{5}{2}H_2O \xrightarrow{\Delta} ZnO+SO_2\uparrow+\frac{5}{2}H_2O$$

③ 分解产生的高浓度 SO_2 气体和锌精矿焙烧烟气混合，可以提高焙烧烟气的 SO_2 浓度，并送到制酸系统制取硫酸；过滤后的亚硫酸锌渣也可用硫酸分解，副产高浓度 SO_2 气体和硫酸锌。

186 什么是氧化锰法烟气脱硫技术?

氧化锰法就是利用氧化锰浆液吸收脱除烟气中的 SO_2。氧化锰一般来自低品位锰矿，通常使用的是软锰矿，主要成分是 MnO_2。MnO_2 浆液吸收 SO_2 反应比较容易进行，实际反应过程比较复杂，但是反应生成硫酸锰和连二硫酸锰（MnS_2O_6），总反应式如下：

$$2MnO_2+3SO_2 \longrightarrow MnSO_4+MnS_2O_6$$

连二硫酸锰不稳定，长期放置或加热，易分解为 $MnSO_4$，并放出 SO_2，反应如下：

$$MnS_2O_6 \longrightarrow MnSO_4+SO_2\uparrow$$

这个反应的分解率随着 $S_2O_6^{2-}$ 浓度和酸度的增大而增大。连二硫酸锰在 SO_2 存在的条件下，可以直接和 MnO_2 反应，生成 $MnSO_4$，反应式如下：

$$MnS_2O_6+MnO_2 \longrightarrow 2MnSO_4$$

这个反应中 SO_2 只起诱导作用，不参加反应。

该法在有丰富的吸收剂来源和存在着适宜的配套生产工艺的情况下，有较好的应用价值。

187 W-L 法的原理是什么?

所谓 W-L 法是威尔曼-洛得法（Wellman-Lord）的缩写，由美国威尔曼洛得公司开发，在美国、日本和德国都有工业装置。这种方法主要是利用亚硫酸钠溶液的吸收和再生循环过程将烟气中的 SO_2 脱除，所以又叫亚钠循环法。其原理是利用 Na_2CO_3 或者 NaOH 作为开始吸收剂，在低温下吸收烟气中的 SO_2，同时生成 Na_2SO_3，Na_2SO_3 还可以继续吸收 SO_2 而生成 $NaHSO_3$。将含有 Na_2SO_3、$NaHSO_3$ 的吸收液进行加热再生，重新释放出 SO_2，在加热再生的过程中得到的亚硫酸钠结晶经固液分离，并用水溶解后返回吸收系统。因此，整个过程分为吸收和解吸两部分。

（1）SO_2 吸收

该法采用 Na_2CO_3 或 NaOH 作为开始的吸收剂，而实际的吸收剂则是 Na_2SO_3 溶液。吸收反应为：

$$2Na_2CO_3+SO_2+H_2O \longrightarrow 2NaHCO_3+Na_2SO_3$$

$$2NaHCO_3+SO_2 \longrightarrow Na_2SO_3+H_2O+2CO_2\uparrow$$

$$2NaOH+SO_2 \longrightarrow Na_2SO_3+H_2O$$

$$Na_2SO_3+SO_2+H_2O \longrightarrow 2NaHSO_3$$

吸收开始时，主要按前三个反应式进行反应，并生成正盐 Na_2SO_3，而后 Na_2SO_3 继续吸收 SO_2 生成酸式盐 $NaHSO_3$，吸收塔内实际吸收反应则以最后一个反应式为主。

由于烟气中有 O_2 存在，将引起如下副反应：

$$2Na_2SO_3+O_2 \longrightarrow 2Na_2SO_4$$

从上述反应可以看出，一般来说，循环吸收剂中含有 Na_2SO_3、$NaHSO_4$、Na_2SO_4。这样唯一能吸收 SO_2 的就是 Na_2SO_3，如果溶液中全是 Na_2SO_3，对 SO_2 的吸收能力最大，当溶液中 Na_2SO_3 全部转化为 $NaHSO_4$，则对 SO_2 没有吸收能力。所以当溶液中 $NaHSO_4$ 达到一定的比例，吸收液就应当进行脱吸，使吸收液再生。

(2) 亚硫酸钠脱硫剂的再生

由于 $NaHSO_3$ 不稳定，受热分解，因此将 $NaHSO_3$ 送至再生器中加热使之分解，释放出 SO_2，反应式如下：

$$2NaHSO_3 \longrightarrow Na_2SO_3+H_2O+SO_2\uparrow$$

这样将产生的 SO_2 送入下一阶段处理，而亚硫酸钠结晶析出，再经过溶解后送回吸收塔内循环使用。

188 W-L 法的工艺特点主要有哪些?

W-L 法的工艺主要特点如下：

① 该工艺的系统设备较多，投资也比石灰石-石膏法要多，运行费用也较高。尽管如此，该工艺在处理废渣上技术合理，能够回收元素硫、液体 SO_2 或浓硫酸，是回收工艺中较成熟的一种。

② 由于该工艺回收的副产品有一定的市场，所以有一定的经济效益。

③ 整个工艺系统采用全封闭回路运行，废料比较少。

④ 该工艺选用的吸收剂是 Na_2SO_3 溶液，可以循环使用，故化学吸收剂的消耗比较少。

⑤ 该工艺适用于处理高硫煤的燃烧烟气，SO_2 的脱除率达到 90%以上。

⑥ 由于亚硫酸钠溶液作为吸收剂，因此吸收塔中不会产生结垢、堵塞等问题。

⑦ 该工艺是目前能大规模处理烟气的一种回收工艺，可用性比较高。

189 什么是碱式硫酸铝烟气脱硫技术?

碱式硫酸铝法就是用碱性硫酸铝溶液吸收废气中的 SO_2，然后将吸收液氧化，用石灰石再生为碱性硫酸铝循环使用，并副产石膏，该法也称为碱性硫酸铝-石膏法。

碱式硫酸铝法工艺过程可以分为以下四步。

（1）制备吸收剂

用粉末硫酸铝溶于水，添加石灰石或石灰粉中和，沉淀出石膏，除去一部分硫酸根，可得碱性硫酸铝：

$$2Al_2(SO_4)_3+3CaCO_3+6H_2O \longrightarrow Al_2(SO_4)_3 \cdot Al_2O_3+3CaSO_4 \cdot 2H_2O+3CO_2\uparrow$$

（2）SO_2 的吸收

$$Al_2(SO_4)_3 \cdot Al_2O_3+3SO_2 \longrightarrow Al_2(SO_4)_3 \cdot Al_2(SO_3)_3$$

（3）氧化

$$Al_2(SO_4)_3 \cdot Al_2(SO_3)_3+\frac{3}{2}O_2 \longrightarrow 2Al_2(SO_4)_3$$

一般使用压缩空气进行氧化，为了加快氧化速率，会加入少量催化剂，如 $MnSO_4$ 等。

（4）中和

以石灰石为中和剂，其反应与制备吸收剂的反应相同。

吸收液吸收 SO_2 后，经过氧化、中和、固液分离，固体以石膏形式存在，并排出系统，滤液则返回吸收系统循环使用。

190 有机酸钠-石膏工艺的原理是什么？其工艺特点有哪些？

有机酸钠-石膏工艺是以有机酸钠作为吸收剂，吸收 SO_2 后，吸收液用石灰石还原为有机酸钠再循环使用，同时可得副产品石膏。其反应方程式如下：

$$SO_2+RCOONa+H_2O \longrightarrow NaHSO_3+RCOOH$$

$$NaHSO_3+\frac{1}{2}O_2+RCOONa \longrightarrow Na_2SO_4+RCOOH$$

$$Na_2SO_4+CaCO_3+H_2O+2RCOOH \longrightarrow CaSO_4 \cdot 2H_2O+CO_2+2RCOONa$$

该工艺的特点主要有以下几点：

① 节能　使用高吸收率的有机酸钠吸收液，循环量比较小，可以大大节省电力消耗。

② 运行费用低　用廉价的石灰石作钙源，运行费用低。

③ 操作简单　该工艺系统装置简单，由吸收塔、反应槽、分离机和石灰石供给装置组成，操作比较简单。

④ 脱硫率高　吸收剂是由弱酸和强碱组成的有机盐溶液，具有良好的 pH 缓冲性能，在循环中能有效地吸收烟气中的 SO_2，脱硫率可达 99%以上。

⑤ 无废水排出　脱硫装置本体无废水排出是可以做到的。

⑥ 适用性较广　该系统不受烟气中氧气浓度的影响，对于燃料的适用性较好，可用于燃烧重油、煤、沥青等锅炉及工业锅炉，脱硫效率较高。

191 石灰-镁烟气脱硫工艺的主要化学反应过程如何？

石灰-镁法主要是用含有 $MgSO_3$ 的 $Ca(OH)_2$ 和 $Mg(OH)_2$ 的浆液吸收 SO_2，吸收液

经过氧化、浓缩、结晶、排出副产品石膏，还原后，再循环使用。其主要化学反应过程如下。

（1）$Mg(OH)_2$ 再生过程

$$MgSO_4 + Ca(OH)_2 + 2H_2O \longrightarrow Mg(OH)_2 + CaSO_4 \cdot 2H_2O$$

（2）SO_2 的吸收过程

$$MgSO_3 + SO_2 + H_2O \longrightarrow Mg(HSO_3)_2$$
$$CaSO_3 + SO_2 + H_2O \longrightarrow Ca(HSO_3)_2$$
$$Mg(HSO_3)_2 + Ca(OH)_2 \longrightarrow MgSO_3 + CaSO_3 + 2H_2O$$
$$Ca(HSO_3)_2 + Ca(OH)_2 \longrightarrow 2CaSO_3 + 2H_2O$$
$$Mg(HSO_3)_2 + Mg(OH)_2 \longrightarrow 2MgSO_3 + 2H_2O$$
$$Ca(HSO_3)_2 + Mg(OH)_2 \longrightarrow CaSO_3 + MgSO_3 + 2H_2O$$

（3）氧化及石膏分离过程

$$Ca(HSO_3)_2 + \frac{1}{2}O_2 + H_2O \longrightarrow CaSO_4 \cdot 2H_2O + SO_2 \uparrow$$
$$MgSO_3 + \frac{1}{2}O_2 \longrightarrow MgSO_4$$
$$Mg(HSO_3)_2 + \frac{1}{2}O_2 \longrightarrow MgSO_4 + H_2O + SO_2 \uparrow$$
$$CaSO_3 + SO_2 + H_2O \longrightarrow Ca(HSO_3)_2$$
$$MgSO_3 + SO_2 + H_2O \longrightarrow Mg(HSO_3)_2$$
$$Ca(OH)_2 + SO_2 + \frac{1}{2}O_2 + H_2O \longrightarrow CaSO_4 \cdot 2H_2O$$
$$CaCO_3 + SO_2 + \frac{1}{2}O_2 + 2H_2O \longrightarrow CaSO_4 \cdot 2H_2O + CO_2$$

192 石灰-镁烟气脱硫工艺的特点有哪些?

这种工艺的主要特点如下：

① 能控制洗涤液中的 Mg^{2+} 浓度，以改善洗涤塔内脱硫的性质，减少洗涤液的循环量，从而减少能耗。

② 工艺流程中产生的 $MgSO_4$ 在废液处理器中用石灰回收，而 $Mg(OH)_2$ 则返回系统循环，镁的添加量受从废液中带走的 $MgSO_4$ 或 $MgCl_2$ 的量值限制。

③ 当吸收塔的循环浆液 pH 值和液气比比较低的情况下，也能获得较高的脱硫率。

④ 可以有效地控制硫酸盐的结垢，由于吸收浆液中 $CaSO_4$ 过饱和是造成硫酸盐结垢的原因，过饱和度越低，结垢越小。由于该法吸收剂中含有硫酸镁，可以促使硫酸钙沉积，从而避免了过饱和，同时吸收液中硫酸根溶解度提高，使得吸收塔中 pH 值降低，防止硫酸钙沉淀。另外，吸收塔中硫酸镁再生反应析出石膏的结晶，可以作为晶种。

⑤ 采用该工艺，尽管洗涤液中含有氯离子，但是 SO_2 的吸收效率没有改变。此外，氯离子的存在对洗涤液的 pH 值影响比石灰法要小得多，这样洗涤时就不用在吸收塔前加

装一个预洗涤器来吸收氯离子或者靠排出大量的废液来防止氯离子浓度过大，既节省了投资又减少废液排放。

193 膜法烟气脱硫技术的原理是什么？

膜净化法是利用固体膜或者液体膜作为一种渗透介质，废气中各组分由于分子量大小不同，或者荷电、化学性质不同，透过膜的能力不同，就可以起到分离的作用，从而达到脱除有害物的效果。膜法烟气脱硫的工作原理就是使烟气和亚硫酸钠溶液两个流动相通过两者之间的多孔膜进行接触，烟气中的 SO_2 和 CO_2 可以通过膜孔进入碱性溶液而被吸收，而烟气中的其他气体被截留。同时由于膜是憎水性的，所以液体不能通过膜渗透到气相中。当 SO_2 和亚硫酸钠或氢氧化钠反应后生成亚硫酸氢钠，亚硫酸氢钠又可以通过和W-L工艺相同的方法，即加热解吸释放出 SO_2，使吸收剂再生，解吸出的 SO_2 可以加工成液体 SO_2 或工业硫酸。

膜法烟气脱硫目前处于研究阶段，根据研究结果，膜法烟气脱硫率可达90%以上，和石灰石-石膏法相比，费用可以大为降低，因此膜法也是一种具有较大潜力的脱硫技术。

（三）半干法烟气脱硫技术

194 半干法烟气脱硫技术的特点是什么？

半干法烟气脱硫技术的市场占有率仅次于湿法烟气脱硫。该法采用湿态吸收剂，在吸收装置中吸收剂吸收烟气的热量并与烟气中的 SO_2 反应生成干粉状脱硫产物。半干法烟气脱硫工艺应用较为广泛的主要有两种：喷雾干燥法和烟气循环流化床工艺。

半干法脱硫工艺具有技术成熟、系统可靠、工艺流程简单、耗水量少、占地面积小、一次性投资费用低、脱硫产物呈干态、无废水排放、可以脱除部分重金属等优点，一般脱硫效率可超过85%；另外，利用氯化物溶解度高、不易干燥的特点，可加强吸收剂（生石灰）与 SO_2 的反应深度，从而在一定程度上提高脱硫率。但是半干法工艺采用生石灰或熟石灰作吸收剂，原料成本高，并且对石灰品质有较高要求。此外，由于排出反应器的气体中含有较多的粉尘，在目前环保要求越来越严格的情况下，要求下游除尘设备具有高的除尘效率。半干法脱硫产物为亚硫酸钙和硫酸钙的混合物，综合利用受到一定的限制。该法主要用于燃用低、中硫煤的火电机组。

195 典型喷雾干燥烟气脱硫的工艺流程是怎样设计的？

喷雾干燥（spray dryer absorber，简称SDA）烟气脱硫是利用喷雾干燥的原理，在吸收剂喷入吸收塔后，一方面吸收剂与烟气中 SO_2 发生化学反应，生成固体产物；另一方面烟气中的热量不断传给吸收剂，使之不断干燥，在吸收塔内脱硫反应后形成的产物为干粉。该法中石灰是最常见的吸收剂，也可使用苏打粉或烧碱。

典型的喷雾法烟气脱硫工艺流程包括：①吸收剂制备；②吸收剂浆液雾化；③雾粒和烟气接触混合；④液滴蒸发和 SO_2 吸收；⑤灰渣排出；⑥灰渣再循环。其中②～④在喷雾干燥吸收器内进行，其工艺流程图如图 4-10 所示。

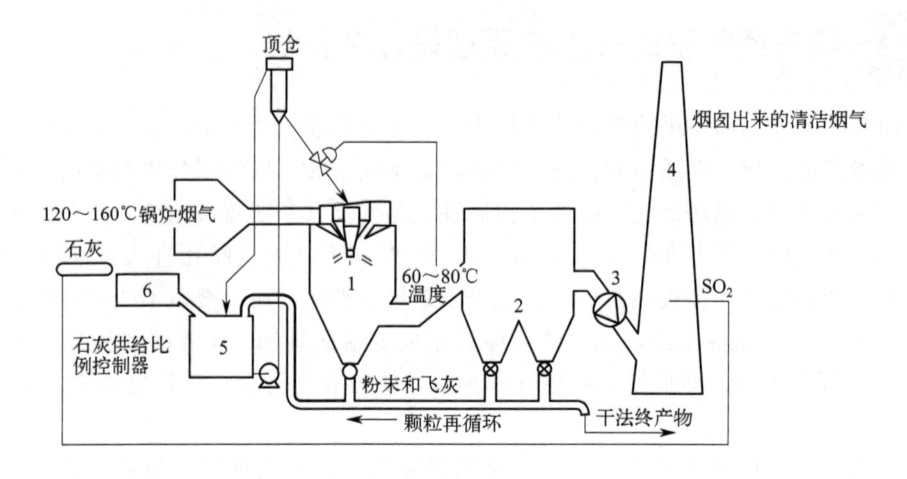

图 4-10 喷雾干燥法烟气脱硫工艺流程图

1—喷雾干燥吸收器；2—袋式除尘器；3—风机；4—烟囱；5—石灰乳料槽；6—石灰消化槽

120～160℃的锅炉烟气从喷雾干燥器顶部送入，同时通过安装于顶部的高速旋转的喷头，将制备好的石灰乳喷射成直径小于 100μm 的均匀雾粒。这些具有很大的表面积的分散石灰乳微粒同烟气接触后，一方面与烟气中 SO_2 发生化学反应，另一方面烟气与石灰乳滴进行热交换，迅速将大部分水分蒸发，最终形成含水较少，且含亚硫酸钙、硫酸钙、飞灰和未反应氧化钙的固体灰渣。大颗粒的灰渣在喷雾干燥器中沉积下来，由底部排出。细小的脱硫灰颗粒随烟气从干燥器下部排出进入袋式除尘器中，由于脱硫灰未完全干燥，此处未反应的 CaO 还可继续与 SO_2 反应，使脱硫率进一步提高。从袋式除尘器出来的烟气经风机排空。袋式除尘器收下的脱硫灰颗粒和喷雾干燥器底部排出的脱硫灰颗粒再循环回系统，继续使用，以提高吸收剂的利用率。当灰渣中 CaO 含量低时，脱硫灰也可排出。喷入干燥器石灰乳的量由出干燥器烟气温度进行自动控制，使出塔烟气温度与绝热饱和温度之差 ΔT 为 10～15℃，以保证有较高的脱硫率及能将雾滴完全干燥。

196 喷雾干燥烟气脱硫的化学过程是如何进行的?

喷雾干燥法的化学过程比较简单，当雾化的石灰浆液在吸收塔中与烟气接触，浆液中的水分开始蒸发，烟气降温同时湿度增加，在石灰消化槽中产生的 $Ca(OH)_2$ 与 SO_2 反应生成干粉产物。具体反应方程式如下。

① 生石灰制浆。

$$CaO + H_2O \longrightarrow Ca(OH)_2$$

② SO_2 被吸收。

$$SO_2 + H_2O \longrightarrow H_2SO_3$$

③ 吸收剂与 SO_2 反应。

$$Ca(OH)_2 + H_2SO_3 \longrightarrow CaSO_3 + 2H_2O$$

④ 液滴中亚硫酸钙过饱和析出，部分被溶于液滴中的氧气氧化生成硫酸钙。

$$CaSO_3 + \frac{1}{2}O_2 \longrightarrow CaSO_4$$

⑤ 硫酸钙难溶于水，迅速沉淀析出。

197 喷雾干燥烟气脱硫的物理过程是如何进行的?

喷雾干燥烟气脱硫的物理过程可分为两个阶段：恒温干燥阶段和降速干燥阶段。

(1) 恒温干燥阶段

吸收剂浆液雾滴存在较大的自由液体表面，液滴内部分子处于自由运动状态，水分由液滴内部很容易转移到液滴表面，补充表面汽化失去的水分，以保持表面饱和，蒸发速率仅受热量传递到液体表面的速率控制，单位面积的液滴蒸发速率较大且稳定。在该阶段，表面水分的存在为吸收剂和 SO_2 的反应创造了良好的条件，反应为液相反应，反应速率大，约有 50%的吸收反应发生在这一阶段。

(2) 降速干燥阶段

随着蒸发继续进行，雾滴表面的自由水分越来越少，内部粒子间的距离减小，当液滴表面出现固体时，蒸发受到水分限制，开始第二个干燥阶段，也就是降速干燥阶段，这个阶段的特点是蒸发速率降低，液滴温度升高，当接近烟气温度时，水分扩散距离增加，干燥速率继续降低，由于表面含水量的下降，SO_2 的吸收反应逐渐减弱，这个阶段烟气的相对湿度比较高，可以维持较长时间。

198 喷雾干燥烟气脱硫中的 SO_2 脱除的影响因素有哪些?

喷雾干燥法中影响 SO_2 脱除的因素主要有钙硫比、吸收塔出口烟气温度、烟气进口 SO_2 浓度、烟气入口温度、灰渣再循环、氯的影响等。

(1) 钙硫比

大量数据表明，脱硫率随着钙硫比的增大而增大，增加幅度由大到小，最后趋于平稳，从其变化规律来看，当钙硫比小于 1，所提供的氢氧化钙不足以使 SO_2 完全反应时，氢氧化钙的喷入量起控制作用。随着吸收剂的增加，SO_2 的脱除量几乎成正比增长；当钙硫比大于 1，增加氢氧化钙时，进料率、含固量、黏度、反应生成物浓度也同时增大。这些因素都对 SO_2 的脱除反应不利，所以脱硫率的增加逐渐减缓，最后趋于饱和。

(2) 吸收塔出口烟气温度

吸收塔出口烟气温度对于脱硫率也有较大影响，温度越低脱硫率越高，SO_2 脱除反应的基本条件就是吸收剂雾滴必须含有水分，其他条件不变时，吸收塔出口烟气温度越低，说明浆液的含水量越大。水分含量大时，雾滴与烟气一接触就降低了烟气的温度，这样蒸发率就降低，延长了化学反应时间，有利于 SO_2 的吸收；另一方面，雾滴的干燥速率还受到烟气中水蒸气的分压影响，当水蒸气分压接近于相同温度下的饱和蒸气压时，吸

收 SO_2 的时间可大幅增加，使脱硫率有明显增加。

(3) 烟气进口 SO_2 浓度

烟气进口 SO_2 浓度越高，要达到高的脱硫率就越困难，这是因为其他条件相同的情况下，高的进口烟气 SO_2 浓度，需要更多新鲜石灰加入，提高了雾粒中石灰的含量，增大了需要吸收的 SO_2 和生成的亚硫酸钙量，雾粒水分的减少限制了氢氧化钙和 SO_2 的传质过程，使脱硫率降低。

(4) 烟气入口温度

较高的烟气入口温度可以增加浆液的含水量，改善吸收塔内第一干燥阶段的传质条件，使脱硫率提高。

(5) 灰渣再循环

在吸收剂浆液中加入一部分脱硫之后的灰渣，可以进一步提高吸收剂的利用率，同时改善传质传热条件，有利于雾粒干燥，从而改善吸收塔塔壁结垢的趋势。在相同脱硫率的条件下，可以使新鲜脱硫剂的消耗量减少。

(6) 氯的影响

氯的存在可以使 SO_2 脱除性能得到改善，在给定的脱硫效率前提下，较大地减少石灰的用量。这主要是因为氯可以减缓水从石灰浆液滴的蒸发以及使得电除尘器中的残余水分增加，氯的吸湿性还能保证电除尘器的性能提高，减少二次污染。

199 喷雾干燥烟气脱硫系统中遇到的主要问题有哪些？如何改进？

喷雾干燥烟气脱硫系统的主要问题如下：

(1) 容器和管道的堵塞

主要是由于固体沉积引起的。这是由于浆液流速小于设计值，管道内存在流动停止区，使用过量的石灰及飞灰反应特性等原因造成的。改进的方法一般有修改管道设计，提高浆液的流速，消除流动死角，提高浆液槽泵的吸入短管，改进搅拌和容器隔板的设计，在运行中周期性的转动设备。

(2) 吸收塔内固体沉积

由于在许多电厂，吸收塔的固体沉积分布从局部扩展到整个壁面上，所以连续运行仅能冲刷掉少量局部沉积物。在大量沉积物的情况下，需要关闭吸收塔，这样在大型电厂中需要使用备用吸收塔。导致产生沉积物的主要原因是吸收塔内温度控制不合理，或者运行时喷入吸收塔的固体浓度小于设计值。

(3) 喷射石灰浆的喷雾器磨损和破裂

这是喷雾干燥烟气脱硫系统中常见的问题之一，尤其是在达到最佳工况前的初始运行阶段。目前使用最广泛的喷雾器是旋转喷雾器，不过，旋转喷雾器在机械上比较复杂，与其他类型的喷雾器相比，需要更加严格的维护。

(4) 烟道和除尘器的腐蚀

喷雾干燥烟气脱硫系统一般使用的除尘器主要有电除尘器和布袋式除尘器。除尘器的腐蚀问题主要和烟气温度低而且湿度较高有关系。相比而言，调峰电厂的问题更加严重，因为经常需要经受相当大的负荷变化，这就导致运行过程中除尘器温度多次低于露点温度，形成的酸液在壁面上凝结而导致腐蚀问题。

200 喷雾干燥灰渣如何处置？

喷雾干燥灰渣的性质变化很大，这主要取决于燃烧煤种。灰渣主要是由飞灰和钙硫反应产物组成的，灰渣中飞灰和钙硫产物混合在一起，有部分产物覆盖在飞灰表面。目前灰渣的处理主要有抛弃法和综合利用法两类。

（1）抛弃法

主要有堆状回填、山边回填、峡谷回填、联合式回填、矿坑回填、V形矿槽回填和覆盖层矿回填。在设计过程中应考虑电站的特定条件和灰渣的特性。整个抛弃法处理包括灰渣的输送、灰渣的储存、预处理、转运、灰场的选择和设计等多步。

① 灰渣的输送主要是把收集的干态灰渣从灰斗送到电站就地储存，主要需要两种设备：给料器和输送设备。在设计过程中要注意以下问题：风管堵塞、灰斗锥部及给料器内架桥、输送管内堆积以及输送流速小的时候不起作用等。

② 收集的灰渣须送至储仓，储仓一般是封闭的，结构形式为圆柱形或矩形。储仓的设计要保证灰渣稳定、可靠、通畅排放，还要考虑灰渣性质，主要是流动特性、受压特性和磨损性。

③ 干态灰渣在运输之前还要进行预处理，预处理的目的是减少运输过程中粉尘飞扬以及班组综合利用要求，主要方法有：喷水以增加灰渣含湿量，与湿法脱硫的灰渣混合，将灰渣制成球状或圆柱状小颗粒等。

④ 转运过程中选择转运方式也很重要，需要考虑电站的具体情况，主要影响因素为灰渣特性、容量、运输距离等。

⑤ 灰场的选择是比较复杂的工作，需要仔细的调查研究，选择过程中主要考虑工程、环境、经济、社会以及规章等多方面的要求。灰场的设计需要考虑多方面因素的影响，主要包括地质、地下水、气候、地面环境和环保要求等。还要根据灰渣的理化特性和污染、渗透情况决定灰场是否要设置地下垫层或渗出液收集系统。

（2）综合利用法

脱硫系统产生的灰渣如果采用抛弃法，需要增加抛弃管路、抛浆泵或运输车辆以及对储存场地的投资和运行费用，如果储存场地隔离、排水、防渗漏等处理不当，还可能造成二次污染。所以最好的办法就是将脱硫产生的干灰渣进行回收和综合利用。

喷雾干燥脱硫系统产出的灰渣的综合利用方式主要有：①制建筑材料，当灰渣的强度超过11kgf/cm^2（1kgf=9.8N）时，性能和常规建筑填料完全相当；②合成料粒；③制作人造礁石；④制作矿棉；⑤制砖；⑥生产水泥、混凝土块、稳定土壤等。

201 雾化器有哪些类型？

雾化器是喷雾干燥烟气脱硫吸收装置的关键部件，常用的雾化器一般有以下三种。

① 气流式喷嘴　利用压缩空气或蒸汽以很高的速率（300m/s 或更高）从喷嘴喷出，靠气液两相间速率差所产生的摩擦力使浆液分离为雾滴。

② 压力式喷嘴　采用高压泵使高压吸收浆液通过喷嘴时，将静压能转变为动能而高速喷出并分散为雾滴。

③ 旋转式雾化器　吸收浆液从中央通道输入高速转盘，受离心力作用从盘的边缘甩出而雾化。

目前，喷雾干燥脱硫法中采用较多的雾化器为气液式喷嘴雾化器和旋转式雾化器两种。

202 液体的雾化机理有哪些?

液体的雾化机理主要可以分为三种类型：滴状分裂、丝状分裂和膜状分裂。

(1) 滴状分裂

在压力式雾化器中，吸收浆液以较小的速率流出喷嘴，形成细流状，在离喷嘴出口一定距离的地方，开始分裂为液滴，在旋转式雾化器中，当盘的速率和进料速率都比较低的时候，溶液的黏度和表面张力的影响是主要的，雾滴将单独形成并从圆盘边缘甩出，在气流式雾化器中，气体速率很小的情况下就是滴状分裂。

(2) 丝状分裂

在压力式雾化器中，如果提高溶液的喷出速率，由于表面张力和外力的作用，液柱沿水平和垂直方向振动使其变成螺旋状的振动液丝，在其末端或较细处断裂为许多小雾滴，即丝状分裂。在旋转式雾化器中，当盘转速和进料速率较高时，半球状料液就被拉成许多液丝，液量增加，液丝数目也增加，达到一定的数值后，再增加液量时液丝就变粗，液丝数目不再增加且极不稳定，距圆盘边缘不远处就迅速断裂成无数小液滴。在气流式喷嘴中，当气液速率较大时，气液之间有很大摩擦力，液柱就好像一端被固定，另一端被拉长，这些线抽细处很快就分裂成为小液滴。

(3) 膜状分裂

当溶液以高速率从压力式喷嘴中喷出，或者气体以高速率从气流式喷嘴喷出时，都形成一个绕空气心旋转的空气锥薄雾状雾滴群，薄膜分裂为丝状和液滴。

203 旋转式雾化器的工作原理是什么?

旋转式雾化器的核心部件是一个高速旋转的圆盘。当吸收浆液被送到高速旋转的圆盘上时，由于离心力的作用，吸收浆液在放置面上伸展为薄膜，并以不断增长的速率向盘的边缘运动，离开边缘时，浆液被分散为雾滴，在盘旋转时，也带动了周围的空气循环，使用时应尽量减少带入盘内的空气，以防物料在盘内干燥后黏附，引起盘的不平衡而发生振动。

旋转雾化器产生的雾滴大小和喷雾的均匀性，主要取决于盘的圆周速率和液膜厚度，而液膜厚度取决于进料量、盘的润湿周边和盘的转速，当盘的圆周速率小于 50m/s 时，得到的雾滴就很不均匀，当圆周速率为 60m/s 时，就不会出现不均匀的现象，因此在设计时，把这个值就作为最小值，通常操作时，盘的圆周速率为 90～150m/s。

当进料速率一定时，要得到均匀的雾滴，要注意以下几点：

① 圆盘转动时无振动；

② 圆盘的转速要高，一般为 7500～25000r/min；

③ 液体通道表面要加工得很平滑；

④ 料液在各个通道上均匀分布；

⑤ 进料速率要均匀。

204 旋转式雾化器有哪些类型?

旋转式雾化器的转盘根据结构的不同，可以分为两种不同的类型：光滑盘和非光滑盘。

(1) 光滑盘

光滑盘是表面光滑的平面或锥面，有平板形、盘形、碗形和杯形。光滑盘结构简单，适用于得到较粗雾滴的悬浮液、高黏度溶液和膏状料液的喷雾。这种类型的雾化器生产能力比较低，而且光滑盘具有严重的液体滑动，影响雾滴离开盘的速度，即影响雾化。

(2) 非光滑盘

非光滑盘能限制液体滑动，也称为雾化轮，其结构形式也比较多，有叶片形、沟槽形、喷嘴形等。由于可以防止液体沿其表面滑动，可以认为液膜的圆周速率等于盘的圆周速率，在生产能力较大时，可以采用多排通道，以获得密度很高、直径比较均匀、直径不大的喷雾状态的雾滴，从而减小塔径。

205 喷雾干燥法中吸收塔的物料粘壁问题怎么解决?

喷雾干燥脱硫工艺系统在操作过程中，被干燥的物料黏附在吸收塔内壁上，称之为粘壁现象。物料粘壁主要有两种类型：半湿物料粘壁和干粉表面黏附。

(1) 半湿物料粘壁

半湿物料粘壁和吸收塔尺寸、喷嘴结构和操作、烟气分布等有关系。

① 因为雾化器不同，雾化器各有特点，干燥塔的尺寸必须和雾化器相适应。气流式喷嘴喷射出来的雾滴是由压缩空气夹带着前进的，喷雾距离较长，喷雾角较小，粘壁位置就偏下；压力式喷嘴喷雾距离较小，粘壁位置就偏上；旋转式雾化器的雾滴运动一般可以认为是径向运动，主要粘壁区域是对着雾化器径向塔壁上。

② 雾化器的结构、安装、操作和粘壁现象有很密切的关系。气流式喷嘴产生的标准喷雾图形为与轴线对称的空心锥，气流式喷嘴加工时，若气体和液体通道不同心，气体通道小的地方就会产生粗雾滴，由于来不及干燥而粘到壁上，所以气流式喷嘴加工后保证同心是非常重要的。气流式喷嘴的操作要保持稳定，液体流量的忽然增加和忽然减小都容易产生粘壁。喷嘴安装时要注意单个喷嘴要安装在塔的中心轴线上，若为多个喷嘴时，既要

保证各雾距不重叠，又要保证不直接喷到壁上。各种雾化器都要避免振动。

③ 烟气在塔内的运动也会对粘壁现象造成影响，为了控制烟气在塔内的运动，达到既有利于干燥又不会粘壁的效果，在烟气的进口段要设置烟气分布装置。

（2）干粉表面黏附

干粉由于在有限空间内运动，粘壁现象是不可避免的，这种粘壁不影响正常生产，用空气吹扫或轻微振动即可脱落。如果内壁抛光，则不容易发生黏附。

清除粘壁物料的方法主要有：

① 振动法，包括间歇手动、间歇或连续电动、气动等；

② 空气吹扫法；

③ 转动的刮刀和链条连续清除法；

④ 针对粘壁位置，特别设置电动或气动的刷子间歇清除。

206 什么是循环流化床烟气脱硫技术?

循环流化床烟气脱硫（CFB-FGD）技术是20世纪80年代后期由德国鲁奇（Lurgi）公司研究开发的。这种工艺以循环流化床原理为基础，用消石灰为脱硫剂，通过控制通入烟气的速度，使喷入的吸收剂石灰颗粒流化，在床中形成稠密颗粒悬浮区。然后再喷入适量的雾化水，使CaO、SO_2、H_2O充分进行反应，再利用高温烟气的热量使多余的水分蒸发，以形成干脱硫产物。由于脱硫剂的多次循环，使得脱硫剂与烟气接触时间增加，一般可达30min以上，从而提高了脱硫率和脱硫剂的利用率。

目前，烟气循环流化床脱硫工艺应用于工业的有4种：

① 德国LLB公司开发的烟气循环流化床脱硫（circulating fluidized bed）工艺，简称CFB工艺；

② 德国Wulff公司的回流式烟气循环流化床（reflue circulating fluidized bed）工艺，简称RCFB工艺，由武汉凯迪工程股份有限公司引进；

③ 丹麦FLS公司开发的气体悬浮吸收烟气脱硫（gas suspension absorber）工艺，简称GSA工艺，由国电龙源环保公司引进；

④ ABB公司开发的增湿灰循环脱硫（novel integrated desulfurization）技术，简称NID技术，由浙江菲达环保科技股份有限公司引进。

207 循环流化床烟气脱硫的化学过程是什么?

循环流化床烟气脱硫塔内进行的化学反应是非常复杂的。一般认为，当石灰、工艺水和燃煤烟气同时加入流化床中时，会有以下主要反应发生：

脱硫反应：

$$CaO+H_2O \longrightarrow Ca(OH)_2$$

$$SO_2+H_2O \longrightarrow H_2SO_3$$

$$Ca(OH)_2+H_2SO_3 \longrightarrow CaSO_3 \cdot \frac{1}{2}H_2O+\frac{3}{2}H_2O$$

部分 $CaSO_3 \cdot \frac{1}{2}H_2O$ 被烟气中 O_2 氧化：

$$CaSO_3 \cdot \frac{1}{2}H_2O + \frac{1}{2}O_2 + \frac{3}{2}H_2O \longrightarrow CaSO_4 \cdot 2H_2O$$

烟气中的 CO_2、HCl 和 HF 等酸性气体同时也被 $Ca(OH)_2$ 脱除，总的反应式如下：

$$Ca(OH)_2 + CO_2 \longrightarrow CaCO_3 + H_2O$$

$$Ca(OH)_2 + 2HCl \longrightarrow CaCl_2 + 2H_2O$$

$$Ca(OH)_2 + 2HF \longrightarrow CaF_2 + 2H_2O$$

由上述反应看出，在 CFB 反应器中进行的是气液固三相反应，反应产物将沉积在 CaO 颗粒表面，必定对反应速度产生影响。但流化床中由于颗粒物在流化过程中不断磨损，使颗粒表面形成的产物不断被剥落，未反应的 CaO 表面就会暴露在气流中不断进行脱硫反应，因而反应速度基本上不受生成产物的影响。

208 循环流化床烟气脱硫的工艺流程和特点是怎样的?

德国鲁齐（Lurgi）公司是世界上最早将循环流化床技术引入烟气净化和脱硫领域的公司，其循环流化床烟气脱硫工艺如图 4-11 所示。

含 SO_2 的高温烟气从循环流化床底部通入，并将石灰粉料从流化床下部喷入，同时喷入一定量的雾化水。在气流作用下，高密度的石灰颗粒悬浮于流化床中，与喷入的水及烟气中的 SO_2 进行反应，生成亚硫酸钙及硫酸钙。同时，烟气中多余的水分被高温烟气蒸发。带有大量微小固体颗粒的烟气从吸收塔顶部排出，然后进入用于吸收剂再循环的除尘器中，此处烟气中大部分颗粒被分离出来，再返回流化床中循环使用，以提高吸收剂的利用率。从用于吸收剂再循环的除尘器出来的烟气再经过电除尘器除掉更细小的固体颗粒后，经风机由烟囱排入大气。从电除尘器收下的固体颗粒和从吸收剂再循环除尘器分离出来的固体颗粒一起返回流化床中，多余的循环灰也可排出。

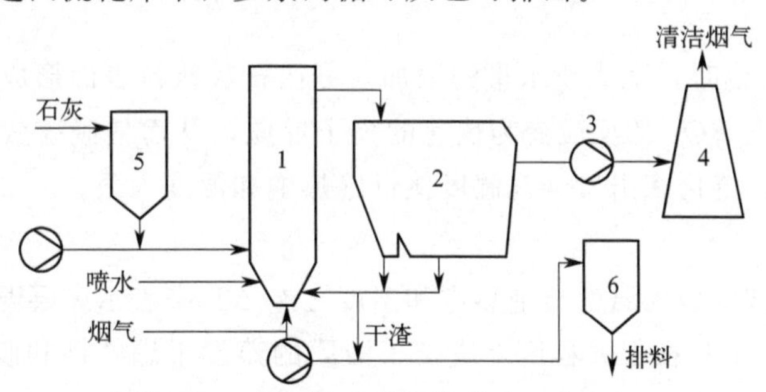

图 4-11 循环流化床烟气脱硫工艺流程

1—CFB 反应器；2—带有特殊预除尘装置的电除尘器；3—引风机；4—烟囱；5—石灰储仓；6—灰仓

为了保证足够的脱硫率和流化床能正常运行，必须对石灰的喷入量、循环灰回料量以及喷入流化床的水量进行自动控制。

鲁奇循环流化床烟气脱硫工艺的主要特点为：

① 没有喷浆系统及浆液喷嘴，只喷入水和蒸汽；

② 新鲜石灰与循环床料混合进入反应器，依靠烟气悬浮，喷水降温反应；

③ 床料有98%参与循环，新鲜石灰在反应器内停留时间累计可达到30min以上，使石灰利用率可达99%；

④ 反应器内流速为1.83～6.1m/s，烟气在反应器内停留时间约为3s，可以适应锅炉任何负荷的变化。

209 影响循环流化床烟气脱硫率的主要因素有哪些?

影响喷雾干燥法的工艺参数，对循环流化床工艺基本上都具有相同的影响趋势。虽然循环流化床有多种改进型工艺，各种参数对特定的工艺会有所区别，但是总的影响趋势基本一致。

影响循环流化床脱硫率的主要因素有固体颗粒浓度、钙硫比、喷水量、床层温度、固体停留时间、脱硫剂的粒度和反应活性等，以下是各参数对循环流化床影响的趋势。

(1) 固体颗粒浓度和钙硫比

循环流化床具有较高的脱硫率，一个重要原因就是在反应器内存在飞灰、粉尘和石灰的高浓度接触反应区，其浓度通常可达0.5～2kg/m^3，相当于一般反应器的50～100倍。结果表明，随着床内固体颗粒物浓度的逐渐升高，脱硫率也随之升高。这是因为床内强烈的湍流状态以及高颗粒循环速率提供了气液固三相连续接触面，颗粒间碰撞使得吸收剂表面的反应产物不断地磨损脱落，从而避免了孔堵塞造成的吸收剂活性下降和反应气体通过产物物层扩散的影响。新的石灰表面连续暴露在气体中，强化了床内的传质传热。

循环流化床内的固气比或固体颗粒浓度是保证其良好运行的重要参数。在运行中调节床内固气比的方法是，通过调节分离器和除尘器下面所收集的飞灰排灰量，控制送回反应器的再循环干灰量，从而保证床内必需的固气比。

实验表明，脱硫率随Ca/S比值的增加而增加，但当Ca/S比值达到一定值后，脱硫率随Ca/S比值上升而上升的趋势变慢，一般Ca/S比值控制为1.5～1.8。

(2) 喷水量

在Ca/S比值一定时，随着喷水量的增加，可在石灰颗粒表面形成一定厚度的稳定液膜，使$Ca(OH)_2$与SO_2的反应变为快速的离子反应，从而使脱硫效率大幅度提高。但喷水量不宜过大，以流化床出口烟气温度接近绝热饱和温度为限。

(3) 床层温度

以循环流化床出口烟气温度与绝热饱和温度之差ΔT来表示床层温度的影响，脱硫率随ΔT增大而下降。ΔT在很大程度上决定了液膜的蒸发干燥特性和脱硫特性。ΔT降低可使液膜蒸发缓慢，SO_2与$Ca(OH)_2$的反应时间增大，脱硫率和钙利用率提高；但ΔT过小又会引起烟气结露，容易在流化床壁面沉积固态物。因此一般将ΔT控制在15～20℃左右。

(4) 固体停留时间

在循环流化床里，SO_2脱除反应大部分发生在1～3s的液滴蒸发期内，当液相蒸发完毕时，反应基本停止。为提高石灰中钙的利用率，把收尘器收集的固体颗粒部分返回到反应器中，增加固体的停留时间，同时在反应器内形成沸腾床，增加气固反应接触的面积和反应机会，从而提高脱硫率。

210 循环流化床烟气脱硫系统运行如何进行自动控制?

自动控制系统应满足脱硫除尘工艺系统运行的要求。控制系统通过 PLC 控制来完成对整个脱硫系统的自动控制。图 4-12 显示了 CFB-FGD 脱硫系统的三个自动控制回路。

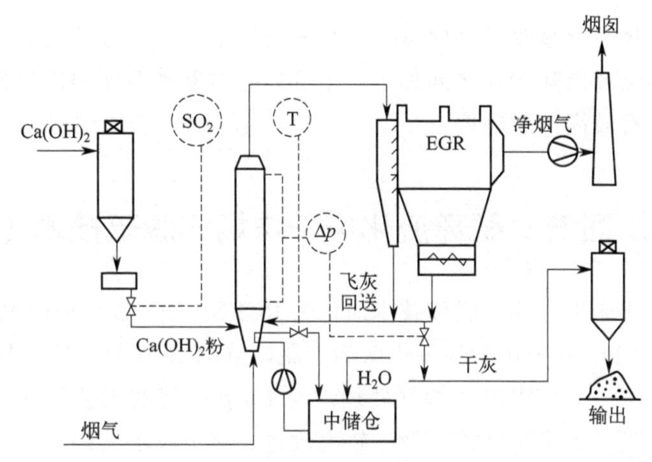

图 4-12　CFB-FGD 系统控制回路

（1）SO_2 控制

根据锅炉燃煤的含硫量及安装在烟囱出口烟气 SO_2 在线检测仪测得的 SO_2 浓度来自动调节进入循环流化床的新鲜石灰量。

（2）温度控制

通过调节喷入循环流化床的水量来调节流化床出口烟气温度接近绝热饱和温度。

（3）排料控制

根据循环流化床内固体物料浓度来调节循环脱硫灰的回料量和排料量。流化床内固体物料浓度是根据流化床的压降来确定的。通常保持压降为一定值来确定回料量和排料量。

211 循环流化床烟气脱硫工艺设备主要有哪几种形式?

循环流化床烟气脱硫工艺设备主要有 3 种形式，其在固体颗粒回送至反应器的方式、增湿活化以及通过位于反应器内部的再循环来增强传质等方面略有不同。

（1）第一种形式

烟气通过一个文丘里段，然后与吸收剂向上并流至反应器。新鲜的消石灰和增湿水从文丘里段的上部加入，经反应的固体颗粒由除尘器收集后从增湿水的正对面下方加入。鲁奇公司采用这种形式对燃煤电厂的烟气进行同时脱硫脱氮，能分别达到 95%和 90%的脱除率。

（2）第二种形式

消石灰、水或水蒸气、再循环的固体颗粒从反应器的底部单独加入。反应器的工作状态事先调好，使床内固体颗粒形成从反应器顶端到底端的内部回流，这样可以使反应器内部气固相强烈混合，达到良好的传质传热效果。据报道，这种回流方式可以达到25%～50%同外部循环相同的效果。Wullf公司在这方面有70000h的实际操作经验，脱硫率达到97%。

在上面提到的两种形式中，既可以用布袋除尘器也可以用电除尘器分离烟气中的固体颗粒，然后将它们返回到循环流化床反应器里以维持恒定的床内固体颗粒物浓度。

（3）第三种形式

也被称之为气体悬浮吸收塔反应器。它具有与以上两种类似的反应器形式，只不过在反应器与布袋除尘器或电除尘器之间加了一个旋风除尘器来循环固体吸收剂。这种形式对重金属镉、汞等也有较高的脱除率。

212 什么是回流式循环流化床干法烟气脱硫技术（RCFB）？

回流式循环流化床干法烟气脱硫技术简称为RCFB。RCFB是德国Wulff公司于20世纪90年代初在德国Lurgi公司循环流化床烟气脱硫（CFB-FGD）技术基础上开发出来的一种新技术，主要用于电厂锅炉的烟气处理。与Lurg公司的工艺相比，RCFB工艺主要是在吸收塔的流程设计和塔顶结构上做了较大改进，在吸收塔上部出口区域布置了独创的回流板。烟气和脱硫剂颗粒在吸收塔中向上运动，同时有一部分颗粒从塔顶向下回流。这股固体回流与烟气的方向相反，而且它是一股很强的内部湍流，从而增加了烟气与脱硫剂的接触时间，内部循环再加上外部循环，脱硫性能得到进一步优化。

回流式循环流化床烟气脱硫系统主要由预除尘器、吸收剂制备、吸收塔、吸收剂再循环系统、后除尘器、工艺水系统、物料输送系统、控制设备等部分组成。

从锅炉炉膛出来的烟气流经空气预热器，经冷风冷却到120～150℃，由预除尘器进行预除尘后，烟气再从底部引入吸收塔进行脱硫。吸收塔底部设有烟气加速装置，烟气流过时被加速并与很细的吸收剂颗粒相混合。吸收剂与烟气中的SO_2、SO_3等有害物质发生反应，生成亚硫酸钙、硫酸钙等而被脱除。带有大量固体颗粒的烟气从吸收塔顶部排出，然后进入后除尘器，去除烟气中大部分固体颗粒。从除尘器出来的洁净烟气通过引风机排入烟囱。除尘器除下的固体颗粒大部分通过除尘器下的再循环系统返回吸收塔，继续参加反应，固体物料循环倍率一般为120～150倍，大大提高了脱硫剂的利用率。少部分脱硫灰渣经灰渣输送系统送到渣仓。

RCFB用于电厂锅炉的烟气处理，单台可配锅炉容量为5～300MW。该技术具有干法脱硫的许多优点，如投资少、占地面积小、流程简单等，而且可在很低的钙硫比下达到与湿法脱硫技术相近的脱硫效率。

213 RCFB工艺在设计上有哪些特点？

RCFB工艺中的回流式反应塔采用了特殊的设计，主要技术特点如下。

回流式反应塔由从下向上布置的塔底灰渣仓、过渡段、文丘里管、渐扩管以及变截面的塔顶等组成。RCFB 脱硫塔的最大特点是采用了双循环，即脱硫剂在塔内的内循环和来自外部除尘器的固体颗粒回流到反应塔的外循环。为了加强内循环，在脱硫塔内采用了涡流发生器以及变截面的塔顶结构设计。脱硫塔内的涡流发生器可以使向上流动的烟气与向下流动的固体造成剪切湍流，产生有效的内旋涡，从而提高了烟气与脱硫剂之间的有效接触时间和脱硫效率。变截面塔顶结构的作用是当烟气向上流向出口时，烟气中一部分固体颗粒由于惯性作用在塔顶浓缩，与塔顶碰撞，沿着反应塔侧壁向下流动，实现塔内循环。

由于 RCFB 吸收塔的特殊设计，烟气和吸收剂颗粒在向上运动时，有一部分烟气产生回流，形成很强的内部湍流。当烟气上升到脱硫塔顶部时，固体颗粒在塔的上部产生强烈回流，加强了颗粒之间的碰撞和摩擦，不断暴露出新鲜的吸收剂表面。强烈的内部湍流和固体颗粒回流增加了烟气与吸收剂的接触时间，提高了吸收剂的利用率和脱硫效率。另外，吸收塔内产生回流使得塔出口的含尘浓度大大降低。塔内回流的固体物量一般为外部再循环量的 30%～50%，这样可减轻除尘器的负荷。

烟气温度的高低在很大程度上影响着污染物的分离效率。烟气进入吸收塔底部时要喷入一定量的水，以降低烟温并增加烟气的水分，这时，烟气中的水蒸气含量增加，但烟气并不带水。RCFB 工艺吸收反应温度宜控制为 70～90℃，既能保证较高的脱硫效率，又不会产生固体物料黏结和结露现象。脱硫后的烟气露点温度一般在 50℃左右，若将烟气温度控制在 70℃左右排放，不会对后面的钢烟道、烟囱及引风机产生腐蚀，因此，整个脱硫系统（包括炉后设施）可以采用常规碳钢制作，以节约大量投资。该工艺的 SO_2 脱除率可达到 80%～98%，SO_3 脱除率也可达到 99%。

回流式循环流化床烟气脱硫装置的控制主要通过三个部分来实现：根据烟气中 SO_2 的浓度来调节吸收剂喷入量；根据吸收塔的出口温度来调节 RCFB 吸收塔下部的喷水量；根据吸收塔进出口烟气压力降来控制再循环灰量。

214 什么是气体悬浮吸收烟气脱硫技术（GSA）？

气体悬浮吸收烟气脱硫技术（GSA）是丹麦 FLS 公司开发的技术，其工作原理和 Lurgi 和 Wulff 工艺十分类似，不同之处在于 GSA 工艺所用的脱硫剂不是干石灰，而是石灰浆。在 GSA 反应器中，烟气与雾化的石灰浆液充分接触以脱除烟气中 SO_2，反应副产品为亚硫酸钙和硫酸钙。

GSA 的主要特点是：

① 吸收剂以石灰浆液的形式从反应器底部中心喷入；

② CFB 和 RCFB 控制条件简单，特别是床温的控制，喷水量根据床温的需要，不受其他因素制约，而 GSA 因采用喷浆，当烟气量变化时，床温的变化要依赖于吸收剂浆液和水的量；

③ 采用高位布置的旋风分离器作为预除尘器，减轻了后面除尘器的负荷，因此，GSA 的除尘器设计要比 CFB 和 RCFB 简单；

④ 可在较低的趋近绝热饱和温度下运行（ΔT=3～6℃）；

⑤ GSA 适用于中小机组，而 CFB 和 RCFB 已应用到 300MW 机组；

⑥ GSA 的布置更紧凑，占地面积小。

215 对脱硫塔后设有电除尘器的系统，循环流化床烟气脱硫装置对电除尘器有什么影响？

循环流化床烟气脱硫系统，由于脱硫塔内脱硫剂和水的喷入以及高浓度的灰循环，引起烟尘性质的变化，给脱硫塔后的电除尘器设置带来了一定的影响。

① 研究结果表明，脱硫系统运行后，与系统投运前相比，飞灰比电阻下降，同时烟气湿度加大，电除尘器除尘效率升高。

② 循环流化床烟气脱硫的脱硫塔内粉尘浓度达600～1000mg/m^3，粉尘浓度的增加，一方面导致无法满足日益严格的环境保护标准，另一方面，会使电除尘器二次电流减小，导致除尘效率降低，严重时会导致电晕闭塞现象。因此要求在脱硫塔出口和二级除尘器入口间设一预除尘器，以降低粉尘浓度，使粉尘达标排放，同时对二级除尘器可以起到一定的保护作用。

③ 装置投入运行后，由于烟气湿度的增加，会使静电除尘器的运行电压、电流升高，略高于额定值。通过将电除尘器的自动电压调节运行方式转换为定压调节运行方式，可以使电除尘器稳定运行。

216 什么是增湿灰循环脱硫技术（NID）？

增湿灰循环脱硫技术（NID）又称为新型一体化脱硫技术，是ABB公司在喷雾干燥烟气脱硫系统基础上发展起来的烟气脱硫方法，借鉴了喷雾干燥脱硫的原理，而且克服了喷雾干燥使用制浆系统时产生的弊端。

NID工艺的常用脱硫剂主要是CaO，要求平均粒径不大于1mm。CaO在一个专门设计的消化器中加水消化成$Ca(OH)_2$，然后与布袋除尘器和电除尘器下的大量循环灰进入混合增湿器，在此加水增湿使混合灰的水分含量从2%增加到5%，然后含钙循环灰被导入烟道反应器。增湿后的循环灰具有良好的流动性，省去了喷雾干燥法的制浆系统，克服了传统的干法（半干法）可能出现的粘壁问题。大量循环灰进入反应器后，有极大的蒸发表面，水分很快蒸发，在较短的时间内烟气温度从140℃降到70℃左右，烟气的相对湿度增加到40%～50%，这种工况有利于SO_2气体溶解并离子化，另一方面使脱硫剂表面的液膜变薄，减少了SO_2分子在气膜中扩散的传质阻力，加速了SO_2的传质扩散速率。

同时因为有了大量的循环灰，未反应的$Ca(OH)_2$进一步参与循环脱硫，所以反应器中$Ca(OH)_2$的浓度较高，有效钙硫比很大，加水消化的新鲜$Ca(OH)_2$有较高的活性，可以弥补反应时间的不足，保证脱硫率。由于脱硫剂是不断循环的，脱硫剂的有效利用率可以达到95%，最终产物进入终产物仓，由气力装置往外输送。脱硫灰可广泛用于水泥混合料、缓凝剂、筑路、盐碱地改良等。

217 NID工艺有哪些技术特点？

NID工艺的技术特点主要有以下三点：

① 取消了制浆和喷浆系统，实现了 CaO 的消化和循环增湿一体化设计，不仅克服了单独消化时出现的漏风、堵塞管道等问题，而且能利用消化时产生的蒸汽，增加了烟气的相对湿度，对脱硫有利。

② 实行脱硫灰多次循环，循环倍率可到 50 倍，使脱硫剂的利用率提高到 95%，克服了其他干法、半干法的脱硫率不高的问题。

③ 脱硫效率高，用纯度 90%以上的 CaO 作为脱硫剂，当钙硫比为 1.1 时，脱硫率大于 80%，钙硫比为 1.2～1.3 时，脱硫率大于 90%。

218 循环流化床烟气脱硫灰渣如何处置？

CFB-FGD 脱硫灰渣是一种干态的粉末状混合物，主要由飞灰、石灰粉和增湿活化后反应产生的 $CaSO_3$、$CaSO_4$ 等钙基化合物，以及未完全反应的吸收剂 CaO 和 $Ca(OH)_2$ 等组成。它是一种干燥的非常细的粒状物，平均粒径为 20μm 或更细，粒径分布与普通飞灰大致相同。

CFB-FGD 脱硫灰渣的性质与 LIFAC 的和喷雾干燥脱硫的相近，三者处置方法大体上相同，可分为抛弃法和综合利用法两种。抛弃法主要用于峡谷、矿坑等的回填；综合利用法主要是作为建筑和筑路材料。

（四）干法烟气脱硫技术

219 干法烟气脱硫有哪些类型？其技术特点是什么？

干法烟气脱硫是指脱硫吸收和产物均在干燥状态下进行的脱硫技术。目前干法烟气脱硫技术发展了多种工艺：

① 吸收剂喷射技术，包括炉内喷钙、管道喷射、混合喷射等；

② 电法干式脱硫技术，包括高能电子活化氧化法（电子束照射法、脉冲电晕、等离子体法等）、荷电干粉喷射脱硫、超高压脉冲活化分解法等；

③ 干式催化脱硫技术，如干式催化氧化法、烟气直接催化还原法。

干法烟气脱硫技术具有以下优点：

① 无污水和废酸排出，设备腐蚀小，烟气在净化过程中无明显温降、净化后烟温高，有利于烟囱烟气扩散；

② 投资省、占地少，较宽的脱硫效率范围使其具有较强的适应性，能满足不同电站对烟气脱硫的需要；

③ 干法烟气脱硫技术易于国产化，运行可靠，便于应用和维护管理。

但是干法烟气脱硫技术的主要问题是脱硫效率低，脱硫反应速度较慢，设备庞大，很难达到高效脱硫的要求。

220 炉内喷钙烟气脱硫技术的工艺流程是怎样的？

炉内喷钙法的主要原理是将干的吸收剂直接喷入锅炉炉膛内的气流中去，这些吸收剂包括石灰石粉、消石灰和白云石等。吸收剂进入炉内高温环境之后受热分解，形成具有活性的氧化钙粒子，这些粒子的表面和烟气中的 SO_2 反应生成亚硫酸钙和硫酸钙。这些反应产物和飞灰一起被除尘设备（如电除尘器或布袋除尘器）捕获，SO_2 的脱除过程可以持续到除尘器的范围内，尤其是布袋除尘器。

221 炉内喷钙烟气脱硫技术的化学反应过程是怎样的？

在锅炉达到最优运行工况的条件下将石灰石或熟石灰喷入炉膛，由于高温，很短时间内就煅烧生成氧化钙：

$$CaCO_3 \longrightarrow CaO + CO_2$$

$$Ca(OH)_2 \longrightarrow CaO + H_2O$$

在约 700℃的有氧环境下，新生的氧化钙和 SO_2 生成硫酸钙：

$$CaO + SO_2 + \frac{1}{2}O_2 \longrightarrow CaSO_4$$

在较低温度下，也可能生成亚硫酸钙，如果煤中含有卤族元素，也会发生如下反应：

$$CaO + 2HCl \longrightarrow CaCl_2 + H_2O$$

$$CaO + 2HF \longrightarrow CaF_2 + H_2O$$

若烟气中有 SO_3，炉内喷钙能比石灰石-石膏法更有效地脱除 SO_3：

$$CaO + SO_3 \longrightarrow CaSO_4$$

如果喷入的是白云石或熟白云石，则其煅烧产物是 CaO · MgO，而氧化镁不会发生硫酸盐化反应。因此反应产物是 $CaSO_4$ · MgO。当温度低于碳酸钙的分解温度，SO_2 会直接和碳酸钙反应：

$$CaCO_3 + SO_2 + \frac{1}{2}O_2 \longrightarrow CaSO_4 + CO_2$$

222 干法脱硫所用生石灰的品质有什么要求？

脱硫用消石灰的技术要求为：未消化的 CaO≤10%，纯度为（80±20）%，平均粒径为（10±5）μm，比表面积≥（15±3）m^2/g。其中，比表面积非常重要，它的大小直接影响到装置的脱硫效率和 Ca/S 的大小。然而，一般的生石灰和通常的消化方法并不能达到要求。因此在循环流化床脱硫技术中，一般都配有一套石灰干消化系统，将生石灰消化成符合要求的消石灰，既可保证消石灰的品质达到要求，又可节约直接采购消石灰的费用，降低运行成本。

为了保证消化系统可以生产出合格的消石灰，电厂需对进厂生石灰的品质进行分析和控制，特别是进入消化系统的生石灰的活性要达到标准。根据消化系统的要求，进厂的生石灰必须达到下面的品质：活性 T_{60}≤4min；$CaCO_3$ 含量≤1%；粒径≤2mm。

从以上数据可以看出，对生石灰的纯度要求并不太高，而对活性要求较为严格，这是干法消化的特点。

223 什么是炉内喷钙炉后活化增湿脱硫技术（LIFAC）?

炉内喷钙脱硫工艺简单，脱硫费用低，但相应的脱硫效率也较低。为了提高脱硫率，由芬兰 IVO 公司开发的炉内喷钙炉后活化（Limestone Injection into the Furnace and Activation of Calcium Oxide，LIFAC）脱硫工艺，在炉后烟道上增设了一个独立的活化反应器，构成炉内喷钙尾部烟气增湿脱硫工艺。

该工艺分三步实现脱硫：

第一步，喷入炉膛上方的 $CaCO_3$ 在 900～1250℃的温度下受热分解生成 CaO。

$$CaCO_3 \longrightarrow CaO + CO_2 \uparrow$$

烟道中的 SO_2、O_2 和少量的 SO_3 与生成的 CaO 进一步反应：

$$CaO + SO_2 + \frac{1}{2}O_2 \longrightarrow CaSO_4$$

$$CaO + SO_3 \longrightarrow CaSO_4$$

这一步的脱硫率约为 25% ～ 35%，投资占整个脱硫系统总投资的 10%左右。

第二步，炉后增湿活化及干灰再循环，即向安装于锅炉与电除尘器之间的活化反应器内喷入雾化水，进行增湿，烟气中未反应的 CaO 与水反应生成活性较高的 $Ca(OH)_2$：

$$CaO + H_2O \longrightarrow Ca(OH)_2$$

生成的 $Ca(OH)_2$ 与烟气中剩余的 SO_2 反应生成 $CaSO_3$，部分 $CaSO_3$ 被烟气中 O_2 氧化成 $CaSO_4$：

$$Ca(OH)_2 + SO_2 \longrightarrow CaSO_3 + H_2O$$

$$CaSO_3 + \frac{1}{2}O_2 + 2H_2O \longrightarrow CaSO_4 \cdot 2H_2O$$

由于较高温度烟气的蒸发作用，反应产物为干粉态。为了保证足够的脱硫率和使反应产物呈干粉状态，对喷水量及水滴直径需严格控制，使增湿后烟气温度与绝热饱和温度的差值（ΔT）尽可能小，但又不要造成活化器内形成湿壁和脱硫产物变湿。同时还要保证烟气有足够的停留时间，以使化学反应完全及液滴干燥。大部分干粉[含未反应的 CaO 和 $Ca(OH)_2$]进入电除尘器被捕集，其余部分从活化器底部分离出来，与电除尘器捕集的一部分干粉料返回活化器中，以提高钙的利用率。这一步可使总脱硫率达 75%以上。仅加水和干灰再循环部分的投资占整个脱硫系统总投资的 85%。

第三步，加湿灰浆再循环，即将电除尘器捕集的部分物料加水制成灰浆，喷入活化器增湿活化，可使系统总脱硫率提高到 85%。仅石灰浆再循环的投资占整个脱硫系统总投资的 5%。

224 LIFAC 的工艺流程是怎样的?

LIFAC 工艺流程示意图如图 4-13 所示。喷入炉膛的 325 目的石灰石粉在高温下生成氧化钙粉，并脱除烟气中部分 SO_2，烟气经空气预热器降温后进入活化器，在活化器中，用两相流喷嘴喷入一定量的雾化水，在未反应完的 CaO 颗粒表面生成了活性较高的 $Ca(OH)_2$，并与 SO_2 反应脱除大部分 SO_2。由于高温烟气的蒸发作用，喷入的水滴和颗粒表面的水分被蒸发，脱硫产物呈干粉状，其中大颗粒从活化器底部排出，大部分脱硫产物与飞灰一起随烟气进入电除尘器被捕集。由于脱硫产物中含有未反应完的 CaO 和 $Ca(OH)_2$，为了提高脱硫剂利用率，将其一部分再循环输入活化器。为避免烟气在电除尘器和烟囱中结露腐蚀，在活化器与电除尘之间对烟气再加热。

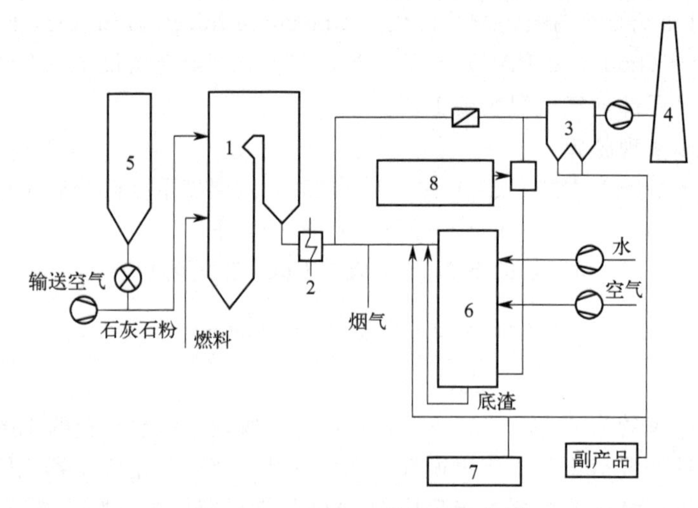

图 4-13 LIFAC 工艺流程示意图

1—锅炉；2—空气预热器；3—电除尘器；4—烟囱；5—石灰石粉计量仓；6—活化器；7—再循环灰；8—空气加热器

225 LIFAC 技术的特点有哪些？

LIFAC 主要有以下几个特点：

① 工艺简单，设备投资费用和运行费用低，LIFAC 系统的设备投资费仅为湿法脱硫系统投资的 32%，运行费为湿法脱硫的 78%。

② 占地面积小，适用于电厂的改造。

③ 无污泥或污水排放，最终固态废物可作为建筑和筑路材料。

226 影响 LIFAC 脱硫率的因素有哪些？

影响 LIFAC 脱硫率的因素主要有石灰石的颗粒度、钙硫比、石灰石的喷射位置、活化器内的喷水量、干灰再循环等几方面。

（1）石灰石的颗粒度

喷入炉膛内的石灰石的颗粒度对脱硫效率有很大的影响。因为石灰石的颗粒越小，单位质量的表面积越大，越有利于炉内脱硫反应，脱硫效果越好。当石灰石中 $CaCO_3$ 含量大于90%，80%以上的颗粒尺寸小于40μm，炉内脱硫反应所能达到的脱硫效率为26%～30%。

（2）钙硫比

增加钙硫比（Ca/S）会显著提高脱硫效率。脱硫效率随Ca/S的增加在开始时比较明显，而在Ca/S>3以后，其对脱硫效率的影响就变得很小。另外，增大Ca/S不但增加了石灰的消耗量，而且增加了烟气中飞灰的含量，从而导致锅炉尾部受热面结渣、积灰与磨损，因此最佳钙硫比应小于3。

（3）石灰石的喷射位置

煤粉炉炉膛内燃烧温度的分布是不均匀的，因此必须合理选择石灰的喷射位置，以满足炉内脱硫反应对温度的要求。实际上当石灰的喷射点选在炉膛温度过高（>1200℃）的部位，则会烧结石灰石颗粒而造成表面积的减少，降低CaO与SO_2反应的活性，而且在温度高于1200℃时已生成的$CaSO_4$会分解成SO_2，降低脱硫效果。当喷射点温度过低（<750℃）时，不利于石灰石的分解反应，脱硫效率因CaO的减少而降低。对煤粉炉来说，最佳的石灰石喷射位置是在炉膛燃烧器上方温度为950～1150℃处。

（4）活化器内的喷水量

活化器的烟气进口温度一般为130～150℃，向活化器喷水后将会降低烟气的温度。活化器内的脱硫反应要求烟气温度越接近露点温度越好，但不应引起活化器壁结露。因此喷水量应控制在使活化器出口处的烟温略高于露点温度。实际上，喷水量与煤的含硫量、Ca/S、烟气的进口温度及当时烟气的露点温度等参数有关。为了保证最佳的喷水量，活化器的运行需配备自动测量的微机控制系统，以便根据运行中有关参数的变化来控制喷水量，从而严格控制活化器内烟气的温度。此外，喷水雾化器应选用空气雾化喷嘴并保证良好的雾化细度，在活化器内布置喷嘴应保证水滴与烟气能良好均匀的混合。

（5）干灰再循环

将电除尘器所收集的飞灰，包括在活化器中未反应的CaO和$Ca(OH)_2$再循环送回活化器，称为干灰在活化器内的再循环。干灰再循环提高了钙的利用率。由于灰中Al_2O_3和SiO_2等对提高CaO和$Ca(OH)_2$吸收SO_2的活性起着重要作用，活化器内脱硫效率得到提高，与干灰不循环相比，干灰再循环约可提高脱硫效率10%。

227 LIFAC脱硫灰渣的性质如何？

干法脱硫的灰渣，由于脱硫吸收剂的加入，因此其物理、化学特性与传统意义上的粉煤灰相比发生了很大的变化。以南京下关电厂采用的LIFAC脱硫工艺所产生的脱硫副产品为例，它是一种干态的混合物，包含有飞灰、石灰石粉经煅烧和增湿后产生的各种钙基化合物（如$CaSO_4$、$CaSO_3$等），以及未完全反应的吸收剂[如CaO、$Ca(OH)_2$和$CaCO_3$等]。

(1) 物理特性

LIFAC脱硫副产品是一种干燥的、非常细的粒状物，它的中位径为10μm或更细。粒径分布一般与普通飞灰大致相同，主要取决于喷射石灰石粉的细度。与普通飞灰相比，由于石灰石粉的喷入，增加了脱硫副产品中水溶性组分的含量，并提高了灰分的熔融温度。它的真密度为2600～2700kg/m^3，堆积密度为800～1000kg/m^3，如果加入水，它可以被压实。在加入21%～26%水的条件下，压实密度，可达1350～1400kg/m^3。当脱硫副产品被压实时，它的水渗透率为10^{-8}～10^{-7}，并且物料的抗压强度在2～8d内达到2～4MPa，在11d内达到4～10MPa，在一年内达到4～25MPa。

(2) 化学特性

典型的LIFAC脱硫副产品中约有1/2的飞灰、未反应的钙和脱硫后的反应产物，其含湿量为0.02%～0.36%，有机质含量为2.95%～4.60%，pH值为11.0～12.6，LIFAC脱硫副产品可通过加水的方法进行稳定化，这时产生化学脱硫副产品，反应产物有自硬性。

(3) 浸出特性

由于脱硫副产品具有高钙性，因此，其浸出液呈强碱性，并随着时间的延长逐步降低。在浸出开始阶段主要是可溶性盐，如钙、钠、钾、氯和硫酸盐等。由于堆积物呈碱性，降低了浸出性，尤其是微量元素的浸出非常慢，而且浓度很低，因此，与通常飞灰相比，重金属溶出得更少。芬兰IVO公司曾在实验室内对这种脱硫副产品进行酸性水浸出特性试验，试验结果表明：除铝之外，其他重金属均能达到德国标准要求。而铝来自煤而不是脱硫工艺。

(4) 毒性

芬兰技术研究中心根据OECD推荐的方法（SFS5062)，对脱硫副产品的毒性进行了试验，试验结果表明：其毒性大致与飞灰相同，它们的LC_{50}分别为54%和57%（LC_{50}是导致被试验机体在24h内50%死亡的浓度)。

228 LIFAC系统对锅炉有哪些影响?

LIFAC系统在炉膛上部喷入石灰石气粉混合物，加之不工作喷嘴组的冷却风的喷入，使得烟气流量和烟气携带的灰量增加，灰的成分改变，烟气温度也有变化，这对锅炉的运行性能，如锅炉传热、受热面的积灰、腐蚀和磨损、锅炉送引风机电耗及除尘等方面产生影响。

(1) 对锅炉燃烧和传热的影响

由于炉膛上部石灰石气粉混合物的喷入及不工作喷嘴组的冷却风的喷入，相当于增加炉膛的漏风，炉膛上部温度水平有所降低，但对炉内燃烧影响不明显。而冷风使得炉膛出口以后的对流受热面传热温差降低，传热量下降，一般情况下烟气温度会下降5℃左右。由于热空气耗量的增加及空气预热器传热温差稍有下降，热空气温度下降8℃左右。前者影响中低压缸的功率，后者影响炉内燃烧和制粉系统的正常工作。对于炉内辐射传热，主要是通过石灰石煅烧后形成的氧化钙颗粒的辐射特性和光学特性来影响的，其影响的大小有待研究。

(2) 对锅炉效率的影响

石灰石喷入炉膛，$CaCO_3$ 在炉膛内热解反应吸收燃料放出的热量，而在第一阶段的固硫反应属于放热过程，在 Ca/S=2.5 左右时，这两部分热量几乎差不多，对烟气温度的影响几乎可以不作考虑。但是气粉混合物中助推风及不工作喷嘴组冷却风的喷入相当于增加炉膛的漏风，引起锅炉效率下降，但不是太大，约 0.5%。

(3) 对锅炉结渣和高温腐蚀的影响

LIFAC 脱硫工艺中，石灰石在炉膛上部烟气温度为 1150℃左右的区域处喷入，因此对锅炉的结渣特性影响不大，同样也不能降低炉膛的高温腐蚀。

229 LIFAC 系统对管道磨损有哪些影响?

管道磨损分为正面撞击磨损和切向冲刷磨损。对于炉内喷钙脱硫来说，由于 CaO 的硬度相对较小，不致引起撞击磨损，另一方面，喷钙后对烟气速率和温度影响不显著，因此炉内喷钙脱硫对磨损的影响主要是由于飞灰浓度增加引起的冲刷磨损。灰浓度与磨损量成正比关系，即灰浓度增加，磨损量也同比增加。所以在炉内喷钙的情况下，同样灰分的高硫煤对管子的磨损量显然大于低硫煤。

另外经研究，炉内喷钙使飞灰的性质发生了本质的变化。飞灰中存在大量 CaO，部分 CaO 可能与灰中的铝酸盐发生凝硬反应，形成含有水泥成分的改性飞灰，产物为 $Ca_6Al_2(SO_4)_3(OH)_{12} \cdot 25H_2O$，这种产物的形成对磨损的影响非常严重，将使受热面管子的磨损加重。但根据现有 LIFAC 系统锅炉磨损的实际情况看，并没有上述分析的那样大，磨损情况尚可。

230 LIFAC 系统对积灰有哪些影响?

在不喷钙的情况下，飞灰颗粒以 10～30μm 居多。而受热面上灰分的沉积是由小于 10μm 的微小灰粒的物理化学特性所引起的。原因如下。

① 烟气流动时，小于 10μm 的灰粒比大颗粒容易卷到管子背面的旋涡中，碰上管壁就沉积下来。

② 微小灰粒具有较大的表面能，当灰粒与管壁接触时，微小灰粒与金属表面间有很大的分子引力，容易形成积灰，且灰粒尺寸越小，其引力越大，积灰越严重。

③ 流动烟气中的灰粒会发生静电感应，灰粒带电荷，对于小于 20～30μm，特别是小于 10μm 的灰粒，与管壁的静电引力足以克服它本身的重力而吸附在金属壁面上，形成积灰。

④ 金属壁面具有粗糙度，3～5μm 的灰粒可靠机械作用停留在粗糙的金属壁面上，形成积灰。

炉内喷钙脱硫过程中，40μm 左右颗粒尺寸的石灰石粉在高温处受热应力作用发生爆裂，使得烟气中的微小灰粒和亚微米粒子增多，根据上述理论，受热面积灰问题加重。但是这种积灰属于干松灰的沉积，只要合理布置吹灰器，适当增加吹灰次数，积灰问题可以解决。运行过程中要注意吹灰用蒸汽的疏水，以及避免任何使受热面表面不干燥带水运行的情况，否则，这些水渗到积灰层会产生水泥状硬结物质，把管间堵死，清除这些物质会很困难。

231 LIFAC 系统对送、引风机和空气预热器有哪些影响?

由于石灰石是在炉膛的出口区域处喷入，烟气中的 SO_3 含量显著降低，烟气酸露点也随之大幅度降低。所以采用炉内喷钙脱硫后，空气预热器的低温腐蚀可以减少。

对于 125MW 机组，喷钙助推风和尾部增湿水使得烟气流量增加，最高约 $80000m^3/h$，烟气阻力增加约 1200Pa，选用的引风机容量比没有 LIFAC 系统机组的引风机大，设备成本提高，机组厂用电量上升。LIFAC 系统烟气的再热采用热空气加热，热风来自锅炉空气预热器的出口，热空气耗量最大为 $36500m^3/h$，送风机容量和电耗也同样增加。

232 LIFAC 系统对电除尘器有哪些影响?

飞灰的比电阻是决定电除尘器效率的重要因素，对于温度在 200℃以下工作的电除尘器，比电阻不应超过 $10^{10}\Omega \cdot cm$，否则除尘效果受到很大的影响。影响比电阻的因素主要是灰的成分、烟气湿度和温度以及烟气中 SO_3 的浓度等。

喷钙使灰中 CaO 和 MgO 含量增加，灰的比电阻会增大。而烟气中 SO_3 的下降也使灰的比电阻增大。两个因素共同作用，使灰的比电阻明显上升。但是，通过烟气增湿可以使飞灰比电阻下降更多，增湿使烟气温度降低，也有利于比电阻的降低。在喷钙增湿脱硫过程中合理控制增湿量，对灰比电阻的综合影响是使灰比电阻值稍有下降。在电除尘器入口灰浓度有较大幅度增加的情况下，电除尘器设计时可以增加集尘面积而不增加电场，总的除尘效率并不会下降，除尘效果很好。

233 干法脱硫灰渣的综合利用途径一般有哪些?

对于干法脱硫这种工艺产生的脱硫灰，国内外的研究表明，可直接或间接（经过一定的处理）在以下几方面得到综合利用。

（1）用于水泥中的混合材

据研究，LIFAC 脱硫副产品中的黏土质，可用来替代水泥中部分黏土和其他硅酸盐质原料，生产水泥熟料。在水泥中掺入脱硫副产品后，混合水泥的凝结时间较长，水化热较低，在混合水泥的粉磨过程中，能提高磨机产量及粉磨效率，还降低了生产水泥所需的熟料量。但由于脱硫灰中的 SO_3 含量比较高，而水泥产品对 SO_3 的含量有所限制，因此，这种脱硫灰的掺量有一定的限制。

（2）作为混凝土掺合料

LIFAC 脱硫副产品的含钙量很高，可用它来替代一部分水泥，作为混凝土的掺合料。至于替代水泥的量，应根据具体的应用场合，通过测定它们的抗压、抗折强度以及凝结时间来确定。可用于修筑道路、筑坝、修建护堤等。干法脱硫灰作为混凝土掺合料，其性能要优于普通粉煤灰，但由于 SO_3 已超出普通级灰的指标，因此要在这方面推广应用，需对脱硫灰进行一定的处理或制定相应的技术标准。

（3）路基材料

国内实验结果表明，干法脱硫灰可替代普通粉煤灰，用作二灰碎石路基材料。但这种灰由于其 SO_3 含量比较高，可能会对周围环境以及地下水带来一定的影响，需进一步研究。当脱硫副产品用作道路的基底材料时，建议加入少量的激活剂。先铺撒成 20～30cm 厚的层，然后用推土机压实。在铺撒和压实前，必须加湿到最佳湿度（25%）。

（4）土壤稳定

由于 LIFAC 脱硫副产品中含有大量的石灰，可用来稳定塑性黏土质，并且不会像普通飞灰那样会延缓稳定土强度的发展。由于土壤成分波动范围很大，脱硫副产品与土的最佳配合比应根据试验确定。同时要考虑 SO_3 含量较高对环境的影响问题。

（5）作为砌块的掺合料

用干法脱硫灰生产煤渣砌块在掺量比较小的情况下，其力学性能及干缩性能均能达到产品指标要求。由 LIFAC 脱硫副产品与石英砂、石灰（干基）混合料制成的混凝土砌块，其体积密度为 $1442kg/m^3$，抗压强度为 $63kg/cm^2$，而普通混凝土砌块的体积密度及抗压强度分别为 $2403kg/m^3$ 和 $70kg/cm^2$。这种砌块不会发生收缩，养护时间短，是一条很有潜力的利用途径。

（6）用于制作硅钙砖

用干法脱硫灰生产的硅钙砖质量稳定、强度高、耐久性强、容量轻、导热系数低，是一种理想的新型墙体材料。

（7）用于制作矿棉

用干法脱硫灰生产的矿棉，同用岩石或矿渣生产的矿棉具有一样好的性能。

（8）人造砾石

最新的综合利用研究结果表明：脱硫副产品作为人造砾石原料非常好，许多欧洲国家已作此用途。人造砾石的密度为 $1500～1600kg/m^3$，1d 后的强度为 $5～15kN/m^2$。人造砾石可作为混凝土中砾石的替代石，一些可能影响环境的成分在人造砾石加工过程中得到了更进一步的固化。

234 管道喷射烟气脱硫有哪些方式？增湿水的作用是什么？

管道喷射工艺是在锅炉尾部空气预热器和 ESP 或布袋除尘器之间喷入钙基或钠基脱硫吸收剂，管道喷射方式有：①喷干消石灰，需增湿；②喷干钠基吸收剂，不需增湿；③喷石灰浆或管内洗涤，不需单独的增湿步骤。

增湿水的作用有两个：①增强吸收剂活性，提高脱硫率；②调节粉尘的特性，以保持 ESP 的性能。管道喷射期望的脱硫率是 50%～70%。

235 管道喷射烟气脱硫技术有哪些优点与不足？

管道喷射的优点：①低投资；②低能耗（用电量小于发电量的 0.5%）；③安装非常

简单；④容易改造（占地少，建设期短）；⑤没有废水排放。

管道喷射的缺点：①由于飞灰中含有没有反应的石灰，导致飞灰在加湿后发生硬化，使灰处理增加了难度；②管壁沾污的可能性增加；③脱硫率不太高。

236 管道喷射烟气脱硫技术的主要影响因素有哪些?

管道喷射烟气脱硫技术的主要影响因素如下。

（1）钙硫比（Ca/S）

钙硫比是影响脱硫效率的主要因素。系统的脱硫效率随钙硫比的增加而增加，从理论上讲，当钙硫比小于1时，提供的脱硫剂不能满足吸收烟气中SO_2的需要，这时脱硫效率完全由脱硫剂的量决定；而当加入的脱硫剂过量时，即钙硫比大于1时，脱硫效率增加量逐渐减小，脱硫剂的利用率也下降；而当钙硫比大于2.0时，增加幅度迅速下降。

（2）趋近饱和温度

在管道喷射脱硫中，趋近饱和温度也是影响脱硫效率的重要因素。趋近饱和温度是指系统烟气反应温度与绝热饱和温度的差值。因而，趋近饱和温度大小直接决定了反应区温度的高低，烟气温度不仅决定着反应速率，而且对吸收塔内液滴的蒸发速率及烟气在塔内的有效滞留时间都会发生影响。脱硫效率随着趋近饱和温度的增加而减小。从提高脱硫效率的角度出发，趋近饱和温度应该越小越好，此时液滴蒸发慢，气－液－固三相共存时间延长，SO_2与脱硫剂反应时间增加，脱硫效率提高。因此，降低趋近饱和温度可以提高脱硫效率而不影响运行费用，但是，趋近饱和温度过低时，将会引起管壁积垢，这一点在实际运行时应引起重视。

（3）SO_2入口浓度

随着SO_2入口浓度的减小，脱硫效率呈增加的趋势。SO_2浓度增加，使得SO_2与脱硫剂反应时的液膜传质阻力增大，引起总传质阻力的增加。因此尽管SO_2浓度增加，提高了烟气中SO_2气体分压力，SO_2传质推动力也随之增加，但吸收速率增加的幅度必然要小于浓度值的增长比例。因此，脱硫效率变化与SO_2浓度变化趋势是相反的。

（4）喷嘴雾化风量

当雾化风为$18m^3/h$时，其脱硫效率要高于雾化风为$12m^3/h$时的脱硫效率。这主要是由于雾化风为$18m^3/h$时，喷嘴雾化浆滴更细小、更均匀，增加了雾化浆滴与SO_2的反应接触面积，从而有利于脱硫反应的进行。

（5）生石灰加压消化

在常压下进行生石灰水合凝硬反应需要较长的时间。加压制备能缩短制备时间，如常压消化的时间为12h，而用加压消化可将时间缩短在4h以内。加压消化比常压消化条件下的脱硫效率明显要高，这是因为加压消化所得到的脱硫剂内部的孔隙结构发生变化，脱硫剂的比表面积增加，有利于SO_2气体扩散，因而产生较好的脱硫效果。

237 管道喷射烟气的脱硫产物性质如何?

从脱硫产物的微观形态可以看出，脱硫产物的表面不规则，具有较高的粗糙度和不规则性以及较大的比表面积，这可以解释为什么布袋除尘器能继续提高脱硫效率和脱硫剂利用率。到达布袋除尘器时，浆滴表面的水分基本蒸发结束，颗粒内部仍然有水分存在，由于此时烟气中的 SO_2 浓度已经很低，此时传质推动力很小，反应基本停止。当脱硫剂和产物的颗粒聚集在布袋上形成致密的灰层，一方面增加了气固的接触时间，而且实际的 Ca/S 也比烟气中的要大；另一方面，气体穿过灰层的阻力较大，迫使 SO_2 向颗粒内部扩散，脱硫剂的粗糙表面使得 SO_2 能较容易到达颗粒的内部，与未反应的脱硫剂继续反应。因此布袋除尘器能使脱硫效率得以提高很多。

238 什么是荷电干式吸收剂喷射脱硫技术（CDSI）?

荷电干式吸收剂喷射脱硫（charged dry sorbent injection，CDSI）是美国阿兰柯环境资源公司于 20 世纪 90 年代开发的干法脱硫技术，是美国专利技术。

喷射干式吸收剂脱硫是一种传统技术，但由于存在两个技术难题没有得到很好的解决，因此脱硫效率低，很难在工业上得到应用。一个技术难题是反应温度与烟气滞留时间；另一个是吸收剂与 SO_2 接触不充分。而 CDSI 系统利用先进技术使这两个技术难题得到解决，从而使在常温下的脱硫成为可能。

CDSI 系统包括吸收剂（通常为熟石灰）给料装置（料仓、料斗、反馈式鼓风机和干粉给料机等）、高压电源和喷枪主体等。当吸收剂粉末以高速流过喷枪主体产生的高压静电电晕区时，吸收剂粒子都带上电荷（通常是负电荷）。当荷电吸收剂粉末通过喷枪的喷管被喷射到烟气流中后，由于吸收剂粒子都带有同样电荷，相互排斥，很快在烟气中扩散，形成均匀的悬浮状态，使每个吸收剂粒子的表面都暴露在烟气中，增大了同 SO_2 反应的机会，而且还大大提高了吸收剂的活性，降低了完全反应所需的时间，即烟气的停留时间。一般在 2s 左右即可完成反应，从而有效地提高了 SO_2 的去除效率。

239 CDSI 系统的优缺点和适用范围是什么?

CDSI 法的优点是投资少，占地面积小，工艺简单、可靠，而且是纯干法脱硫，不会造成二次污染；其缺点是对干吸收剂粉末中 $Ca(OH)_2$ 的含量、粒度及含水率等要求较高，因而限制了其推广。CDSI 系统适用于中小型锅炉的脱硫，与各种除尘设备联合使用以达到脱硫除尘的目的。

240 磷铵肥法烟气脱硫技术的工艺原理是什么?

磷铵肥法（phosphate ammoniate fertilizer process，PAFP）是我国自行开发的一项新型脱硫技术，是利用天然磷矿石和氨为原料，在烟气脱硫过程中直接生产磷铵复合肥料的回收法脱硫技术。该工艺的主要过程由吸附、萃取、中和、氧化、浓缩干燥等单元操作组成，其各步骤原理如下。

（1）吸附

在有氧气和水蒸气存在的条件下，SO_2 被活性炭吸附催化氧化成 SO_3，活性炭吸附容量接近饱和时，对活性炭进行水洗涤再生可得浓度为30%的稀硫酸。活性炭制酸的化学反应为：

$$SO_2+\frac{1}{2}O_2+H_2O\xrightarrow{\text{活性炭}}H_2SO_4$$

（2）萃取磷矿石制磷酸

将吸附脱硫得到的稀硫酸与磷矿粉发生反应，在特定的反应条件下，萃取过滤获得磷酸。萃取过程按下列反应进行：

$$Ca_{10}(PO_4)_6F_2+10H_2SO_4+20H_2O\longrightarrow 6H_3PO_4+2HF\uparrow+10CaSO_4\cdot 2H_2O\downarrow$$

（3）中和

将萃取得到的磷酸溶液加入一定量的氨中和至pH为5.7～5.9，使得到的磷酸氢二铵的量正好满足脱硫要求。含磷酸氢二铵的溶液具有吸收 SO_2 的能力。中和反应为：

$$H_3PO_4+NH_3\longrightarrow NH_4H_2PO_4$$

$$NH_4H_2PO_4+NH_3\longrightarrow (NH_4)_2HPO_4$$

（4）吸收

利用磷酸中和液，即含磷酸氢二铵的溶液进行二级吸收脱硫，其吸收反应为：

$$2(NH_4)_2HPO_4+SO_2+H_2O\longrightarrow 2NH_4H_2PO_4+(NH_4)_2SO_3$$

（5）氧化

脱硫后的溶液含有磷酸二氢铵和亚硫酸铵，必须进行氧化处理，使其中的亚硫酸铵氧化为硫酸铵，才能得到含磷铵复合肥料的溶液。氧化反应为：

$$(NH_4)_2SO_3+\frac{1}{2}O_2\longrightarrow (NH_4)_2SO_4$$

（6）浓缩干燥

氧化后的脱硫液，通过蒸发浓缩、干燥即可制得固体肥料。肥料的主要成分是磷酸二氢铵（$NH_4H_2PO_4$）和硫酸铵[$(NH_4)_2SO_4$]，即磷铵复肥。

241 什么是电化学脱硫？

人们对烟道气体进行脱硫的研究历时已久，1979年已经应用于冶金厂气体脱硫生产中。电化学法烟气脱硫因具有脱硫率高，操作简便，无二次污染的优势，在众多烟气脱硫系统中占有重要位置。其次由于电化学烟气脱硫能得到高浓度硫酸等副产物，抵消生产成本，提高经济效益，因而越来越受到人们的关注。

有关文献指出，电化学净化气态污染物技术按处理流程有不同概念。一般认为电化学处理过程要经过一个吸收过程。吸收以后在电解质溶液中污染物的处理分为直接在电极上进行和通过氧化还原介质间接处理两种，而氧化还原介质又可以分为单一介质和多组分介质两种，其处理流程也可分为内池型和外池型两类。对于通过内池型直接处理的电化学转化还设计了一种电化学吸收柱，这种装置有很高的效率且已成功用于 SO_2 和氯的电化学吸收。

气态污染物中最为常见的是含硫化合物的电化学处理技术。许多人都作出了有益的研究，其中大多数符合上面的分类和流程。但也有一些是近年来取得的新突破，例如用气体扩散电极来处理 SO_2 就不需要用溶液吸收。

242 什么是 Mark 13A 法？

这种方法是由欧盟的 Ispra 联合研究中心首先提出来的。该法使用 Br_2 来作为 SO_2 间接电化学氧化的介质。介质的电化学再生是通过外池型过程在独立的电解池中完成，其反应器称为 JBR 吸收反应器。Mark 13A 工艺流程如图 4-14 所示。

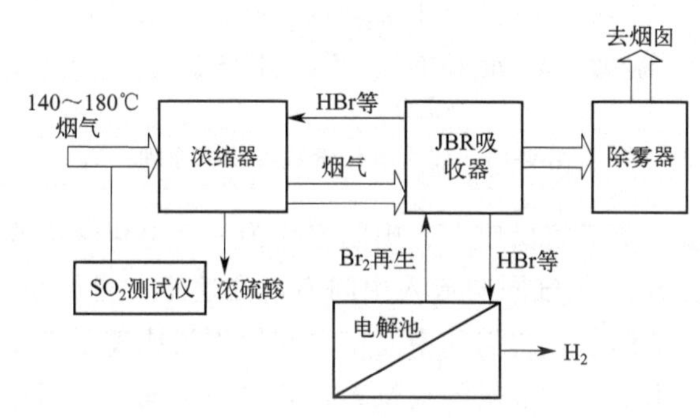

图 4-14　Mark 13A 工艺流程

首先溴溶液在 JBR 吸收反应器中吸收烟气中的 SO_2 得到 HBr 和硫酸混合液，该混合液一部分经过浓缩器与 140～180℃的烟气相混合吸收，热量使混合液中的 HBr 和水得到充分挥发，随着烟气返回 JBR 吸收反应器，被吸收液固定下来，浓缩器中即可得到高浓度的硫酸；同时电解液流经电解池，在一定的电解电压电流密度下电解得到 Br_2 和 H_2。一定浓度的溴溶液重新返回 JBR 吸收反应器，使吸收器中的溴溶液保持一定的浓度范围，有效地吸收烟气中的 SO_2，如此往复循环，而烟气经过脱硫后再经除雾器除去其中的酸性雾滴，使之得到进一步净化再排入大气。其反应方程为：

氧化吸收反应式：

$$Br_2 + SO_2 + 2H_2O \longrightarrow 2HBr + H_2SO_4$$

电化学反应式：

$$2HBr \longrightarrow H_2 + Br_2$$

该方法不仅能够得到较纯净的浓硫酸而且能够得到非常高的脱硫率。其脱硫率主要受电解液、吸收液特征的影响，电解液温度在 60℃时可以得到最好的电流密度，溶液的酸度越大，溴化氢的电解效率越高，对反应越有利。使用该法不产生废水和废渣，可以避免其他的干法、湿法等脱硫技术所带来的二次污染问题。

243 什么是 $Cu/Cu_2O/Cu^{2+}$ 催化电化学脱硫技术？

由于 SO_2 能在有水和铜存在的条件下和 O_2 发生氧化反应而产生铜腐蚀和生产硫酸，

于是 G. Krevsa 等利用这一原理设计了一种新的电化学-催化过程。在这一过程中，一部分 SO_2 在催化过程中被消耗，同时铜腐蚀产生硫酸铜；还有一部分在电极过程被氧化，同时电解质溶液中的铜在阴极反应区沉积下来。这样催化过程中消耗的铜在阴极反应中得到再生。这种方法比采用阴极产生氢气的电化学方法要节省电解池的能耗。图 4-15 为催化电化学脱硫技术原理。

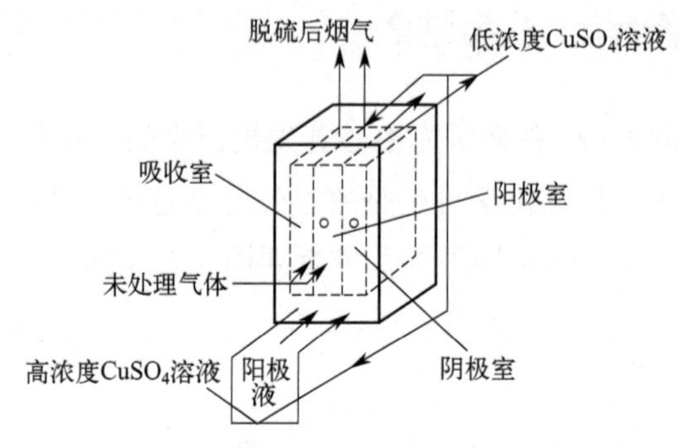

图 4-15 催化电化学脱硫技术原理

这种方法采用的是一个三室反应器，中间室作为一个电化学吸收柱，里面充满了石墨分子，阳极电解液和含 SO_2 烟气同向流入中间室，在这里，自始至终 SO_2 的氧化反应都在发生，中心室的两旁是偏室，它们和中间室之间用隔膜或离子交换膜分隔开来，里面充满了铜分子。这些铜是用来作为电子的提供者，其中一个偏室是用作阴极，铜离子从含硫酸铜的电解质溶液中析出，另一个是用作催化氧化的吸收柱，这里铜分子在催化氧化时被消耗，这意味着金属铜从催化氧化吸收室中转移到了阴极室中，在操作一段时间后，两个偏室的作用交换。其中的反应如下所述。

总的电化学反应：

$$CuSO_4 + SO_2 + 2H_2O \longrightarrow Cu + 2H_2SO_4$$

阳极：

$$SO_2 + 2H_2O \longrightarrow H_2SO_4 + 2H^+ + 2e$$

阴极：

$$CuSO_4 + 2e \longrightarrow Cu + SO_4^{2-}$$

对于催化氧化，热力学理论认为铜分子首先被氧化为氧化亚铜：

$$4Cu + O_2 \longrightarrow 2Cu_2O$$

下一步的反应有两种可能：

$$Cu_2O + SO_2 + H_2O \longrightarrow 2Cu + H_2SO_4$$

$$Cu_2O + H_2SO_4 \longrightarrow Cu + CuSO_4 + H_2O$$

假设所有的氧化亚铜被以上两个反应同时消耗，合起来的反应为：

$$2SO_2 + (n+1)O_2 + 2nCu \longrightarrow 2nCuSO_4 + 2(1-n)H_2SO_4 + 2(n-1)H_2O$$

这种方法的特别之处在于它由一个电化学 SO_2 氧化和一个催化氧化 SO_2 的反应平行组成，较之其他的方法，这种方法用一个铜的沉积作阴极反应，因而能导致电解池工作电压下降，且仅一部分 SO_2 必须电化学氧化。试验还表明，在石墨电极中，在低浓度水平下，SO_2 的电化学氧化有较高的电流效率，同时铜的沉积效率在有 SO_2 存在的条件下不会下降，整个过程中 SO_2 的能量消耗可以通过控制浓度和温度来改变。

目前这种方法的可行性研究已经完成，但是关于在规模条件下的应用情况以及如何优化整个处理流程则需要更多的研究。

244 什么是干式催化氧化法脱硫技术？

干式催化氧化法是在催化剂作用下将 SO_2 氧化为 SO_3，然后生成副产品硫酸，其常用的催化剂为 V_2O_5。干式催化氧化法处理硫酸厂高浓度 SO_2 尾气技术成熟，现已加装于硫酸生产中，即将硫酸尾气加热后再进行第二次转化，使尾气中 SO_2 转为 SO_3，再经过第二次吸收后排放，构成两转两吸新流程，成为硫酸生产工艺的一部分。干式催化氧化法处理电厂锅炉烟气及炼油厂尾气还不十分成熟，国外虽有工业装置，但在技术或经济上还存在一些问题，尚待改进。

孟山都催化氧化工艺是 20 世纪 60 年代初期，由美国孟山都等公司联合研制开发的，工艺流程如图 4-16 所示。

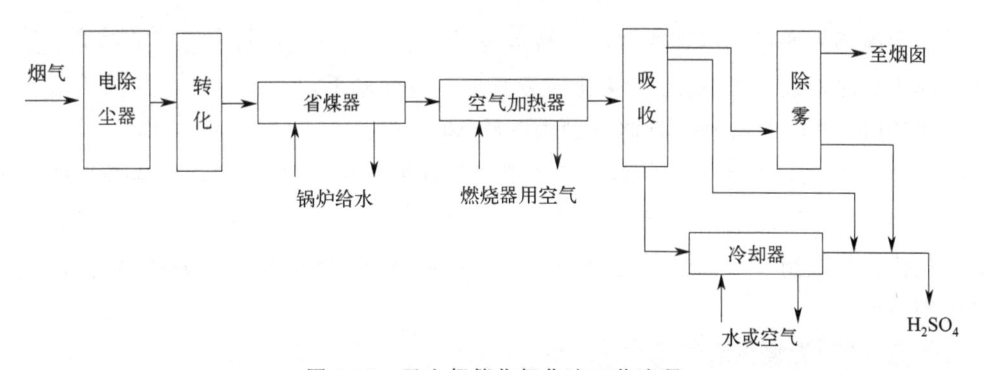

图 4-16 孟山都催化氧化法工艺流程

烟气经高温电除尘器净化后，控制烟气温度在 400℃时进入转化器（器内设置若干段钒催化剂床层），使烟气中 80%～90%的 SO_2 氧化为 SO_3。若烟气中含有微量的烟尘时，则大部分沉积在催化剂上，使转化器的阻力逐渐上升。因而转化器设计时，应考虑便于将各层催化剂移出器外进行清理。每进行一次振打、过筛等清理，催化剂将损耗 2.5%左右。经过催化氧化后的烟气，主要含有 SO_3 和水分，由于烟气中 SO_2 浓度低，因而生成的 SO_3 浓度也较低，反应后烟气温度变化也不大，无须在反应过程中移出反应热。从转化器出来的烟气经省煤器、空气预热器冷却后，进入吸收塔冷凝成酸，可制得浓度为 80%的 H_2SO_4。冷凝过程中形成的酸雾，可由除雾器除去。

氮氧化物排放控制技术

（一）概述

245 现有氮氧化物的控制技术主要有哪几类？

对于燃煤锅炉而言，最主要的污染物是粉尘、SO_2、NO_x，其中前两者已有一些比较成熟的解决方法，而对于 NO_x 污染则主要从三个方面着手：

① 采用低 NO_x 燃烧技术，降低炉内 NO_x 生成量；

② 炉膛喷射脱硝技术，在一定的温度条件下还原已生成的 NO_x，以降低其排放量；

③ 在烟道尾部加装脱硝装置，把烟气中的 NO_x 转变成为无害的 N_2 或有用的肥料。因此氮氧化物的控制技术也就据此分为三大类：低 NO_x 燃烧技术、炉膛喷射脱硝技术、烟气脱硝技术。

（1）低 NO_x 燃烧技术

低 NO_x 燃烧技术是指通过燃烧来降低 NO_x 生成量的技术，其主要途径如下。

① 选用氮含量较低的燃料，包括燃料脱氮。

② 降低过剩空气系数，组织过浓燃烧来降低燃料周围氧浓度，即降低过量空气燃烧。

③ 在适宜的过剩空气条件下，降低温度峰值，以减少热力型 NO_x 的生成。

④ 在氧浓度较低的情况下，增加可燃物在火焰前部和反应区中的停留时间。

（2）炉膛喷射脱硝技术

炉膛喷射脱硝类似于炉内喷钙脱硫过程，实际上是在炉膛上部喷射某种物质，能够在一定温度条件下还原已生成的 NO_x，以降低 NO_x 的排放量。炉膛喷射包括炉膛喷水或注入水蒸气、喷射二次燃料、喷氨等方法。实现工业化应用的炉膛喷射脱硝工艺主要有两类：选择性催化还原（SCR）脱硝和非选择性催化还原（SNCR）脱硝。

（3）烟气脱硝技术

采用低 NO_x 燃烧技术，是降低燃煤锅炉 NO_x 排放值最主要也是比较经济的技术措施。但是一般情况下，低 NO_x 燃烧技术只能降低 NO_x 排放值的 50%，而国内外对 NO_x 排放的限制越来越严格，因此要进一步降低 NO_x 的排放，必须采用烟气脱硝技术。

烟气脱硝技术主要采用湿式工艺，湿法脱硝最大的障碍是 NO 很难溶于水，往往要求将 NO 氧化成 NO_2，为此一般先把 NO 通过氧化剂 O_3、ClO_2、$KMnO_4$ 氧化成 NO_2，然后用水或碱性溶液吸收而脱硝。按照吸收剂的种类可分为碱吸收法、氧化吸收法、酸吸收法、吸收还原法、液相配位法等。

246 目前烟气脱硝技术大致有哪些类别?

目前烟气脱硝技术有气相反应法、液体吸收法、吸附法等几类。

(1) 气相反应法

气相反应法又包括3类：

① 电子束照射法和脉冲电晕等离子体法，即利用高能电子产生自由基将 NO 氧化为 NO_2，再与 H_2O 和 NH_3 作用生成 NH_4NO_3 化肥并加以回收，可同时脱硫脱硝；

② 选择性催化还原法、选择性非催化性还原法和炽热碳还原法，即在催化或非催化条件下，用 NH_3、C 等还原剂将 NO_x 还原为无害 N_2 的方法；

③ 低温常压等离子体分解法，即利用超高压窄脉冲电晕放电产生的高能活性粒子撞击 NO_x 分子，使其化学键断裂分解为 O_2 和 N_2 的方法。

(2) 液体吸收法

液体吸收 NO_x 的方法较多，应用也较广。NO_x 可以用水、碱溶液、稀硝酸、浓硫酸吸收。由于 NO 极难溶于水或碱溶液，因而湿法脱硝效率一般不很高。于是采用氧化、还原或络合吸收的办法以提高 NO 的净化效果。与干法相比，湿法具有工艺及设备简单、投资少等优点，有些方法还能回收 NO_x，具有一定的经济效益。缺点是净化效果差。

(3) 吸附法

吸附法脱除 NO_x，常用的吸附剂有分子筛、活性炭、天然沸石、硅胶及泥煤等。其中有些吸附剂如硅胶、分子筛、活性炭等，兼有催化的性能，能将废气中的 NO 催化氧化为 NO_2，然后可用水或碱吸收而得以回收。吸附法脱硝效率高，且能回收 NO_x，但因吸附容量小、吸附剂用量多、设备庞大、再生频繁等原因，应用不广泛。

总的看来，目前工业上应用的方法主要是气相反应法和液相吸收法两类。这两类方法中又分别以催化还原法和碱吸收法为主，前者可以将废气中的 NO_x 排放浓度降至较低水平，但消耗大量 NH_3，有的还消耗燃料气，经济亏损大；后者可回收 NO 生成硝酸盐和亚硝酸盐，有一定经济效益，但净化效率不高，不能把 NO_x 降至较低水平。

247 选择脱硝工艺时应遵循什么原则?

对于某一具体的燃煤电厂，脱硝工艺的选择应该因地制宜、因煤制宜、因炉制宜，进行技术经济比较，一般应遵循以下一些原则。

① 工艺技术成熟、经济合理、有商业化运行业绩，可用率满足环保考核要求。不论新建还是现役电厂，宜优先采用低 NO_x 燃烧技术以最大限度减少 NO_x 生成。新排放标准对每一台机组任何时刻的污染物排放浓度都有控制要求，脱硝工艺需要具备较高的脱硝效率才能达到标准中的排放浓度限值要求，加上技术成熟、运行稳定、适应性好等要求，

基本上只有SCR技术或SNCR-SCR联合脱硝技术才能满足要求。

② 充分考虑与脱硝相关的各种因素，确保机组安全运行。比如，对于部分燃烧无烟煤，NO_x 排放浓度通常为1200～1500mg/m^3 的锅炉，脱硝改造设计效率须在92%以上，需大量增加催化剂和还原剂，导致氨逃逸控制难度加大，可能引起锅炉空预器堵塞等运行安全性问题。又如，机组低负荷运行时SCR装置入口烟气温度可能低于催化剂的反应窗口温度，需要加装省煤器旁路以提高脱硝装置入口烟气温度，但高温条件下旁路运行可能引起烟温烧结催化剂，需要根据实际运行情况确定是否加装旁路。

③ 充分注意催化剂的适应性。催化剂应具有脱硝效率高、选择性好、抗毒性强、运行可靠、氨逃逸和 SO_2/SO_3 转化率低、燃料适用性强、寿命长、再生性能好等特点，应根据机组烟气特性、飞灰特性和灰分含量等实际情况进行选择。

④ 注意因地制宜进行液氨与尿素的方案优化选择。对于未考虑任何设计预留的现役机组，应根据厂区场地条件和地理位置因地制宜选择液氨还是尿素作为还原剂的SCR脱硝方案。地处市郊、具备安全距离和空地、有可靠液氨供应渠道的电厂可优先选择液氨方案；地处城市中心的电厂可选择尿素方案。

⑤ 系统考虑脱硝与脱硫、除尘、脱汞等之间的相互影响，实现多种污染物控制下的优化选择。新标准对火电厂烟尘、SO_2、氮氧化物和重金属同时提出了更高的控制要求，传统单项治理设施逐步实施的方式已出现弊端，急需将污染物间的联系纳入火电厂整体污染控制体系中。

⑥ 综合考虑节能、节水、节约吸收剂等，减少运行成本。

248 目前我国火电厂脱硝行业发展情况如何?

我国在20世纪80年代中后期相继引进了一批国外先进的大容量火电机组，同时从美国、日本等公司引进了具有低 NO_x 燃烧系统的大型燃煤电站锅炉的设计与制造技术。目前我国已投运的300MW和600MW机组锅炉基本上均采用了各种不同形式的低 NO_x 燃烧器，采用了低 NO_x 燃烧器的火电机组比例达到80%以上。其中基于ABB-CE公司开发的直流低 NO_x 燃烧器和燃烧系统应用最广泛，包括炉膛内整体空气分级燃烧器（OFA）、同轴燃烧系统（CFCI）、低 NO_x 同轴燃烧系统（LNCFS）等低 NO_x 燃烧技术。“十一五”末我国安装了烟气脱硝设施的火电占比约为15%，脱硝装机容量约 $9\times10^7\sim1\times10^8$kW，其中同步建设脱硝设施的约为 8.5×10^7kW，技术改造加装脱硝设施的约为 1.5×10^7kW。3×10^5kW以上大容量机组绝大多数安装了烟气脱硝设施，且92%以上采用SCR技术。截止到2024年初，全国火电装机总量达 1.39×10^9kW。电力行业氮氧化物减排任务十分艰巨，烟气脱硝设施建设进入井喷时期。我国已在14个省市地区开展脱硝电价试点工作，对安装并运行脱硝装置的燃煤发电企业在上网电价方面进行补贴，帮助更多火电企业克服烟气脱硝的成本障碍。截至2016年火电脱硝机组占比高达91.7%。而随着《火电厂大气污染物排放标准》（GB 13223—2011）的严格执行及SCR脱硝机组满负荷投运，NO_x 排放总量逐年降低，2022年的排放量已降至 5.27×10^6t左右。据中电联最新统计，截至2022年年底，达到超低排放限值的煤电机组约 10.5×10^8kW，约占全国煤电总装机容量的94%。电力行业氮氧化物排放量约为7.62×10^5t，比上年下降11.6%。

249 燃煤中氮的含量有多少?

煤中含有大量的C、H、O和少量的S、N等有机物和少量无机物。煤的种类很多，各种不同种类的煤中氮的含量和含氮化合物的存在形式也差别很大，即使是同种类型的煤，不同产地生产的煤之间含氮量也有不小的差别。煤中的氮主要来源于形成煤的植物中所含的蛋白质、氨基酸、生物碱、叶绿素、纤维素等含氮成分，通常煤中氮含量范围在0.3%～3.5%之间。研究表明，煤中的有机氮原子都存在于煤的芳香环结构中，氮在煤中的主要赋存形式是吡咯氮，除此之外还有吡啶氮和季铵氮等。

250 煤燃烧时氮的分解-释放特性有哪些?

煤在燃烧过程中首先发生的是含有机物元素挥发分的析出燃烧，然后是其余固体残余物的燃烧。挥发分中的物质主要有焦油、烃类化合物气体、CO_2、CO、氢气、水蒸气、HCN等。煤中的氮随挥发分释放，转化为NH_3、HCN和少量的HNCO等气态物质，这些物质都是NO_x的前驱物。还有N_2、焦油氮和焦炭氮，这些物质都会在后续的燃烧中形成NO_x。事实上，燃烧过程中NO_x的总排放量和主要的前驱物NH_3、HCN的释放量有很大的关系。

251 控制燃烧过程中产生的NO_x有哪些途径?

氮氧化物是造成大气污染的主要污染源之一。通常所说的氮氧化物（NO_x）主要包括NO、NO_2、N_2O_3、N_2O_4、N_2O_5等几种，其中污染大气的主要是NO和NO_2。

我国对SO_2的重视较多，而对NO_x的脱除投入还不够多。对于燃烧产生的NO_x污染的控制主要有3种方法：①燃料脱氮；②改进燃烧方式和生产工艺；③烟气脱硝。燃料脱氮技术至今尚未很好开发，有待于今后继续研究。国内外对燃烧方式的改进做了大量研究工作，开发了许多低NO_x燃烧技术和设备。目前我国大部分火电机组采用了低NO_x燃烧技术，但由于低NO_x燃烧技术和设备能够实现的NO_x脱除率有限，烟气脱硝是近期内NO_x控制措施中最重要的方法。

探求技术上先进、经济上合理的烟气脱硝技术是现阶段环保领域关注的焦点之一。

252 燃烧过程中NO_x的生成机理是什么?

(1) 热力型NO_x

燃烧过程中生成的NO_x有3种。

热力型NO_x是指空气中的N_2与O_2在高温条件下反应生成的NO_x。温度对热力型

NO_x 的生成具有决定性作用，随着温度的升高，热力型 NO_x 的生成速率按指数规律迅速增长。以煤粉炉为例，在燃烧温度为1350℃时，几乎100%是燃料型 NO_x，但当温度为1600℃时，热力型 NO_x 可占炉内 NO_x 总量的25%～30%。除了反应温度对热力型 NO_x 的生成有决定性影响外，N_2 浓度以及停留时间也影响热力型 NO_x 的生成。也就是说，过剩空气系数和烟气停留时间对热力型 NO_x 的生成有很大影响。

（2）快速型 NO_x

快速型 NO_x 主要是指燃料中烃类化合物在燃料浓度较高的区域燃烧时，与空气中的 N_2 发生反应，形成的 HCN 继续氧化而生成的 NO_x。在燃煤锅炉中，其生成量很小，一般在燃用不含氮的碳氢燃料时才予以考虑。

（3）燃料型 NO_x

燃料型 NO_x 是指燃料中含有氮的化合物在燃烧过程中氧化而生成的 NO_x。煤中的氮一般以氮原子的形态与各种烃类化合物结合成氮的环状或链状化合物，燃烧时，空气中的氧与氮原子反应生成 NO，NO 在大气中被迅速氧化成毒性更大的 NO_2。这种燃料中的氮化合物经热分解和氧化反应而生成的 NO_x 称为燃料型 NO_x。煤燃烧产生的 NO_x 中75%～90%是燃料型 NO_x。燃烧过程中，空气带入的氮被氧化的反应可以概括地表示（忽略中间过程）为：

$$N_2 + O_2 \longrightarrow 2NO$$

$$NO + \frac{1}{2}O_2 \longrightarrow NO_2$$

两个反应共存于燃烧系统中，因此烟气中 NO、NO_2 均有。

但热力学和动力学研究表明，主要生成 NO，总 NO_x 中 NO 约占90%，其余为 NO_2。据研究，燃料型 NO_x 的生成和还原过程十分复杂，它们有多种可能的反应途径和众多的反应方程式。但是，几乎所有的试验都表明，过剩空气系数越高，NO_x 的生成和转化率也越高。

253 影响 N_2O 生成的因素有哪些？

对于燃烧过程中的 N_2O，温度对其的影响是最大的。N_2O 主要在低温下形成，温度范围在1000～1200K左右，当超过1200K以后很少生成 N_2O。N_2O 主要在循环流化床燃烧过程中产生，在燃煤锅炉中产生的相对比较少。其区别主要在于燃烧温度。目前对于 N_2O 的生成机理还缺少统一的认识。在工程上除了温度以外，分级送风和石灰石对 N_2O 也有一定的影响。

（二）低 NO_x 燃烧技术

254 什么是低氧燃烧？

低氧燃烧的主要原理就是降低燃烧过程中氧的浓度。降低氧浓度有助于控制 NO_x 生成，同时对于降低锅炉的排烟热损失、提高锅炉热效率也非常有利。对于每台锅炉，过剩空气系数对 NO_x 的影响程度不同，因而在采用低氧燃烧后，NO_x 降低的程度也不可能相同，应通过试验来确定低氧燃烧的效果。实现低氧燃烧，必须准确控制各燃烧器的燃料与空气的分配，并使炉内燃料和空气平衡。对于燃油炉，尤其应选用性能良好的雾化器和调风器，保证燃料与空气混合良好，而且各燃烧器之间的空气分配也要均匀。

255 什么是高温低氧燃烧技术?

高温低氧燃烧技术又称为 HTAC 技术，主要原理是：通过蓄热室获得高温（一般高于800℃）预热空气后先进行少量燃料的一次燃烧，燃烧后的气流流经优化设计的喷口后，会形成高速射流，卷吸炉内烟气形成回流流动，造成低氧（低至15%以下）循环气流，进而大量射入燃烧，达到低氧气氛下燃料燃烧和抑制 NO_x 大量生成的目的。为实现最大限度的炉气显热利用，HTAC 技术要求成对使用蓄热室，通过换向阀不停换向。实现一对烧嘴的交替燃烧，这样左右两个蓄热室对应的燃料和空气供应系统就需要跟随换向阀的换向而同时换向，使得控制和执行系统变得十分复杂。为了解决这一问题，现已研究出了不换向技术。

256 什么是废气再循环低 NO_x 技术?

废气再循环就是部分废气和燃烧用空气混合后再进行燃烧，可降低最高火焰温度和 O_2 浓度。烟气再循环法是将工艺过程中的部分燃烧生成物（相当于正常燃烧空气体积的15%～30%）由一次燃烧喷嘴再次吹入炉内的燃烧方法。因烟道气比外部的氧分压低，因此限制了 NO_x 的生成量。特别是质量流量增大，降低了火焰温度，使烟道气中 NO_x 排放量减少了50%左右。

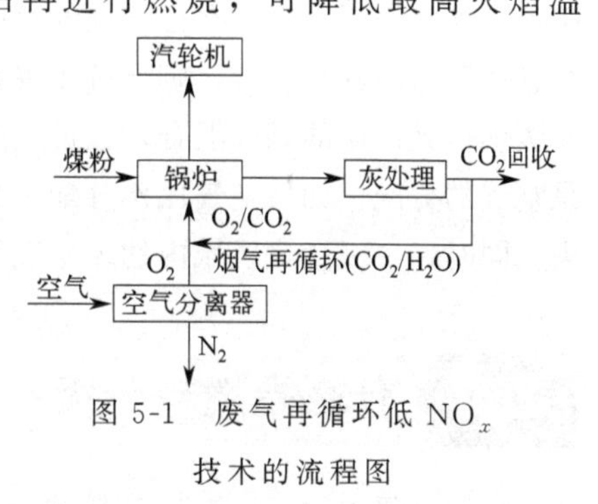

图 5-1 废气再循环低 NO_x 技术的流程图

废气再循环低 NO_x 技术的流程如图 5-1 所示。

257 什么是浓淡偏差燃烧?

浓淡偏差燃烧就是燃料稀薄燃烧的燃烧器和燃料过浓燃烧的燃烧器互相配置交替使用，前面一个燃烧器部分未燃成分，在另一个过剩空气系数高的燃烧器中继续混合燃烧，但最终燃料和空气的燃烧比例相平衡，以降低燃烧速率。NO_x 生成值与过剩空气系数有关。当过剩空气系数接近 1 时，NO_x 值接近顶峰；过剩空气系数在 1 以下时，由于 O_2 浓度低下，燃烧缓慢，能抑制 NO_x 的生成；当过剩空气系数在 1.5 以上时，由于燃烧温度低下，也能抑制 NO_x 生成。

实现浓淡偏差燃烧技术有两种方法。一种是在总风量不变的条件下，调整上、下燃烧器喷口的燃料与空气的比例；另一种是采用宽调节比燃烧器。当煤粉气流进入燃烧器前的管道转弯处时，由于离心力作用，煤粉被浓缩到弯头的外侧，内侧为淡粉流，实现了浓淡偏差燃烧，可使 NO_x 降低。浓煤粉流由于热容量小加上高温烟气回流，将先着火，然后对淡煤粉流进行辐射加热使之着火，这样着火比较稳定，可燃物损失减少，因此这种燃烧器具有高效低 NO_x 的综合性能。

258 什么是低 NO_x 沸腾燃烧?

增压沸腾过程是在高于大气压力下进行的。由于压力提高，炉内气泡直径减少，气泡相与颗粒相之间的传质加快，促进了焦炭对 NO_x 的还原反应，因而使 NO_x 减少。另外，压力提高，使挥发分在煤粒内部移动的时间延长，挥发分释放量减少，挥发分 NO_x 随之减少，因而总的 NO_x 生成量减少。这种燃烧法的 NO_x 排放量仅为 100～200mg/m^3。

259 什么是空气分级燃烧?

空气分级燃烧技术是美国在 20 世纪 50 年代首先发展起来的，它是目前应用较为广泛的低 NO_x 燃烧技术之一，它的主要原理是将燃料的燃烧过程分段。在第一阶段，将从主燃烧器送入炉膛的空气量减少到燃烧总空气量的 70%～75%，使燃料先在缺氧的富燃料条件下燃烧。一级燃烧区内的过剩空气系数小于 1，降低了燃烧区域的燃烧速率和温度水平，不但延迟了燃烧过程，而且在还原性气氛中降低了 NO_x 的生成率。为了完成全部燃烧过程，完全燃烧所需的其余空气，则通过布置在主燃烧器上方的专门空气喷口（OFA）送入炉膛，与一级燃烧区产生的烟气混合，在过剩空气系数大于 1 的条件下完成全部燃烧。该技术的关键是空气的分配，如果空气比例分配不当，或炉内混合条件不好，会增加锅炉的不完全燃烧损失。同时，一级燃烧区域内的还原性气氛将导致灰熔点降低，使得受热面结渣腐蚀。

260 什么是燃料分级?

燃料分级技术又称为燃料再燃技术，该技术是将锅炉的燃烧分为两个区域，将 80%～85%的燃料（一次燃料）送入第一级燃烧区，在过剩空气系数大于 1 的条件下进行富氧燃烧并生成大量的 NO_x。其余 15%～20%的燃料（二次燃料）在主燃烧器的上部送入第二级燃烧区，在过剩空气系数小于 1 的条件下进行缺氧燃烧。第二燃烧区中有很强的还原性气氛，使得一级燃烧区中生成的 NO 被还原成 N_2，同时，该区还抑制新的 NO_x 生成。在第二级燃烧区的上方还需布置 OFA 喷口，形成第三级燃烧区，以保证未完全燃烧产物的燃尽。

261 燃料再燃反应原理是什么?

再燃区化学反应主要有同相反应和异相反应。同相反应主要是气态物质（天然气中的 CH_4，煤或煤浆热解挥发生成的 CH_i、HCN 和 NH_i 等）和 NO_x 之间的反应：

$$C,CH,CH_2+NO \longrightarrow HCN+\cdots$$

$$HCN+O,OH \longrightarrow N_2+\cdots$$

$$NO+NH_i \longrightarrow N_2+\cdots$$

燃料热解和燃烧过程中生成的 CO 和 H_2 也可以起到同相还原 NO_x 的作用：

$$2CO+2NO \longrightarrow N_2+2CO_2$$

$$2H_2+2NO \longrightarrow N_2+2H_2O$$

异相反应主要针对含煤燃料（煤粉和煤浆），是 NO 在焦炭表面的分解，包括两个平行反应：

$$2NO+2C \longrightarrow N_2+2CO$$

$$C+2NO \longrightarrow CO_2+N_2$$

对上述反应，大部分研究者认为同相反应是还原 NO_x 的主要机理，其中反应中所生成的 HCN 起重要作用。其他一些研究者在试验中发现，以低阶煤（如褐煤）作为再燃燃料时，一定条件下，异相还原要强于同相还原效果，而成为脱硝的主要机制。

262 使用天然气再燃的效果如何？

天然气再燃自 20 世纪 80 年代末由德国提出以来，一直受到科研人员的关注，现在已经发展为一项比较成熟的脱硝技术。从应用天然气再燃技术的电站锅炉的 NO_x 排放情况来看，以天然气作为再燃燃料可获得 50%～74%的脱硝效果。影响天然气再燃效果的主要因素包括温度、再燃燃料量、再燃区过剩空气系数和再燃区停留时间等。上述因素的影响作用和脱硝效果不是线性关系，而是存在一个最佳范围，例如温度的最佳范围为 1247～1343K，再燃燃料量为 10%～25%，再燃区停留时间为 0.1～0.4s。具体数值与锅炉类型和燃烧方式有关，需要通过试验获得。

263 天然气再燃的优缺点各是什么？

天然气作为再燃燃料具有以下优点：

① 天然气不含氮、灰和硫等物质，不会增加额外的污染物排放和在锅炉中生成腐蚀性物质；

② 天然气与烟气是同相混合，反应速率快，燃尽性好，但反应温度要求不高；

③ 选用天然气作为再燃燃料，不必配置磨煤机等设备，也不需要预热等前期工作，使再燃系统的基础投资相对较低。

天然气作为再燃燃料有优势，也存在不足：

① 再燃区过剩空气系数较低，使烟气 CO 浓度略有提高；

② 炉膛出口温度较高；

③ 燃烧天然气生成的水分增大烟气湿度，影响锅炉热效率。

天然气再燃在实际应用中需要依靠燃气再循环来提供与烟气混合的动量，使投资和运行维护费用增加。

天然气价格是决定天然气再燃技术应用的主要因素，当天然气价格高于煤价一定数值后，煤粉再燃更有优势。在我国，天然气仅分布在中西部、西北、近海和东部，对于大部分燃煤锅炉而言，没有稳定的天然气来源。

264 煤粉的再燃效果如何?

煤粉再燃应用的起源在于这种燃料的经济性和在燃煤锅炉上应用的便捷性，随着研究的深入，人们发现以煤粉作为再燃燃料，在一定条件下可以实现类似甚至高于天然气的脱硝效果。在现有工业应用中，煤粉再燃效果略低于天然气再燃效果，其脱硝率一般为36%～60%。影响煤粉再燃的主要因素与天然气的影响因素类似，包括温度、再燃燃料量和再燃区过剩空气系数等，只是最佳值范围不同。由于煤粉再燃机制除挥发分的同相还原作用外，还包括焦炭表面的异相还原作用，颗粒比表面积成为一个新的影响因素，小颗粒尺寸可增大反应比表面积，有利于煤粉升温和反应。再燃所用煤种成分的差别也会影响煤粉再燃的效果。

265 煤粉再燃的优缺点各是什么?

作为一种固体再燃燃料，煤粉再燃的优点包括：

① 煤粉再燃存在同相和异相两种机制，反应形式增加。低阶煤（如褐煤）的异相机制在一定条件下超过同相机制，可获得优于天然气的再燃效果；

② 煤粉受热挥发出的HCN和NH_3是参与还原NO_x反应的主要物质，煤焦炭的存在则可以使煤粉在过剩空气系数等于甚至大于1的情况下，仍能还原NO_x，对贫氧气氛要求不高；

③ CO在异相反应中，能清除焦炭表面的氧，促进焦炭还原效果，对于在再燃基础上应用了SCR和SNCR技术的锅炉而言，CO还可以催化NH_3与NO_x间的反应；

④ 煤灰中的金属氧化物在再燃反应时起催化剂的作用，可增强脱硝效果。

煤粉作为再燃燃料也有一定的不足：

① 在工业应用中，煤粉再燃的脱硝效率低于天然气再燃；

② 煤粉的着火和反应性能差，再燃使炉膛火焰中心区上移，不利于锅炉热负荷面的运行安全；

③ 采用煤粉再燃还会增大锅炉不完全燃烧损失；

④ 由于煤是含氮燃料，反应中生成HCN和NH_3等物质，控制不当时，会在燃尽区被氧化为NO_x，乃至降低整体脱硝效率。

我国提倡电站锅炉尽量使用低挥发分煤，为获得好的脱硝效率和保证燃尽率，对再燃煤粉颗粒尺寸及再燃燃料挥发分等有一定要求，势必增加煤粉制备设备的投资。相对于天然气再燃，煤粉再燃技术成本低，脱硝效率可以满足环保的要求，对燃煤锅炉而言，不存在燃料供应问题，是比较适合我国国情的再燃燃料。

266 煤浆的再燃效果如何?

煤浆是20世纪70年代发展的一种代油燃料，具有煤炭的物理特性和石油的流动性及稳定性。煤浆燃烧技术已经推广，煤浆气化技术也在开发中。作为一种新燃料，煤浆的其他用途受到关注，如煤浆再燃技术。现有工业应用和实验室研究中，煤浆再燃技术获得了好的脱硝效果。煤浆再燃的效果与锅炉燃烧方式有关，试验显示，在旋流燃烧锅炉中应用煤浆再燃技术，可以获得较好的脱硝效果，这是由于旋流燃烧强烈的混合作用，促进了反应的进行。与上述两种再燃燃料类似，煤浆再燃效果同样受温度、再燃燃料量、再燃区过剩空气系数和炉内停留时间等的影响。此外，再燃作用还与煤浆浓度有关，浓度的大小决定了燃料量的多少以及燃料的加热和反应时间。煤浆的雾化介质也是影响脱硝效果的因素之一，采用蒸汽雾化比空气雾化的脱硝效率高2%～4%。

267 煤浆再燃的优缺点各是什么?

煤浆再燃的首要优势在于其廉价性：

① 对于周边具有固定煤池煤粉来源的电站锅炉来说，煤浆再燃的成本相对更低；

② 与代油燃烧的煤浆相比，在煤浆制备上，用于再燃的煤浆可以不需要添加剂，表观黏度要求不严格，稳定性要求不高，甚至对于煤中挥发分的含量也没有要求；

③ 煤浆本身是一种低污染燃料，可减少燃尽区污染物的再次生成；

④ 在采用水煤浆再燃时，水蒸气作为一种活化剂可以提高煤炭活性；

⑤ 水分（油分）蒸发后的煤浆团呈内部中空的多孔结构，其在高温下爆裂，使颗粒表面形成大空穴或破碎成小块，增大了反应比表面积，促进反应进行程度。

尽管煤浆再燃有一定优势，但同煤粉再燃一样也有一定的不足：

① 需要额外的制备和输送设备，运行成本增加；

② 煤浆的再燃效率与一定的锅炉燃烧方式相联系，应用具有局限性；

③ 煤浆作为再燃燃料时，锅炉烟气湿度增加；

④ 由于燃烧温度低，锅炉负荷受到一定影响，煤浆着火困难，锅炉不完全燃烧损失增大。

煤浆再燃尚未推广，但其成本低，制备方便，效率高，可以抑止其他污染物的生成，开发其再燃功用，研究适合燃煤锅炉情况的煤浆再燃技术有现实意义。

268 可用于再燃的其他燃料有哪些？其脱硝效果如何？

天然气、煤粉和煤浆是得到研究较多的再燃燃料，已经进入工业应用。在此基础之上，为降低再燃燃料成本，开发物质的多种用途，科研人员还研究了其他物质的再燃效果，如生物质、沥青质矿物和废弃轮胎等。与化石能源不同，生物质是可再生的清洁能源。Brouwer. J等在U型炉上采用软木和硬木进行再燃试验，脱硝率达50%～60%，而且烟气中CO_2和SO_2含量明显减少。生物质含污染物少，在我国来源广泛，开发其再燃作用可以实现生物能的合理应用。沥青质矿物的价格与煤接近，灰含量比煤少且不含硫，被认为是一种经济有效的再燃燃料。Syverud等对废旧汽车轮胎的再燃效果进行试验，脱硝率为40%，为这种废旧物的处理找到一条新的途径。

上述燃料的应用尚未开展，实际再燃机理和影响因素有待进一步的确证。但是，低成本是它们的共同特征，具有好的开发前景。

Peter. M 等进行了多种燃料的再燃效果比较试验，发现除技术手段外，燃料特性（如燃料氮含量、固定碳、挥发分和灰组成成分）对脱硝效果也有直接影响。生物质和水煤浆由于其高挥发分、低含氮量、灰中富含钠和钾元素而体现出最佳的 NO_x 减少效果。各种燃料均具有获得高脱硝率的能力，在实际应用时，可以结合燃料成本和锅炉自身特点，选择合适的再燃燃料，以获得最佳的低 NO_x 排放效果。

269 什么是低 NO_x 燃烧器?

对煤粉锅炉来说，煤粉气流的着火过程、炉膛中的空气动力和燃烧工况，主要是通过燃烧器及其在炉膛中的布置来组织的。因此，燃烧器的性能对煤粉燃烧设备的可靠性和经济性起着主要作用。另一方面，从 NO_x 的生成机理看，占绝大部分的燃料型 NO_x 是在煤粉的着火阶段生成的。因此，通过特殊设计的燃烧器结构，以及通过改变燃烧器的风煤比例，可以将空气分级燃烧、燃料分级燃烧和烟气再循环的原理用于燃烧器，以尽可能降低着火区氧浓度，适当降低着火区的温度，达到最大限度地抑制 NO_x 生成的目的。由于低 NO_x 燃烧器能在煤粉着火阶段就抑制 NO_x 的生成，可以达到较低的 NO_x 排放值，因此，低 NO_x 燃烧器得到了广泛应用。世界各大锅炉生产厂商分别开发了不同类型的低 NO_x 燃烧器，如德国斯坦米勒公司的 SM 型低 NO_x 燃烧器、美国巴布科克·威尔科克斯公司的 DRB 型双调风低 NO_x 燃烧器和 DRB-XCL 低 NO_x 燃烧器等。

为了更好地降低 NO_x 排放量和减少飞灰含碳量，很多公司将低 NO_x 燃烧器和炉膛低 NO_x 燃烧技术组合在一起，构成低 NO_x 燃烧系统。根据经验，改进燃烧技术可降低 NO_x 达 60%。对于不同的燃煤锅炉，由于其燃烧方式、煤种特性、锅炉容量以及其他条件的不同，在选用低 NO_x 燃烧技术时，必须根据具体的条件进行技术经济比较，不仅要考虑降低 NO_x，还要考虑对火焰的稳定性、燃烧效率、蒸汽温度控制、受热面结渣和腐蚀等的影响。

用于壁燃锅炉的分级混合低 NO_x 燃烧器的原理如图 5-2 所示。

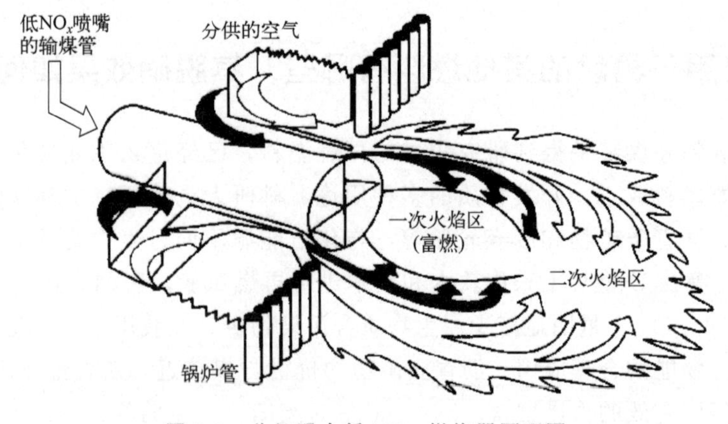

图 5-2 分级混合低 NO_x 燃烧器原理图

270 FDI型燃烧器有什么特点?

FDI型燃烧器是日本新近研制的适于使用高温预热空气的低 NO_x 烧嘴，特点是80%的燃料由喷头的轴向喷出，20%由径向喷出。其 NO_x 抑制原理是利用气体自由射流作用实现燃气再循环，以降低火焰温度。试验表明，空气流速由55m/s增加到127m/s，可使 NO_x 降低20%～25%。

271 什么是DRB-XCL型燃烧器?

DRB-XCL型低 NO_x 双调风旋流燃烧器由一次风喷嘴，内、外二次风环型喷嘴，FPS固定式油枪、高能点火器以及油、煤火焰检测器组成。油、煤火焰检测器互为备用。

一次风管内装有节流孔板，以均衡不同长度风管之间的阻力损失，达到一次风量的平衡。同时在进入炉膛前的一次风管弯头内还装有导流器，在其后又装有锥形扩散器，其目的是：均衡由于风粉混合物改变流向而产生的粉量偏差（上浓下淡）；在一次风喷嘴出口产生外圈煤粉浓、中心煤粉淡的风粉气流，改善着火条件。一次风喷嘴出口处还装有稳燃环。每只燃烧器的二次风道配置一支环型风量测量装置及环形滑动进风控制挡板，环形滑动进风控制挡板有3个逻辑状态，即冷却、点火和运行。

进入每只燃烧器的二次风经风量测量装置后分内、外部分进入炉膛，外二次风环形通道内设置有固定导向叶片；内、外二次风环形通道内还同时设置有可调导向叶片，可以根据不同煤种变化其角度，根据环形二次风量测量装置的动压差，均衡不同燃烧器的二次风量。

272 循环流化床锅炉燃烧过程可采用的脱氮措施有哪些?

循环流化床锅炉的氮氧化物排放最主要的特征是其对燃料性质、床温和空气量的敏感性。在实际燃烧过程中，还会受到设计和操作因素的影响。此外，由于燃烧装置结构、容量的不同，即使燃用同一煤种，氮氧化物的排放量也不会相同。循环流化床锅炉燃烧脱氮的方法主要有以下几种。

（1）降低燃烧温度

低温燃烧抑制了热力型和快速型 NO_x 的生成反应，故在800～950℃间，热力型 NO_x 可不计。由燃料氮形成的 NO_x 也随炉温的降低而降低。所以，在循环流化床锅炉运行的温度范围内，床温的变化对 NO_x 的生成量影响不大。

（2）分段燃烧

循环流化床锅炉最简单最有效地减少 NO_x 生成量的方法是分段燃烧。这种方法对挥发分含量中等的煤尤为有效。其原因在于挥发分中包含了大量的氮，在燃烧室内很快析出，此时由于欠氧会大大降低 NO_x 的生成量。若煤中碳含量多，有机硫少，则氮析出慢，大量氮在二次风口上部析出，这对降低 NO_x 的生成量不利。一般情况下，二次风从床面上一定距离给入较好。一次风与理论燃烧空气量的比率对 NO_x 生成量影响很大。以二次风口为界，上部是富氧区，下部是富燃料区。NO_x 在富氧区析出与 C、CO 反应，还原为氮。当一次风与理论燃烧空气量的比率为 0.4～0.6 时，NO_x 的排放量低于 $100mg/m^3$，若不采用分段燃烧，一次风全部由炉膛底部供入，则 NO_x 的排放量可达 $400mg/m^3$。

(3) 延长气体在密相区停留时间

气体在富燃料区（密相区）的停留时间越长，NO_x 被还原为 N_2 的程度越高。N_2 停留时间为 1s，NO_x 的排放量为 $100mg/m^3$，停留时间为 1.5s，则排放量为 $50mg/m^3$。

(4) 采用细小多孔的高活性脱硫剂

加石灰石等脱硫剂的目的就是降低 SO_2 的排放，然而它却对氮氧化物排放有显著的影响，会造成 NO 上升，但 N_2O 却保持不变。究其原因，可归结于未反应石灰石对 NO_x 生成的催化作用，富余 CaO 是燃料氮转化为 NO 和 N_2 的强催化剂，也是 CO、H 还原 NO 的强催化剂。但细小多孔的高活性石灰石对 NO 的刺激增长作用比低活性石灰石小，因而宜采用细小多孔的高活性石灰石粉。

(5) 使用飞灰再循环

飞灰再循环可以降低 NO_x 的排放量，在高负荷高床料含碳量下发生如下反应：

$$2NO+2C \longrightarrow N_2+2CO$$

$$2NO+C \longrightarrow N_2+CO_2$$

则 NO 的排放量大大降低。循环流化床锅炉采用飞灰再循环燃烧，使床内含碳量很高，所以能达到很低的 NO_x 排放量。

273 增压流化床燃烧过程中 NO、N_2O 排放的影响因素有哪些?

增压流化床燃烧（PFBC）具有能实现联合循环发电，提高发电效率，易于实现低 SO_x、NO_x 污染排放，结构紧凑等优点，同时也是将来第 2 代 PFBC 以及蒸汽燃气联合循环（IGCC）发电系统的核心，是最具有前途的燃烧技术之一。

增压流化床燃烧过程中 NO、N_2O 排放的影响因素主要有以下三个。

(1) 温度对 N_2O 和 NO 排放的影响

增压流化床内床温对 N_2O 的排放量影响很大，有研究表明随着床温的增加，N_2O 的排放量减少得很快，当床温高于 1173K 时，N_2O 的排放浓度更低。对增压流化床燃烧来说，若能把燃烧室温度提高到 1173K 左右，不仅燃烧性能得以改善，N_2O 排放量迅速降低，而且不会增加 SO_2、NO 等污染物的排放量。

(2) 过剩空气系数对 N_2O 和 NO 排放的影响

N_2O 和 NO 的排放浓度主要取决于过剩空气系数。随着过剩空气量的增加，N_2O 的排放量也增加了，但其增幅不如 NO 强。床温一定时，燃料氮转化为 NO 的转换率基本上与床内的氧浓度成正比。过剩空气系数较低时，床内焦炭含量越多，CO 浓度越高。这时，NO 强烈分解，使 NO 进一步降低。当过剩空气系数增加时，床层中氢基浓度降低，

N_2O 的分解反应减弱，致使 N_2O 排放量增加。

(3) 压力对 N_2O 和 NO 排放的影响

NO 的排放量随着压力的增高有明显的降低；在床内过剩空气系数较低的条件下，压力越高，NO 的降低幅度越显著。在相同的氧分压条件下，燃料氮向 NO 的转换率随着压力的增加而显著衰减。随着压力的增加，NO 和 CO 的分压也增大，CO 对 NO 的还原反应作用显著增强，最终使得 NO 排放大幅度减少；另一方面增压燃烧，单位容积热负荷增高，使得床内焦炭的浓度增加，NO 与床内焦炭还原反应增强，因而 NO 浓度大大降低。N_2O 的排放量随压力的增加而增加，这和增压流化床内燃烧条件紧密相关，煤粒进入床内，首先加热脱挥发分，床内压力的增加使得析出的挥发分在煤粒内部扩散阻力增大，导致挥发分产量降低。因而燃料氮就较多地向焦炭氮转移。焦炭氮不仅可以直接燃烧氧化生成 N_2O，而 NO 在无氧的情况下在焦炭氮表面还原生成 N_2O，尤其在氮量较大的条件下，NO 与焦炭氮的反应能产生大量的 N_2O。总之，NO 的排放量随着压力的增高有明显的降低，在过剩空气系数较低的条件下，压力越高，NO 的降低幅度越显著；而压力对 N_2O 排放影响则相反。

274 鼓泡流化床燃烧过程中影响 NO_x、N_2O 排放的因素有哪些?

(1) 温度的影响

随床温升高，煤中氮向 NO_x 转化率升高，而向 N_2O 转化率降低，其原因如下。

① 挥发分含氮物质（HCN 和 NH_3）在较高温度下向 NO_x 的转化率升高，而向 N_2O 的转化率降低。

② 温度升高时，床层中碳负荷减小，这使得 NO 由 C 及 CO 的还原反应减弱，故 NO 浓度升高。

③ 温度升高时，N_2O 分解速率加快而使得 N_2O 浓度降低。

(2) 煤种的影响

对不同煤种，其燃料氮向 NO_x 和 N_2O 的转化率有极大的不同。研究表明，不同煤种其氮向 NO_x 和 N_2O 的转化率的差异是由于其含氮量和含碳量的不同。含氮及含碳量高的煤，其—CN 基较多，而—CN 基对 NO_x 和 N_2O 的生成有极为重要的作用。

(3) 过量氧率的影响

研究发现对不同煤，随过量氧率增大，NO_x 和 N_2O 的生成率均会升高。氧量增大时，无论是气相反应还是气固反应，氮的转化率均增加，故引起煤中氮转化率的增加。某些煤当氧量很低时（接近理想配比），NO_x 和 N_2O 的排放量均很小，表明减小氧量可同时减少 NO_x 和 N_2O 的排放。过量氧的影响对煤种是不敏感的。这是由于氧的增多增加了焦炭中生成—CNO 基然后产生 NO_x 及 N_2O 的机会。

(4) 流化速率的影响

增加流化速率会使燃料中的氮转化为 NO_x 和 N_2O 的转化率增大。流化速率增加，使氮转化率的增加，可能是由于气体停留时间变短而使得 NO_x 和 N_2O 的还原量减少所致，此外还由于流化速率增加时，床层过量氧率增加，使得氮转化率增大。

（5）脱硫的影响

脱硫过程中加入石灰石，石灰石的影响主要发生于床层中。随 Ca/S 比值增大，N_2O 浓度与 SO_2 浓度均有较大的降低，NO_x 浓度略有增大。随 Ca/S 比值增大，NO_x 浓度上升，而 N_2O 浓度下降的可能原因如下：

① 在石灰石的催化作用下，挥发分含氮物质（HCN 和 NH_3）的氧化趋向于生成 NO_x，向 N_2O 的生成减少；

② 在石灰石催化作用下，N_2O 分解速率加快；

③ HCN 向 NH_3 转化反应的进行，NH_3 氧化的主要产物是 NO，从而使 NO_x 浓度增加，而 N_2O 浓度减少。

（6）粒径的影响

粒径对燃料氮向 NO_x 和 N_2O 的转化影响不大。由于流化床中 N_2O 主要通过在固态物质表面的催化分解而减少，粒径不同造成的 N_2O 排放差异应归结于生成过程的不同，因为床中焦炭的量很少，不会造成很大影响。因此，这可能是由于低温下小粒径煤更易析出挥发分和着火，而在高温下两者差异变小的缘故。

（三）干法烟气脱硝技术

275 选择性催化还原烟气脱硝技术的化学原理是什么？

选择性催化还原烟气脱硝即 SCR（selective catalytic reduction）脱硝，是将 NH_3 注入烟道与烟气混合，NH_3 在催化剂条件下能在较低温度选择 NO_x 发生化学反应生成氮气和水，从而使烟气中 NO_x 含量降低。对于燃烧过程，NO_x 95%以上是 NO，其化学反应如下：

$$4NO+4NH_3+O_2 \xrightarrow{催化剂} 6H_2O+4N_2$$

$$6NO+4NH_3 \xrightarrow{催化剂} 6H_2O+5N_2$$

对燃烧过程中少量 NO_2，其化学反应为：

$$6NO_2+8NH_3 \xrightarrow{催化剂} 7N_2+12H_2O$$

$$2NO_2+4NH_3+O_2 \xrightarrow{催化剂} 3N_2+6H_2O$$

第一个反应式是最主要的反应，根据此式的物质的量关系，可认为：脱硝率与 NH_3/NO_x 成正比，即如果脱硝率为 80%～90%，则 NH_3/NO_x 近似为 0.8～0.9。发生反应的温度一般为 300～400℃，在此温度下，脱硝率可达到 80%以上，并且未与 NO_x 反应的 NH_3 逃脱率不超过 5mg/h。

276 SCR 工艺脱硝装置的布置方式有哪几种？其对锅炉设计有什么影响？

SCR 的布置主要有两种方式。

（1）高含尘布置方式

催化反应器布置于锅炉省煤器和空预器之间。采用高含尘布置方式时，催化反应器一般位于回转式空预器钢构架上部。由于进入反应器的烟气温度处于300～400℃范围内，能够满足多数催化剂的运行温度要求，因而这种布置方式被广泛采用。但是，由于催化剂是在不干净的烟气环境下工作，其使用寿命会受到影响。例如，飞灰中含有Na、K、Ca、Si、As等成分，使得催化剂受到污染，从而降低催化剂的效能；飞灰对催化剂产生磨损；飞灰可能堵塞催化剂通道；如果烟气温度升高，可能会将催化剂烧结或再结晶而失效；如果烟气温度降低，NH_3会与SO_3及H_2O发生反应生成NH_4HSO_4，从而堵塞催化剂通道。具体布置方式如图5-3所示。

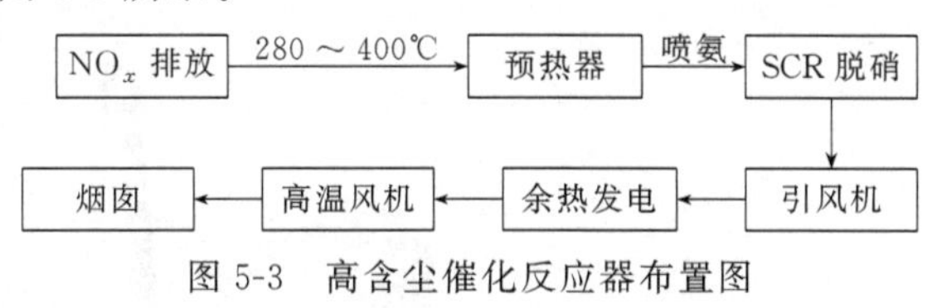

图5-3 高含尘催化反应器布置图

（2）低含尘布置方式

脱硝反应器布置在除尘器和湿法脱硫装置之后。采用低含尘布置方式时，由于不存在飞灰对催化反应器的腐蚀和对催化剂的堵塞、污染问题，因此，催化反应器可以做得比较紧凑，体积较小，同时催化剂的使用寿命比较长，一般为3～5年。低含尘布置方式的主要问题是：由于催化反应器布置在湿法脱硫装置之后，此处的烟气温度仅为60℃左右，因此，需加装GGH和补燃装置以加热烟气，使得能源消耗和运行费用增加。低含尘布置方式的优点是：脱硝设备与锅炉相对独立，对锅炉的设计无特殊要求。具体布置方式如图5-4所示。

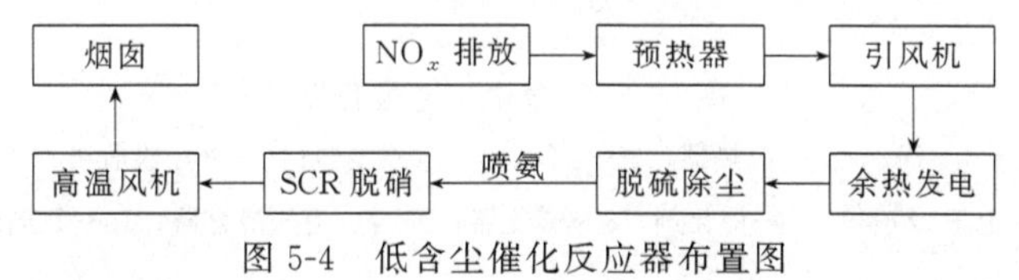

图5-4 低含尘催化反应器布置图

对于一般燃油或燃煤锅炉，其SCR反应器多选择安装于锅炉省煤器与空气预热器之间，因为此区间的烟气温度刚好适合SCR脱硝还原反应，氨被喷射于省煤器与SCR反应器间烟道内的适当位置，使其与烟气充分混合后在反应器内与氮氧化物反应，SCR系统商业运行业绩的脱硝效率约为50%～90%。

277 SCR工艺脱硝装置采用高含尘布置时，对锅炉的设计有哪些影响?

采用高含尘布置时，催化剂的使用寿命一般为2～3年。为了尽可能地延长催化剂使用寿命，除了选择合适的催化剂外，还应使催化反应器有足够的通道，同时还要考虑防腐措施。为在锅炉启动时保护催化剂和便于催化反应器的检修，脱硝系统设有旁路烟道和烟气挡板。高含尘布置方式对锅炉的设计有比较大的影响，主要反映在以下几个方面。

① 由于空预器一般布置于炉后竖井底部，并拉出一定的距离，而催化反应器高含尘布置时所需要的距离一般比无催化反应器时要大，因此，锅炉尾部布置必须变化，锅炉柱

距应做相应调整。

② 由于空预器钢构架增加了催化反应器的承载，因此，在空预器钢构架设计时要考虑催化反应器的载荷。对于 600MW 机组锅炉，一般需布置两台催化反应器。单个催化反应器的重量约为 280t。

③ 脱硝反应过程中会产生少量 NH_4HSO_4 且沉积在空预器受热面上，造成空预器堵塞、腐蚀，影响换热效果，因此，应适当增加吹灰器数量或吹灰次数。

④ 脱硝装置的烟气阻力一般为 400～600Pa，在锅炉烟风阻力计算和引风机选型时，需予以考虑。

高含尘工艺流程图如图 5-5 所示。

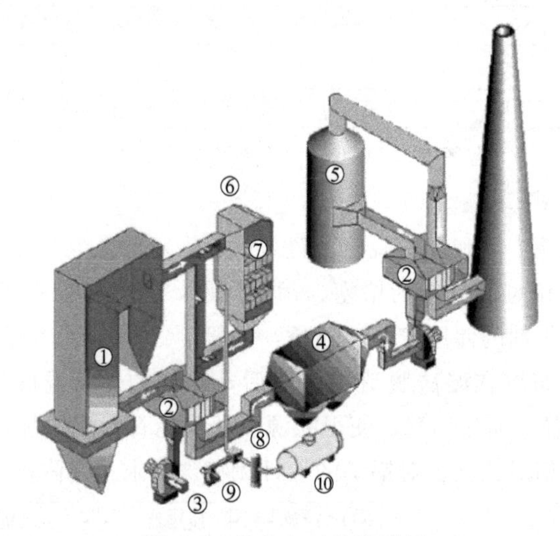

图 5-5 高含尘工艺流程图

1—锅炉；2—换热器；3—空气；4—电除尘器；5—SO_2 吸收塔；

6—SCR 反应器；7—催化剂；8—雾化器；9—氨/空气混合器；10—氨储罐

278 SCR 催化剂有哪些形状?

SCR 催化剂按结构分为平板式、波纹式和蜂窝式。

最初开发的 SCR 催化剂形状是粒状的。现在为了防止催化剂层被粉末堵塞，减少压力的损失，一般采用蜂窝式或平板式催化剂，这种催化剂可根据排气中粉末浓度选定格子的间距。SCR 催化剂是由基材、载体活性金属构成的。但现在使用的大多数蜂窝式催化剂不是用基材，而是把载体材料本身作为基材制成蜂窝状。平板式和蜂窝式催化剂是燃煤电厂 SCR 技术中常用的催化剂形状，平板式催化剂一般是以不锈钢金属网格为基材，负载上含有活性成分的载体压制成板状；蜂窝式催化剂是由蜂窝陶瓷基材、金属载体和分散在蜂窝表面的活性组分组成，或金属载体负载活性成分直接挤压成蜂窝状的催化剂。有代表性的 SCR 催化剂载体是 TiO_2，活性成分是 V_2O_5。为适应更广泛的温度范围，近年来发展了用活性炭催化剂在接近 100℃的低温下应用。蜂窝式催化剂表面积大、活性高、体积小，目前占据了 80%的市场份额，平板式催化剂比例其次，波纹板最少。图 5-6 和图 5-7 为催化剂实物图以及三种催化剂的横截面示意图。

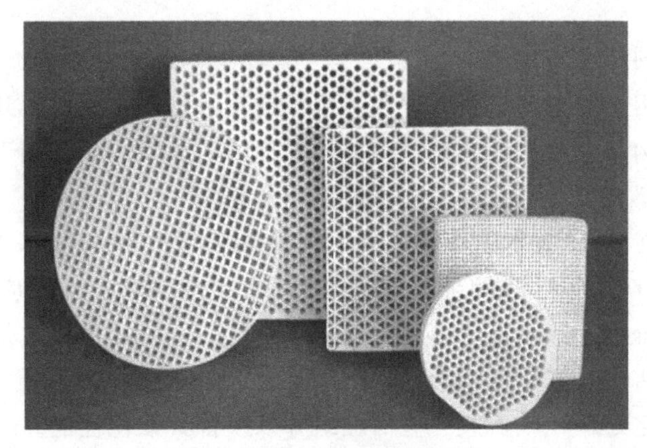

图 5-6 SCR 催化剂示意图

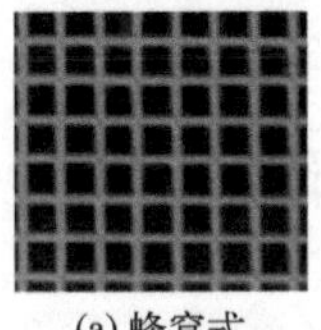

(a) 蜂窝式

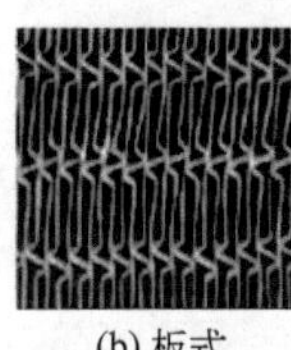

(b) 板式

(c) 波纹式

图 5-7 SCR 催化剂横截面图

279 常用的 SCR 催化剂有哪些?

用 SCR 法脱硝的催化剂有多种，按活性组分不同可分为金属氧化物、碳基催化剂、离子交换分子筛、贵重金属和钙钛矿复合氧化物。其中，前两类已实现商业应用；离子交换分子筛对 NO_x 的催化还原和催化分解活性都很高，是研究中比较活跃的领域。燃煤电厂中多数是以金属氧化物催化剂为主，碳基催化剂用于烟气同时脱硫脱氮的技术也得到发展。

（1）金属氧化物催化剂

SCR 法中应用最多的金属氧化物催化剂是以 V_2O_5 为活性成分的。发电厂装配的 SCR 系统大多数采用这类催化剂。V_2O_5 负载于 Al_2O_3、SiO_2、Al_2O_3-SiO_2、ZrO_2、TiO_2、TiO_2-SiO_2 等氧化物上，现在应用的一般是 V_2O_5 催化剂负载于 TiO_2 上，根据需要一般做成蜂窝形状或平板状。V_2O_5 作为 SCR 催化剂的活性成分具有以下优点：

① 催化剂的表面呈酸性，容易将碱性的氨捕捉到催化剂表面进行反应；

② 其特定的氧化势有利于将氨和 NO_x 转化为氮气和水；

③ 抗 SO_2 中毒能力较强；

④ 工作温度较低，约为 350～450℃。

但是 V_2O_5 具有催化氧化 SO_2 的能力，能使烟气中 SO_2 转化成 SO_3，进而与氨反应生成硫酸氢氨等固体颗粒，而引起 SCR 反应器及下游设备的磨损和堵塞，这就需要在 SCR 系统运行过程中加以优化。除了 V_2O_5 外，Fe_2O_3、CuO、Cr_2O 等过渡金属氧化物也表现出一定的催化还原活性，这也引起了国内外的广泛关注，其中 Fe_2O_3、CuO 研究得较多。

（2）碳基催化剂

活性（焦）炭用于发电厂烟气同时脱硫脱氮的技术已经在德国得到开发和应用。活性炭以其特殊的孔结构和大的比表面积成为一种优良的固体吸附剂，用于空气或工业废气的净化由来已久。

活性炭还可以在SCR技术中作催化剂，在低温（90～200℃）和NH_3、CO或H_2的存在下选择还原NO_x，所以活性炭在固定源NO_x治理中有较高的应用价值。其最大优势在于来源丰富，价格低廉，易于再生，适用于温度较低的环境，这是使用其他催化剂所不能实现的。但是活性炭作催化剂活性很低，特别是空速较高的情况下。在实际应用中，常常需要经过预活化处理，或负载一些活性组分以改善其催化性能。

无论作为催化还原还是催化分解的催化剂，离子交换分子筛催化剂都具有很高活性，引起国外研究者的极大关注。

280 影响SCR催化剂性能的因素有哪些？

对催化剂性能影响较大的因素有反应温度、催化剂量、氨的注入量等。

（1）反应温度

由于在250～450℃（最好350～400℃），催化剂有最佳活性，通常脱硝反应设定在这个温度范围内。当反应温度不在这个温度范围内时，催化剂的性能将降低，尤其是在高温区域使用时，由于过热促使催化剂的表面被烧结，使催化剂寿命降低。但是，最近随着脱硝装置适用范围的扩大，同时也要求催化剂的使用温度范围扩大。催化剂反应温度的依赖特性是由催化剂的各种活性成分的浓度以及比例所决定的。通过适当地选择活性金属的组成，可以制造适合各种用途且具有最佳特性的催化剂。

（2）催化剂量

催化剂的量是根据脱硝装置的设计能力和操作要求来确定的，增加催化剂量可以提高脱硝性能，在实际应用中，催化剂的初期充填量是设计要求的最适量和使用期间的损失量之和。

（3）氨的注入量

脱硝反应时，排放气体中的NO_x和注入作为反应还原剂的NH_3几乎是以1∶1的摩尔比进行反应。增加NH_3的量可以提高脱硝率，同时也会使NH_3的泄漏量增加，所以在决定氨浓度和催化剂量时，必须考虑对脱硝装置后部机器的影响。NH_3量的注入指标用注入的NH_3和处理气体中的NO_x的摩尔比（NH_3/NO_x）表示，一般根据所要求的脱硝装置性能来设定NH_3/NO_x。

281 SCR催化剂钝化的影响因素有哪些？

在实际燃煤电厂的SCR系统运行中，催化剂的钝化直接影响系统的正常运行和脱硝效率，钝化缩短了催化剂的寿命，也就加大了电厂因更换催化剂而引起的成本投入。引起催化剂钝化的原因主要有热烧结、碱金属中毒、砷中毒、催化剂的堵塞和腐蚀及催化剂突变失效等。

（1）热烧结

热烧结是因为运行温度不当导致催化剂不能在其最适宜的温度范围内工作，使催化剂表面积减少而钝化。

（2）碱金属中毒

碱金属可在化学上束缚催化剂活性点导致催化剂钝化，飞灰中的自由 CaO 与吸附在催化剂上的 SO_3 反应生成 $CaSO_4$，引起催化剂表面遮蔽，阻碍 NO_x 与催化剂接触而不能充分反应，出现碱土金属中毒。

（3）砷中毒

砷中毒和催化剂堵塞腐蚀是 SCR 催化剂实际应用中最常出现的钝化因素，燃煤中的砷可以浓缩在催化剂的微孔中物理堵塞催化剂，还可通过 As_2O_3 气体迅速在催化剂表面与 O_2 和 V_2O_5 反应生成 As_2O_5 而黏结在催化剂表面，而使催化剂活性丧失。

（4）催化剂的堵塞

催化剂堵塞一般是由氨盐的沉积和飞灰沉淀引起的。

（5）催化剂的腐蚀

腐蚀由在催化剂面上的飞灰冲击引起，是气体速率、灰特性、冲击角度和催化剂特性集体影响的结果。

（6）催化剂突变失效

催化剂突变失效虽十分罕见，但它能使催化剂性能突然的永久性失去，一般认为其主要原因与灰集结点燃相关联，炉火强烈的热量能不可逆转地损伤任何 SCR 催化剂。

催化剂钝化的原因和机理很复杂，众多国内外学者对此都进行了广泛深入的研究，也在实际电厂运行中通过优化操作和改进催化剂的方法对催化剂钝化进行了有效的控制。

282 SCR 系统运行过程中需注意哪些问题?

SCR 系统在运行中应特别注意以下问题。

（1）催化剂活性

催化剂是 SCR 技术的核心。它们一般被做成板形或蜂窝形，并且组合成尺寸约为 2m×1m×1m 的模块。许多化学反应都发生在催化剂上。SCR 系统的运行成本在很大程度上取决于催化剂的寿命，其使用寿命又取决于催化剂活性的衰减速率。催化剂的失活主要有化学失活和物理失活。典型的 SCR 催化剂化学失活主要是由砷、碱金属、金属氧化物等引起的催化剂中毒。砷中毒是烟气中的气态三氧化二砷与催化剂结合引起的。碱金属吸附在催化剂的毛细孔表面，金属氧化物（如 MgO、CaO、Na_2O、K_2O 等）使催化剂中毒，主要是中和催化剂表面吸附的 SO_3 生成硫化物而造成的。催化剂物理失活主要是指由于高温烧结、磨损和固化微粒沉积堵塞而引起催化剂活性损坏。煤的特性对催化剂的组成、毛细孔尺寸、孔隙和体积有很大影响，并影响到催化剂的寿命。目前，对于催化剂的失活问题，在国外已经有了较成熟的解决办法。脱氮反应和 SO_2 向 SO_3 转化反应之间的竞争是催化剂设计的主要问题。SCR系统所出现的磨损和堵塞问题可以通过反应器的优化（自动的导流叶片装置，倒转氨的喷射方向使之流动方向相反）加以缓解。但为了确保催化剂表面的洁净，在脱氮反应器里安装吹灰器是非常必要的。

（2）合适的反应温度

不同的催化剂具有不同的适宜温度范围（称为温度窗口）。对于特定的某种催化剂，其温度窗口是一定的。当反应温度低于温度窗口的最低温度，在催化剂上将出现副反应。氨分子与 SO_3 和 H_2O 反应生成 $(NH_4)_2SO_4$ 或 NH_4HSO_4，减少了与 NO_x 的反应，生成物附着在催化剂表面，引起污染积灰并堵塞催化剂的通道和微孔，从而降低催化剂的活性。如果工作温度高于反应温度窗口，催化剂通道与微孔发生变形，导致有效通道和面积减少，从而使催化剂失活。温度越高，催化剂失活速率越快。另外，温度过高还会使 NH_3 直接转化为 NO_x。根据催化剂的适宜温度范围，SCR可分为高温、中温和低温工艺，其温度分别为：高温SCR工艺345～590℃，中温SCR工艺260～380℃，低温SCR工艺80～300℃。

（3）适当的氨气输入量及与烟气的均匀混合

对 NH_3 输入量的调节必须既保证 NO_x 的脱除效率，又保证较低的氨逸出量。由于烟气通过空气预热器后温度迅速下降，多余的 NH_3 会与烟气中的 SO_2、SO_3 等反应形成铵盐，导致烟道积灰与腐蚀。另外，NH_3 吸附在飞灰上，会影响电除尘器所捕获粉煤灰的再利用价值，氨泄漏到大气中又会对大气造成新的污染，故氨的流出量一般要求控制在5mg/L以下。如果 NH_3 与烟气混合不均，即使氨的输入量不大，氨与 NO_x 也不能充分反应，不仅达不到脱硝的目的，还会增加氨的逸出量。速率分布均匀，流动方向调整得当时，NO_x 转化率、氨逃逸率和催化剂的寿命才能得以保证。采用合理的喷嘴格栅，并为氨和烟气提供足够长的混合烟道，是使氨和烟气均匀混合的有效措施，可以避免由于氨和烟气的混合不均所引起的一系列问题。

283 SCR催化剂再生的常规技术有哪些？

SCR催化剂寿命一般为3～5年，寿命达到后需要进行更换，由于其中含有 V_2O_5、WO_3 等重金属，需要对废弃催化剂进行专门无害化处理，国外有废弃催化剂处理费用高达500欧元/m^3 的报道。考虑到催化剂的运行成本和催化剂处置的难度，催化剂再生是处理催化剂的首选方法，催化剂再生费用为购买全新催化剂费用的1/2左右，并且可以省下处理废弃催化剂的费用。目前SCR催化剂再生的主要技术如下。

（1）水洗再生

此方法对碱金属中毒的催化剂基本有效。通过压缩空气冲刷去除催化剂表面的浮尘，然后用去离子水冲洗以清洗和溶解与催化剂表面结合的尘土及盐分子，再用空气干燥。此方法简单有效，可明显提高催化剂的脱硝效率，用此方法处理可将催化剂活性从50%恢复到83%左右。

（2）酸、碱液处理

再生酸液处理通常用于催化剂金属氧化物中毒后的再生。将中毒后的催化剂在一定浓度的酸溶液中浸泡若干时间，再用清水洗涤至 pH 值接近 7，将处理好的催化剂在低于 100℃的温度下干燥。有研究者通过实验表明，硫酸处理再生比单纯的水洗再生更有效，在催化剂表面引入硫酸根，使再生后的催化剂脱硝活性在 350～500℃内高于中毒前。酸碱组合式处理用于催化剂非金属氧化物中毒后的再生。先将中毒催化剂置于一定浓度的碱溶液中浸泡若干时间，过剩的碱用酸进行中和，将处理好的催化剂干燥后用活性元素的水溶液化合物进行浸渍。

（3）SO_2 酸化热再生

用于金属氧化物中毒的 SCR 催化剂再生。将钝化的催化剂在去离子水中清洗，在 100℃条件下烘干，而后置于 SO_2 气体中，于 350～420℃下煅烧，实现催化剂活性恢复。有研究表明，用该法对钾中毒催化剂进行处理后，在 250～450℃时的脱硝效率恢复至中毒前的 50%～72%。

（4）热还原再生

用于去除催化剂表面吸附的硫酸盐。在惰性气体中混合一定比例的还原性气体，在高温环境中利用还原性气体同位于催化剂表面与金属结合的硫酸盐发生反应，实现催化剂的脱硫再生。

如果催化剂原有物理结构发生不利变化，则很难再生处理，需要对废弃 SCR 催化剂进行处理，可通过还原浸出-氧化法、酸性浸出-氧化法、碱性浸出法、高温活化法等方法从废钒催化剂中提取 V_2O_5 产品。

284 SCR 催化剂再生有哪些新技术?

除常见的再生技术，SCR 催化剂再生还有一些有发展潜力的新技术。

（1）复合再生

我国燃煤电厂机组和燃用煤种的多样性造成了催化剂失活原因的复杂性。单一的再生方法通常不能完全恢复失活催化剂的活性，因此复合再生技术是较为可行的方案：首先对催化剂进行水洗，去除附着在面上的灰尘及其他杂质；然后采用酸洗法，将催化剂放入酸液中清洗（对碱金属中毒的情况效果甚佳），用清水洗涤催化剂至洗涤液 pH 值接近 7.0，以去除表面残留的酸液；最后采用活化清洗，补充催化剂的活性物质。

还有一种较有效的再生工艺是分步化学清洗法，通过酸洗、超声清洗、酸洗，最后干燥煅烧等进行催化剂再生（具体流程如图 5-8 所示）。这种湿法再生工艺虽然增加了工艺的复杂度和再生成本，但可以对失活催化剂中沉积的砷化合物等有毒物质进行有效清除，大幅提高再生催化剂脱硝效率以及再生使用次数和寿命。

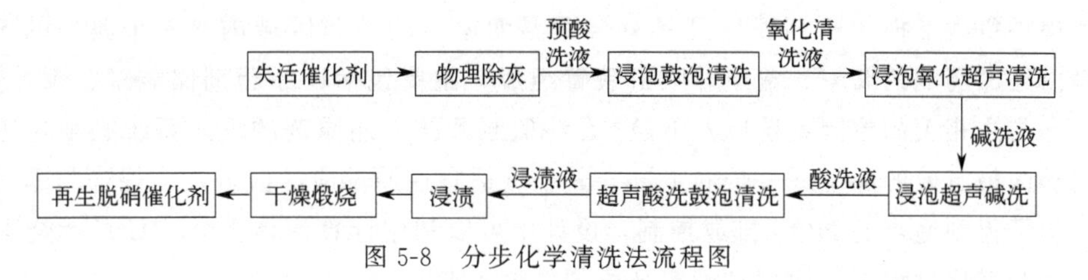

图 5-8 分步化学清洗法流程图

(2) 原位再生及重新成型再生

脱硝催化剂原位再生是成本最低的一种再生方式。用300～350℃的水蒸气对已使用了2000h的商用NH_3-SCR催化剂进行原位再生处理，再脱硝运行336h后，发现NO_x的转化率可达到91.4%。说明这种使用高温水蒸气进行原位再生的方法特别适用于因水溶性物质的沉积而失活的催化剂。

将废旧催化剂进行清洗、干燥、重新定型成块，也可以达到一定的再生效果。首先吹扫去除废旧脱硝催化剂表面沉积物，将其进行破碎处理后形成块状催化剂，用去离子水清洗，干燥处理，获得的催化剂单元体活性能够恢复到新催化剂催化效果的85%。这种工艺操作简便、成本低，适于大规模的工业应用，但破碎后的催化剂单元难以再次再生使用，存在一定的弊端。

(3) 清洗超声再生

清洗剂对恢复催化剂活性具有显著作用，清洗时间、清洗剂的浓度和温度都有影响。清洗剂可以是络合剂乙二胺四乙酸（EDTA）、表面活性剂十二烷基苯磺酸（LAS）等，可配合超声波震荡方法对废旧催化剂进行清洗再生。清洗剂浓度为0.01mol/L，经震荡清洗30min后，制成再生催化剂，脱硝活性在400℃时可达到85%～90%，并且该再生工艺的$CaSO_4$去除率达到92.0%以上，但钒和钨的残余率分别为99.4%和98.3%。

(4) 中毒催化剂再生

目前，有大量催化剂因As和Pb中毒，需通过还原及增加活性的办法加以再生利用。在甲醇气氛中、250～275℃下，对As中毒的催化剂进行加热再生时，还需添加活性钒以恢复甲醇处理后的催化剂的脱硝活性，NO_x转化率达到原来的80.76%。还可通过氨洗、H_2还原和空气煅烧等手段，不仅可以有效地去除As，而且还可以将催化剂的活性成分恢复到相当的水平。另外，将碱处理和酸洗组合，可消除催化剂表面的As并恢复废V_2O_5-WO_3/TiO_2催化剂的催化活性，再生样品的催化活性也可增加至新催化剂的水平。通过去离子水、酸溶液、络合剂和碱溶液对Pb中毒催化剂进行再生，可使得催化剂的NO_x转化率达到95.70%。

285 什么是选择性非催化还原烟气脱硝技术工艺?

选择性非催化还原工艺简称为SNCR工艺，又称热力脱硝工艺。SNCR工艺就是把含有氨基的还原剂喷入锅炉炉膛中900～1100℃的区域内，该还原剂快速热解成NH_3并和烟气中的NO_x进行还原反应，把NO_x还原成N_2和H_2O。该方法以锅炉炉膛为反应器，可通过对锅炉的改造实现。在炉膛内不同的高度上布置还原剂喷射口，是为了满足在不同的锅炉负载下把还原剂喷射到具有合适温度窗口的炉膛区域内。一个典型的SNCR系统是由还原药剂的储藏、输送和喷射装置组成，主要包括还原药剂储藏罐、泵、管道、喷射器和与之相关的控制系统以及NO_x在线监测系统。还原剂的喷入系统必须将还原剂喷到锅炉内最有效的部位——炉膛上部，其温度适宜还原反应的区域，并保证与烟气充分混合。为了得到适当的NO_x排放控制，设计中可以利用计算流体力学和计算燃烧学对炉膛内流动和燃烧过程进行模拟来确定还原剂的喷入点。

目前全世界约有300多套SNCR装置应用于电站锅炉、工业锅炉、垃圾焚烧炉及其他燃烧装置中。该工艺可通过现有中小型锅炉的改造来实现，投资费用低，但氨逃逸率高，脱硝效率低。具体工艺流程如图5-9所示。

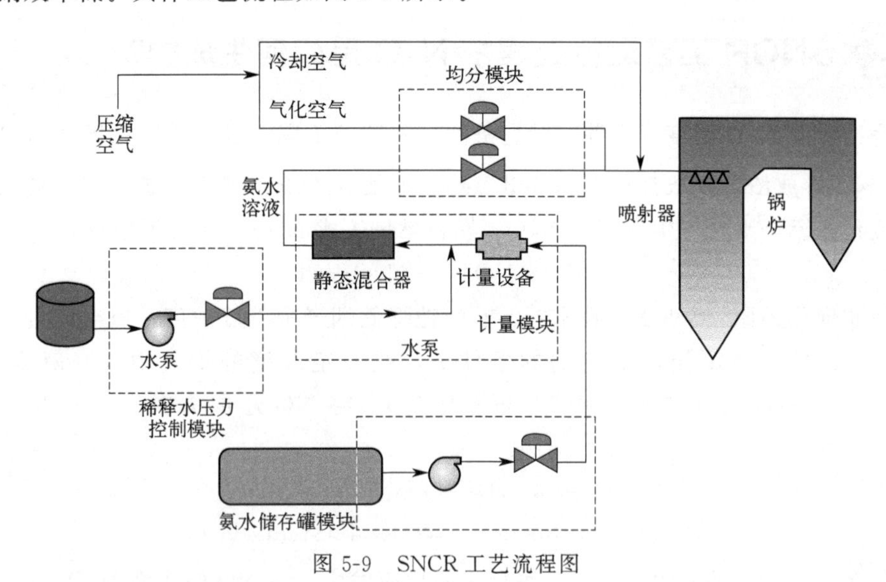

图5-9 SNCR工艺流程图

286 SNCR工艺的原理是什么?

研究表明，在900～1100℃温度范围内，在无催化剂的作用下，氨或尿素等氨基还原剂可选择性地把烟气中的NO_x还原为N_2和H_2O，基本上不与烟气中的氧气作用，据此发展了SNCR法。其主要反应如下。

氨（NH_3）为还原剂时：

$$4NH_3+6NO \longrightarrow 5N_2+6H_2O$$

尿素[$(NH_2)_2CO$]为还原剂时：

$$(NH_2)_2CO \longrightarrow 2NH_2+CO$$

$$NH_2+NO \longrightarrow N_2+H_2O$$

$$2CO+2NO \longrightarrow N_2+2CO_2$$

试验表明，当温度超过1100℃时，NH_3会被氧化成NO，反而造成NO_x排放浓度增大。其反应为：

$$4NH_3+5O_2 \longrightarrow 4NO+6H_2O$$

而温度低于900℃时，反应不完全，氨逃逸率高，造成新的污染。可见温度过高或过低都不利于对污染物排放的控制。适宜的温度区间被称作温度窗口，所以，在SNCR法的应用中，温度窗口的选择是至关重要的。

SNCR与其他技术（如SCR、再燃烧技术、低NO_x燃烧器等）的联用是目前该技术发展的一个重要方向。Wendt等对SNCR/SCR联用工艺进行了建模和试验研究，结果表明，SNCR工艺段脱硝率不低于60%时，SNCR/SCR工艺才是经济可行的；Han等对再燃烧/SNCR联合工艺进行了数学建模研究，认为其脱硝效率可以达到80%左右；Hunt

等对低 NO_x 燃烧技术和 SNCR 的联用进行了研究，结果表明，低 NO_x 燃烧技术/SNCR 联用工艺比单独 SNCR 工艺效率提高了 45%。

287 SNCR 工艺运行过程中 N_2O 是如何生成的？

燃烧排放的 N_2O 浓度因煤种、燃烧条件的不同而不同，以煤粉燃烧锅炉为代表的高温燃烧 N_2O 排放浓度一般都小于 5μmol/mol，不是 N_2O 的主要生成源，而炉内温度相对较低的流化床燃烧则会产生较多的 N_2O。燃料燃烧生成 N_2O 的主要反应是：

$$NCO+NO \longrightarrow N_2O+CO$$

选择非催化还原（SNCR）技术能够有效地降低烟气中 NO 浓度，但会产生一定量的 N_2O。SNCR 是指在不使用催化剂的条件下，在一定温度的烟气中（一般为 1500～1100K），加入还原剂（如氨、尿素、氢氰酸等），将 NO 还原为氮气。主要反应可表示为：

$$6NO+4NH_3 \longrightarrow 5N_2+6H_2O$$

$$2CO(NH_2)_2+6NO \longrightarrow 5N_2+4H_2O+2CO_2$$

但是在还原 NO 的同时，会有一系列中间反应发生，将 NO 转化为 N_2O。

目前关于 SNCR 的研究多侧重于提高脱硝率，对 N_2O 问题涉及不多，仅在流化床喷氨脱硝中 N_2O 受到了关注。有研究表明：SNCR 中是否会产生大量的 N_2O，很大程度上取决于喷氨处烟气成分。氧化性气氛有利于 N_2O 的产生；而高初始浓度的 N_2O 则会被还原，从而降低 N_2O 排放。

288 SNCR 工艺运行过程应采用哪些措施来控制 N_2O？

在应用 SNCR 工艺时，通常注意以下几点来减少 N_2O 的排放。

① 应用 SNCR 技术的锅炉烟气 N_2O 排放与还原剂类型、还原剂用量、反应温度和反应时间等密切相关。当反应时间足够时，反应温度越高，还原剂用量越少，N_2O 排放浓度越低。

② N_2O 浓度随 SNCR 反应时间呈先增后减的变化。氨-SNCR 过程中，N_2O 在 NO 还原反应平衡时达到最大生成量。提高 SNCR 反应温度，能缩短 NO 还原反应平衡时间，提前 N_2O 分解反应开始时间。

③ 氨-SNCR 一般不会引起 N_2O 排放增加问题。当反应温度＞1200K 时，在反应进行 0.2s 后 N_2O 开始分解，最终 N_2O 排放浓度在 0～7μmol/mol 范围内，与以煤粉燃烧锅炉为代表的高温燃烧排气中 N_2O 浓度相近。

④ 在相同条件下，尿素-SNCR 反应较氨-SNCR 进行慢，N_2O 生成反应持续时间长，最大生成量高，分解反应开始晚，N_2O 排放浓度高于氨-SNCR。尿素-SNCR 试验中约有 8.7%的 NO 转化为 N_2O，N_2O 排放浓度为 27.8μmol/mol，大于以煤粉燃烧锅炉为代表的高温燃烧排气中 N_2O 浓度。

289 SNCR 工艺中影响脱氮效率的主要因素有哪些?

虽然 SNCR 方法从原理上讲比较简单，但在实际应用中有许多因素影响 NO_x 的还原率。主要有以下四个方面。

（1）还原剂喷入点的选择

喷入点必须保证使还原剂进入炉膛内适宜反应的温度区间（900～1100℃）。温度高，还原剂被氧化成 NO_x，烟气中的 NO_x 含量不减少反而增加；温度低，反应不充分，造成还原剂流失，对下游设备产生不利的影响甚至造成新的污染。

（2）合适的停留时间

因为任何反应都需要时间，所以还原剂必须和 NO_x 在合适的温度区域内有足够的停留时间，这样才能保证烟气中的 NO_x 还原率。停留时间从 100ms 增加到 500ms，NO_x 最大还原率从 70%上升到了 93%左右。

（3）适当的 NH_3/NO_x 摩尔比

NH_3/NO_x 摩尔比对 NO_x 还原率的影响也很大。根据化学反应方程，NH_3/NO_x 摩尔比应该为 1，但实际上都要比 1 大才能达到较理想的 NO_x 还原率，已有的运行经验显示，NH_3/NO_x 摩尔比一般控制在 1.0～2.0，最大不要超过 2.5。NH_3/NO_x 摩尔比过大，虽然有利于 NO_x 还原率增大，但氨逃逸加大又会造成新的问题，同时还增加了运行费用。当 NH_3/NO_x 摩尔比小于 2 时，随 NH_3/NO_x 摩尔比增加，NO_x 还原率显著增加，但 NH_3/NO_x 摩尔比大于 2 后，增加就很少。而且随着 NH_3/NO_x 摩尔比增加，NO_x 还原率增加，但氨逃逸率也增加了。

（4）还原剂和烟气的充分混合

两者的充分混合是保证充分反应的又一个技术关键，是保证在适当的 NH_3/NO_x 摩尔比下得到较高的 NO_x 还原率的基本条件之一。

只有在以上四方面的要求都满足的条件下，NO_x 脱除才会有令人满意的效果。大型电站锅炉由于炉膛尺寸大、锅炉负荷变化范围大，从而增加了对这四个因素控制的难度。国外的实际运行结果表明，应用于大型电站锅炉的 SNCR 的 NO_x 还原率只有 25%～40%。一般来说，随着锅炉容量的增大，SNCR 的 NO_x 还原率呈下降的趋势。

以上四个方面的因素都涉及了 SNCR 还原剂的喷射系统，所以在 SNCR 中还原剂喷射系统的设计是一个非常重要的环节。

290 SNCR 应用中存在哪些问题?

SNCR 应用中可能存在的问题主要有以下几个。

① SNCR 工艺中氨的利用率不高，为了还原 NO_x 必然使用过量的氨，容易形成过量的氨逃逸。氨的逃逸造成环境污染并形成氨盐，可能堵塞和腐蚀下游设备。

② 形成温室气体 N_2O，研究表明用尿素作还原剂要比用氨作还原剂产生更多的 N_2O。

③ 如果运行控制不适当，用尿素作还原剂时可能造成较多的CO排放。这是因为低温尿素溶液喷入炉膛内的高温气流引起淬冷效应，造成燃烧中断，导致CO排放的增加。

④ 在锅炉过热器前大于800℃的炉膛位置喷入低温尿素溶液，必然会影响炽热煤炭的继续燃烧，引发飞灰、未燃烧炭提高的问题。

291 SNCR技术和其他脱硝技术联用的应用情况如何?

由于电站锅炉炉膛尺寸大及负荷变化，造成单独使用SNCR的NO_x脱除效率低（<50%），而氨的逃逸却较高（>10mg/L），所以目前国外大型电站锅炉单独使用SNCR的不多，绝大部分是SNCR技术和其他脱硝技术的联合应用。

（1）SNCR和SCR的联合应用

氨逃逸率的要求限制了SNCR的脱硝效率，但在SNCR/SCR系统里，SNCR所产生的氨可以作为下游SCR的还原剂，由SCR进一步脱除NO_x，同时减少了SCR的催化剂使用量，降低了成本。在美国南加州使用该系统的燃煤锅炉的NO_x脱除率可达到70%～92%，在新泽西州液态排渣燃煤锅炉可达到90%，氨逃逸在2mg/L以下。

（2）SNCR和低NO_x燃烧器的联合应用

2001年，美国的一份政府科技报告称：B&W公司和其他两个研究机构正联合开发一种适用于大多数煤种的超低NO_x燃烧器和SNCR的联合脱硝技术，它的运行和建设成本约为SCR的1/2，但NO_x的排放可达到SCR的标准。

（3）SNCR和再燃烧技术的联合应用

在燃料富集的条件下再燃烧，可造成还原气氛还原烟气中的NO_x。在再燃烧的燃尽过程中，燃烧温度低于正常的燃烧温度，可以使相当的一部分NO_x还原成N_2。在美国威斯康星州电力公司的620MW的燃煤锅炉上应用SNCR和再燃烧技术，达到了56%的NO_x还原率。在美国PSE&G公司的两个320MW的煤粉锅炉使用该技术，达到了60%的NO_x还原率。

292 什么是活性焦吸附法脱硝技术?

活性焦吸附法是德国BF分公司（BerbauForschung公司）1967年研究开发的。该法是用活性焦进行烟气的同时脱硫脱硝，SO_2通过活性焦的微孔吸附作用，存于活性焦的微孔内，再通过热再生，生成高浓度的SO_2气体，经过转化装置形成高纯硫黄、浓硫酸等副产品；NO_x是在加氨的条件下经活性焦的催化作用生成水和氮气排入大气。其优点是：

① 脱硫脱硝一体化，脱硫率高于95%，单层活性焦脱硝率为20%～50%，双层活性焦脱硝率为80%以上；

② 除了除去SO_2、NO_x外，还可以除去烟气中粉尘、SO_3（湿法难以除去）、卤素化合物、有害重金属、有毒气体（如二噁英）等；

③ 脱硫脱硝过程中不用水，节水效果明显；

④ 占用场地面积小；

⑤ 副产品为高纯硫黄或浓硫酸，无污染；

⑥ 在低温下（100～200℃）能得到较高的脱氮效率；

⑦ 建设费用低，运行费用经济；

⑧ 遇碱、盐类时催化剂不致老化。应注意的问题是，必须将活性炭改性为活性焦，普通的活性炭的综合强度（耐压、耐磨、耐冲击）低，而且表面积大，若使用移动床，因吸附、再生、往返使用损耗大，存在着经济问题，因此使用活性焦才能解决问题。

293 碳质固体还原法的工艺原理是什么?

碳质固体还原法的工艺原理就是利用碳作为还原剂来还原烟气中的 NO_x，这种方法属于无催化剂非选择性还原法。和用燃料气为还原剂的选择性非催化还原法相比，不需要价格昂贵的贵金属催化剂，不存在催化剂中毒的问题，和 NH_3 选择性催化还原剂相比，碳的价格比较便宜，来源广泛。当气源中氧气含量较高时，虽然碳的消耗量很大，但是氧气和 NO_x 与碳的反应都是放热反应，所以消耗定量的碳所放出的热量和普通燃烧过程相同，这部分反应热可以回收利用。碳质固体还原法的化学反应如下：

$$C+2NO \longrightarrow CO_2+N_2$$

$$2C+2NO \longrightarrow 2CO+N_2$$

$$2C+2NO_2 \longrightarrow 2CO_2+N_2$$

$$4C+2NO_2 \longrightarrow 4CO+N_2$$

当烟气中存在氧气时，氧气和碳反应生成一氧化碳，一氧化碳也能还原 NO_x，反应式为：

$$2C+O_2 \longrightarrow 2CO$$

$$2CO+2NO \longrightarrow 2CO_2+N_2$$

$$2CO+2NO_2 \longrightarrow 2CO_2+O_2+N_2$$

（四）湿法烟气脱硝技术

294 湿法烟气脱硝技术有哪两大类?

湿法烟气脱硝技术有两大类，一类是利用燃煤锅炉已装有烟气洗涤脱硫装置的，只需要对脱硫装置进行适当的改造，或者调整运行条件，就可以将烟气中的 NO_x 在洗涤过程中除去；另一类是单纯的湿法洗涤脱硝，这种方法是将烟气中的 NO 氧化为 NO_2，然后用水进行吸收。这种洗涤方式最大的障碍是 NO 很难溶于水，因此一般都采用一定的方法将 NO 通过氧化剂氧化成为 NO_2，然后用水或者是酸、碱液吸收而进行脱硝。按照所使用的不同吸收剂可以分为水吸收法、酸吸收法、碱吸收法、氧化吸收法、吸收还原法、络合吸收法等。这种湿法脱硝的效率很高，但是系统比较复杂，用水量比较大而且还有污水产生，在燃煤锅炉上应用的比较少。

295 水氧化吸收法主要用于哪些场合?

水氧化吸收法的原理是水能和 NO_2 反应生成硝酸和 NO，反应式为：

$$3NO_2 + H_2O \longrightarrow 2HNO_3 + NO$$

但是 NO 并不会和水反应，在水中的溶解度也比较低，因此在常压下水吸收法的效率不高，不适用于燃煤烟气脱硝，如果采用增加压力的方法则需要增加投资和能耗，因此这种方法一般用于硝酸工厂的尾气治理。

296 酸吸收法的原理是什么?

常见的酸吸收法一般使用的吸收剂为稀硝酸和浓硫酸。稀硝酸吸收 NO 的原理是 NO 在稀硝酸中的溶解度比在水中大得多。这种方法可用于硝酸尾气的处理。

浓硫酸吸收 NO_x 可以生成亚硝基硫酸 $NOHSO_4$ 和混合硫酸：

$$NO + HNO_3 + H_2SO_4 \longrightarrow NOHSO_4 + NO_2 + H_2O$$

这种方法的应用也很少。

297 什么是碱液吸收法?

碱液和 NO_2 反应生成硝酸盐和亚硝酸盐，和 N_2O_3（$NO+NO_2$）反应生成亚硝酸盐。碱液可以和 Na^+、K^+、Mg^{2+}、NH^{4+} 等离子反应生成氢氧化物或弱酸盐溶液。碱液吸收法的优点是能将 NO_x 回收为有销路的亚硝酸盐或者硝酸盐产品，有一定的经济效益，工艺流程和设备也比较简单，缺点是吸收率不高，对 NO_2/NO 也有一定的限制。

298 氧化吸收法主要有哪些种类?

氧化吸收法主要有三类，分别使用臭氧、高锰酸钾和 ClO_2 作为吸收剂。

① 臭氧氧化吸收的主要原理如下：

$$NO + O_3 \longrightarrow NO_2 + O_2$$

$$2NO + O_3 \longrightarrow N_2O_5$$

$$N_2O_5 + H_2O \longrightarrow 2HNO_3$$

这种方法用水作为吸收剂，但是生成的硝酸需要处理，而且制取臭氧的成本比较高。

② 高锰酸钾法的原理为：

$$KMnO_4 + NO \longrightarrow KNO_3 + MnO_2$$

$$2NO + O_3 \longrightarrow N_2O_5$$

$$N_2O_5 + H_2O \longrightarrow 2HNO_3$$

生成的 MnO_2 可以从沉淀中分离再生，副产品 KNO_3 可以作为化肥使用，脱硝率比较高，而且同时可以脱硫。但是高锰酸钾价格较贵，而且需要进行水处理。

③ ClO_2 氧化吸收的原理为：

$$2NO+ClO_2+H_2O \longrightarrow NO_2+HNO_3+HCl$$

$$NO_2+2NaSO_3 \longrightarrow \frac{1}{2}N_2+2NaSO_4$$

这种方法可以和采用氢氧化钠作为脱硫剂的湿法脱硫相结合，脱硫反应的产物 Na_2SO_3 可以作为还原 NO_2 的吸收剂。

299 什么是液相还原吸收法?

液相还原吸收法也叫湿式分解法，指用液相还原剂将 NO_x 还原为 N_2。常用的还原剂有亚硫酸盐、硫化物、硫代硫酸盐、尿素水溶液等。液相还原剂和 NO 的反应并不生成 N_2，而是生成 N_2O，反应速率比较慢，因此常常先将 NO 氧化为 NO_2 或 N_2O_3。因为该法是将 NO_x 还原为 N_2，为了有效地利用 NO_x，一般是先采用碱液或稀硝酸吸收 NO_x 废气，然后再用还原吸收法。

300 $NaClO_2$ 溶液的脱硝机理是什么?

$NaClO_2$ 是白色晶体或结晶状粉末，微具吸水性，溶于水，有很强的氧化性。$NaClO_2$ 溶液湿法脱除 NO 的反应比较复杂，许多学者在进行这方面的研究后认为，这是一个气膜控制的吸收氧化反应，NO 主要通过 N_2O_3 和 N_2O_4 的水解而被吸收，NO 可以在水溶液中被 $NaClO_2$ 定量氧化。在这一反应过程中 NO 被氧化成 NO_3^-，而在脱除 NO_x 的过程中，绝大部分 ClO_2^- 转化为 Cl^-。因此，认为在碱性溶液中 NO 与 $NaClO_2$ 的反应如下：

$$NaClO_2 \longrightarrow Na^++ClO_2^-$$

$$2NO+ClO_2^- \longrightarrow 2NO_2+Cl^-$$

$$2NO_2+2OH^- \longrightarrow NO_2^-+NO_3^-+H_2O$$

$$2NO_2+ClO_2^- \longrightarrow 2NO_3^-+Cl^-$$

因为生成了 HNO_3，溶液 pH 值在短时间内迅速下降，而 $NaClO_2$ 在酸性溶液中会分解，其反应过程如下：

$$ClO_2^-+H^+ \longrightarrow HClO_2$$

$$8HClO_2 \longrightarrow 6ClO_2+Cl_2+4H_2O$$

$$4ClO_2^-+2H^+ \longrightarrow 2ClO_2+ClO_3^-+Cl^-+H_2O$$

NO 的氧化反应如下：

$$2NO+ClO_2 \longrightarrow 2NO_2+Cl_2$$

301 $NaClO_2$ 溶液脱硝的过程中影响脱硝效率的主要因素有哪些?

$NaClO_2$ 溶液脱硝的主要影响因素有 $NaClO_2$ 溶液浓度、NaOH 浓度、NO_x 进气浓度、吸收液 pH 值、L/G 值、反应温度等。

（1）$NaClO_2$ 溶液浓度的影响

提高 $NaClO_2$ 浓度能促进 NO_x 吸收。大约 14%的去除率来自水，80%的去除率来自 $NaClO_2$ 溶液的吸收。

（2）NaOH 浓度的影响

加入低浓度的 NaOH，可以提高对 NO_x 的吸收率，但是，高浓度的 NaOH 却会降低或者抑制吸收。这是因为高 pH 值降低了 $NaClO_2$ 的氧化能力，减小了对 NO_x 的吸收率。

（3）NO_x 进气浓度的影响

单独脱硝试验中，NO_x 的进气浓度越高，脱硝效率越高，这可能是因为当 NO_x 的进气浓度在某一范围内时，NO_x 的去除是被动力学控制的。提高 NO_x 浓度，并且相应提高 $NaClO_2$ 溶液的浓度，有助于达到更高的脱硝效率，持续反应时间也会增长，但是，达到最高效率的时间会比低浓度的情况要长。

（4）吸收液 pH 值的影响

NO_x 借助于 N_2O_3 和 N_2O_4 的水解而被吸收。由于生成了 HNO_3，溶液 pH 值迅速降低，吸收效率提高，这是因为 $NaClO_2$ 的氧化能力随 pH 值的减小而增强。但当 pH 值降到最低，即到达吸收过程的最后，NO_x 的去除效率变化则不明显，这可能是因为 NO 的溶解度随离子浓度的增大而减小，并且在一定的离子浓度下，NO 的溶解度在 pH 值 2～13 范围内是常数。常规 FGD 系统的 pH 值范围一般控制在 5～6 之间，Adewuyi 等在吸收液中添加了 Na_2HPO_4 和 K_2HPO_4 缓冲溶液，将吸收液的 pH 值控制在 6～7 之间，达到了最佳的去除效率。

（5）L/G 值的影响

L/G 值越大，达到最大 NO_x 去除率的速率就越快。这可能是由于增加了气液接触面积，促进了大分子扩散。在 Chien 的试验中，L/G 为 4～10L/m^3，L/G 比值越大，去除效率就越高。

（6）反应温度的影响

一般来说，NO_x 溶解度随温度的上升而减小，但反应速率随温度升高而增大，这种相反的影响有可能相互抵消。而 Chien 和 Teramoto 等的试验证明，随着温度的提高，去除效率也提高，操作温度从 25℃变化到 50℃，其吸收率增加 1 倍。

（五）其他脱硝技术

302 什么是生化法脱硝?

生化法脱硝是利用微生物的生命活动将烟气中的有害物质转化成为简单而无害的无机物和生物细胞质。微生物的种类繁多，特定的待处理成分有特定适宜的微生物群落。在烟气的生化处理中，微生物的存在形式可以分为悬浮生长系统和附着生长系统两种，悬浮生长系统就是微生物及其营养物存在于液相中，气体中的污染物通过与悬浮物接触后转移到液相中而被微生物净化。附着生长系统是当烟气在增湿后进入生物滤床，通过滤层时，污染物从气相中转移到生物膜表面并被微生物净化。悬浮生长系统微生物的环境条件和操作条件易于控制，但是由于 NO_x 中 NO 占的比例较大，NO 不溶于水，所以去除率不高。

303 什么是化学链燃烧技术？

化学链燃烧（CLC）由德国科学家 Richter 等在 1983 年首次提出，其基本原理是将传统的燃料与空气直接接触并燃烧，借助于固体氧载体的作用分解为两个气固反应，分别在不同的反应器中进行，燃料与空气无需接触，固体氧载体在两个反应器间循环，由固体氧载体将空气中的氧传递到燃料中。氧载体在燃料反应器中与燃料发生反应：

$$(2n+m)M_yO_x+C_nH_{2m} \longrightarrow (2n+m)M_yO_{x-1}+mH_2O+nCO_2$$

被还原的氧载体（M_yO_{x-1}）被输送到空气反应器中与空气中的气态氧相结合，发生氧化反应，完成氧载体的再生：

$$M_yO_{x-1}+\frac{1}{2}O_2 \longrightarrow M_yO_x$$

可以看出，空气反应器中没有燃料，氧载体重新氧化是在较低温度下进行的，避免了 NO_x 的生成。与此同时，燃料反应器中没有空气的稀释，产物为 CO_2 和水蒸气，可通过直接冷凝分离而不需消耗额外的能量。另外，化学链燃烧过程把一步化学反应变成两步化学反应，实现了能量梯级利用，且燃烧后的尾气可与燃气轮机、余热锅炉等构成联合循环，提高能量的利用率。这种能避免 NO_x 等污染物的生成，同时对于 CO_2 具有内在分离特性、有更高的燃烧效率的新型燃烧方式具有很好的经济和环保效益。

304 什么是 O_2/CO_2 燃烧技术？

O_2/CO_2 燃烧技术于 1982 年由 Horne 和 Steinburg 提出，从 20 世纪 90 年代开始，美国、加拿大、澳大利亚、瑞典以及日本等国家相继开始深入研究。O_2/CO_2 燃烧技术又称为富氧燃烧技术、空气分离/烟气再循环燃烧技术，通过空气分离制得的氧气与再循环的烟气混合形成的 O_2/CO_2 混合气，作为助燃气体进入锅炉炉膛。由于 O_2/CO_2 循环燃烧，没有 N_2 参与燃烧反应，消除了热力型 NO_x 和快速型 NO_x 的生成；烟气再循环增加了 NO 在炉膛中的停留时间，延长了 NO 与燃料氮还原反应的时间，从而提高了脱硝效率；高浓度 CO_2 气氛下，产生了较多的 CO，高温下焦炭表面 CO 与 NO 进行催化反应，将 NO 还原为 N_2。另有研究表明，O_2/CO_2 燃烧能提高高温脱硫效率。

烟气同时脱硫脱硝技术

305 联合脱硫脱硝技术有哪些类别?

联合脱硫脱硝技术的分类很多，目前较通用的分类方法是按照处理的过程分为两大类。

(1) 炉内燃烧过程中同时脱硫脱硝技术

这类方法共同的特点是通过控制燃烧温度来减少 NO_x 的生成，同时利用钙吸收剂来吸收燃烧过程中产生的 SO_2，控制 NO_x 和 SO_2 的排放。如循环流化床燃烧法、钠质吸收剂喷射法等。

(2) 燃烧后烟气联合脱硫脱硝技术

这类方法是在烟气脱硫法的基础上发展起来的。按照工艺过程可将燃烧后烟气脱硫脱硝技术分为：

① 活性焦/炭同时脱硫脱硝技术；

② 固相吸附/再生同时脱硫脱硝技术，如 CuO 同时脱硫脱硝工艺、NOXSO 工艺、SNAP 工艺；

③ 气固催化同时脱硫脱硝技术，如 SNRB 工艺、WSA-SNO_x 工艺、循环流化床工艺；

④ 高能电子活化氧化技术，如电子束辐照法、脉冲电晕法等；

⑤ 湿法烟气同时脱硫脱硝技术，如 Tri-NO_x-NO_xSorb 法、湿法 FGD 添加金属螯合剂等。

活性焦/炭同时脱硫脱硝工艺是众多烟气处理方法中比较有效的一种，具有可以实现联合脱除 SO_2、NO_x 和粉尘，脱除效率高，投资小等很多优点。

(一) 活性焦/炭同时脱硫脱硝技术

306 活性焦/炭同时脱硫脱硝工艺的原理是什么?

活性炭具有巨大的比表面积、良好的孔结构及丰富的表面基团，因此，它既可作优良的吸附剂也可做催化剂载体，并具有还原性能，是一种非常好的脱硫脱硝剂。

活性焦是一种以煤炭为原料生产的，专门用于脱硫脱硝工艺的新型成型活性炭质吸附材料。与活性炭相比，活性焦比表面积较小 ($150\sim400m^2/g$)，但成本低，具有较高的化学稳定性和热稳定性，机械强度高，抗磨损破碎，能很好地满足工业应用的需要。

活性炭和活性焦的脱硫脱硝工艺和原理相同，主要工艺包括吸附、解吸和硫回收。当进入吸收塔的烟气温度在120～160℃之间时具有最高的脱除效率。

当烟气中没有氧和水蒸气存在时，用活性炭吸附 SO_2 仅为物理吸附，吸附量较小；而当烟气中有氧和水蒸气存在时，在物理吸附过程中还发生化学吸附。这是由于活性炭表面具有催化作用，使吸附的 SO_2 被烟气中的 O_2 氧化为 SO_3，SO_3 再和水蒸气反应生成硫酸，使其吸附量大为增加。

在有 O_2 和水蒸气存在时，活性炭吸附 SO_2 的吸附过程可表示如下（* 表示吸附于活性炭表面的分子）：

$$SO_2 \longrightarrow SO_2^{*} \qquad \text{(物理吸附)}$$

$$O_2 \longrightarrow O_2^{*} \qquad \text{(物理吸附)}$$

$$H_2O \longrightarrow H_2O^{*} \qquad \text{(物理吸附)}$$

$$2SO_2^{*} + O_2^{*} \longrightarrow 2SO_3^{*} \qquad \text{(化学吸附)}$$

$$SO_3^{*} + H_2O \longrightarrow H_2SO_4^{*} \qquad \text{(化学吸附)}$$

$$H_2SO_4^{*} + nH_2O^{*} \longrightarrow H_2SO_4 \cdot nH_2O^{*} \qquad \text{(化学吸附)}$$

化学吸附的总反应可以表示为：

$$SO_2 + H_2O + \frac{1}{2}O_2 \xrightarrow{\text{活性炭}} H_2SO_4$$

在吸收塔上部喷入氨，在活性焦/炭的催化作用下与烟气中的 NO_x 反应生成 N_2：

$$4NO + 4NH_3 + O_2 \longrightarrow 4N_2 + 6H_2O$$

$$2NO_2 + 4NH_3 + O_2 \longrightarrow 3N_2 + 6H_2O$$

与此同时在吸收塔内还存在以下的副反应：

$$NH_3 + H_2SO_4 \longrightarrow NH_4HSO_4$$

$$2NH_3 + H_2SO_4 \longrightarrow (NH_4)_2SO_4$$

净化后烟气由烟囱排出，饱和活性焦/炭又进入再生阶段。

在再生阶段，饱和活性焦/炭被送往再生器加热到400℃进行再生，再生后的活性焦/炭又进入吸收塔循环使用，解吸出来的高浓度 SO_2 可用来生产硫酸或送入克劳斯（Claus）反应器中转化为硫单质。

$$H_2SO_4 \longrightarrow SO_3 + H_2O$$

$$SO_3 + \frac{1}{2}C \longrightarrow SO_2 + \frac{1}{2}CO_2$$

加热过程会存在活性焦/炭的流失，如果有硫酸铵生成，活性焦/炭的损耗将会降低，反应式为：

$$(NH_4)_2SO_4 \longrightarrow SO_3 + H_2O + 2NH_3$$

$$SO_3 + \frac{2}{3}NH_3 \longrightarrow SO_2 + \frac{1}{3}N_2 + H_2O$$

307 活性焦/炭同时脱硫脱硝工艺的优点和缺点分别是什么？

活性焦/炭同时脱硫脱硝工艺主要有以下几个优点：

① 活性炭材料本身具有非极性、疏水性、较高的化学稳定性和热稳定性，可进行活化和改性，加上它的催化能力、负载性能和还原性能以及独特的孔隙结构和表面化学特性，这就决定了活性炭作为一种脱硫脱硝剂具有非常好的先天条件。

② 可以实现联合脱除 SO_2、NO_x 和粉尘的一体化。SO_2 脱除率可达到 98%以上，NO_x 的脱除率可超过 80%，同时吸收塔出口烟气粉尘含量小于 20mg/m^3。

③ 能除去湿法难以除去的 SO_3，且 SO_3 的脱除率很高。

④ 能除去废气中的碳氢化合物（如二噁英）、金属（如水银）及其他有毒物质，是一种深度处理技术。

⑤ 产生可出售的副产品。可以有效地实现硫的资源化，对我国这样的贫硫国家和农业大国，在治理污染的同时充分回收利用硫资源（浓硫酸、硫酸、硫黄），有着重要的意义。

⑥ 吸附剂来源广泛。

⑦ 处理的烟气排放前不需要加热。

⑧ 与传统烟气治理 NO_x 及 SO_2 的工艺相比，具有投资省、工艺简单、占地面积小等特点。

⑨ 我国活性炭工业发展迅速，平均年增长率为 15%，出口量已超过美国和日本，居世界首位。

活性焦/炭同时脱硫脱硝工艺也存在以下问题：

① 活性炭价格目前相对较高；强度低，在吸附、再生、往返使用中损耗大；挥发分较低，不利于脱硝。

② 吸附法脱硫必然存在脱硫容量低、脱硫速率慢、再生频繁等缺点，阻碍了其工业推广应用。

③ 水洗再生耗水量大、易造成二次污染，对我国这样一个水资源匮乏的国家不适合推广应用；而加热再生时活性炭易损耗。

④ 喷射氨增加了活性炭的黏附力，造成吸收塔内气流分布的不均匀性，同时，由于氨的存在而产生对管道的堵塞、腐蚀及二次污染等问题。

⑤ 由于吸附塔与解吸塔间长距离的气力输送，容易造成活性炭的损坏。

（二）固相吸收/再生同时脱硫脱硝技术

308 CuO 同时脱硫脱硝工艺的原理是什么?

传统的方法是用 CuO/Al_2O_3 或 CuO/SiO_2 作吸收剂，CuO 的含量通常占 4%～6%，在 300～450℃的温度范围内与烟气中的 SO_2 发生反应，生成的 $CuSO_4$ 及 CuO 对选择性催化还原法（SCR）还原 NO_x 有很高的催化活性，吸收剂吸收 $CuSO_4$ 饱和后用 H_2 或 CH_4 还原，释放的 SO_2 可制酸，还原得到的金属铜或 Cu_2O 用烟气或空气氧化成 CuO，又可重新用于吸收还原过程，该工艺能达到 90%以上 SO_2 脱硫率和 75%～80%的 NO_x 脱除率。

309 CuO同时脱硫脱硝工艺的优点和缺点分别是什么?

CuO/Al_2O_3 法的优点是：

① 可同时脱硫脱硝（脱硫的同时鼓入氨气，氨在铜盐催化下将 NO_x 还原成 N_2），不产生固态或液态二次污染物；

② 可产出硫或硫酸副产品；

③ 脱硫后烟气无需再热；

④ 脱硫剂可再生循环利用；

⑤ 可降低锅炉排烟温度等。

CuO/Al_2O_3 烟气脱硫技术与当今已经成熟的烟气脱硫技术和正在开发的烟气脱硫新技术（如SNRB，SNO_x，NO_xSO 等）相比，在投资和运行成本上优势明显。但该工艺中，吸附剂CuO再生后的物化性能有所下降，影响了脱硫脱硝率。

将活性焦/炭与CuO结合，可制备出活性温度适宜的催化吸收剂，克服了活性炭使用温度偏低和 CuO/Al_2O_3 活性温度偏高的缺点。有学者研究了用CuO/AC低温脱除烟气中的 SO_2 和 NO_x。新型CuO/AC催化剂在烟气温度120～250℃下，具有较高的脱硫和脱硝活性，明显高于同温下AC和 CuO/Al_2O_3 的脱除活性。

310 什么是NOXSO工艺?

NOXSO处理法是一种干式吸附再生工艺，采用高比表面积且浸透了碳酸钠的氧化铝球状颗粒做吸附剂，同时脱除烟气中的 SO_2 和 NO_x。其工艺过程为：锅炉烟气被通过蒸发直接喷入烟道的水雾冷却后，进入两平行的流化床吸附塔，SO_2 和 NO_x 在塔内同时被吸附剂脱除，净化后的烟气排入烟囱。饱和的吸收剂送至有三段流化床的吸收剂加热器，在600℃的加热过程中，NO_x 被解吸并部分分解。含有 N_x 的高温空气再送入锅炉循环，在燃烧室中 NO_x 浓度达到一个稳定状态，可抑制 NO_x 生成。吸收剂中的硫化物（主要为 Na_2SO_4）在高温下与甲烷发生还原反应，约20%的 Na_2SO_4 还原为 Na_2S，Na_2S 接着在蒸汽处理容器中水解，同时生成的高浓度 SO_2 和 H_2S 被送入Claus单元加工成元素硫。NOXSO工艺可达90%的脱硫率和70%～90%的脱硝率。

烟气中的 SO_2 和 N_x 与吸附剂的吸附反应机理可由下列方程表示：

$$Na_2CO_3+Al_2O_3 \longrightarrow 2NaAlO_2+CO_2$$

$$2NaAlO_2+H_2O \longrightarrow 2NaOH+Al_2O_3$$

$$2NaOH+SO_2+\frac{1}{2}O_2 \longrightarrow Na_2SO_4+H_2O$$

$$2NaOH+2NO+\frac{3}{2}O_2 \longrightarrow 2NaNO_3+H_2O$$

$$2NaOH+2NO_2+\frac{1}{2}O_2 \longrightarrow 2NaNO_3+H_2O$$

吸附剂在加热器中的解吸过程如下：

$$2NaNO_3 \longrightarrow Na_2O+2NO_2+\frac{1}{2}O_2$$

$$2NaNO_3 \longrightarrow Na_2O+NO_2+NO+O_2$$

$$4Na_2SO_4+CH_4 \longrightarrow 4Na_2SO_3+CO_2+2H_2O$$

$$4Na_2SO_3+3CH_4 \longrightarrow 4Na_2S+3CO_2+6H_2O$$

$$Al_2O_3+Na_2SO_3 \longrightarrow 2NaAlO_2+SO_2$$

$$Al_2O_3+Na_2S+H_2O \longrightarrow 2NaAlO_2+H_2S$$

311 什么是 SNAP 工艺?

SNAP 是一种改进的 NOXSO 工艺，采用的吸收剂仍然为 Na_2CO_3 浸渍后的 Al_2O_3，与 NOXSO 不同的是采用了气体悬浮式吸附器，脱硫脱硝反应主要发生在通过一些复杂反应的 Na_2O 与 SO_2 和 NO_x 之间。反应机理目前还没完全清楚，主要的吸收反应如下：

$$4Na_2O+3SO_2+2NO+3O_2 \longrightarrow 3Na_2SO_4+2NaNO_3$$

在再生的第一阶段吸附剂被加热到 400℃以上，解吸出 NO_x，解吸出的 NO_x 又被重新送到燃烧器，NO_x 在火焰区转化生成 N_2。

与 NOXSO 工艺相比，SNAP 工艺有更强的适应性。由于采用了气体悬浮式吸附器，能接受速度为 3～6m/s 的高速烟气，气-固接触时间可延长达 2～3s，气相阻力较低，为 2000～3000Pa。SNAP 与 NOXSO 工艺相比，同样具有成本较高、工艺复杂等缺点，使其在实际的应用中受到了极大的限制。

（三）气固催化同时脱硫脱硝技术

312 WSA-SNO$_x$ 工艺的主要流程是什么?

WSA-SNO$_x$ 法的主要工艺流程如下：烟气由空气预热器、ESP 经袋式除尘器进入气-气热交换器，温度被加热到 370℃后进入 SCR 反应器，在催化剂作用下 NO_x 被氨还原成 N_2。烟气离开 SCR 后，经过蒸汽-气热交换器温度略有增加，再进入 SO_2 转化器，SO_2 被催化氧化为 SO_3，然后烟气在降膜冷凝器中凝结、水合为硫酸，进一步浓缩为可销售的浓硫酸。

该技术除消耗氨气外，不消耗其他化学药品，不产生废水等二次污染，具有很高的脱硝率（可达 95%以上）和可靠性，运行和维护要求较低。缺点是投资费用高，副产品浓硫酸的储存及运输困难。

313 DESONO$_x$ 工艺的主要原理是什么?

DESONO$_x$ 工艺由 Degussa、Lentjes 和 Lurgi 联合开发，其主要原理是烟气从高温

ESP 出来后和 NH_3 混合进入反应器，在反应器中 NO_x 被催化还原，随后 SO_2 被氧化为 SO_3，气体冷却后冷凝为硫酸。

314 Parsons 烟气清洁工艺有哪些步骤?

Parsons 工艺主要包括以下步骤：

① 在单独的还原步骤中同时将 SO_x 催化还原为 H_2S，NO_x 还原为 N_2，氧还原为水；

② 从氢化反应器的排气中回收 H_2S；

③ 从 H_2S 的富集气体中生产元素硫。

315 什么是鲁奇公司 CFB 脱硫脱硝工艺?

循环流化床（CFB）脱硫目前应用比较广，最早由德国鲁齐（Lurgi）公司在 20 世纪 80 年代提出，CFB 脱硫脱硝工艺是把 CFB 工艺脱硫与选择性催化还原脱硝结合起来，目前还在开发过程中。在该套工艺中 CFB 反应器在 385℃条件下运行，消石灰作为脱硫的吸收剂，该工艺中不需要水，吸收产物主要是硫酸钙和亚硫酸钙；脱硝反应使用氨作为还原剂进行选择性催化还原反应，催化剂是具有活性的粉末化合物 $FeSO_4 \cdot 7H_2O$，没有支撑载体。该流化床系统能达到 97%的脱硫率和 88%的脱硝率。

（四）吸收剂喷射同时脱硫脱硝技术

316 炉膛石灰/尿素喷射工艺有哪些特点?

该工艺把炉内喷钙与 SNCR 相结合，喷射浆液由尿素溶液和各种钙基组成，总含固量约为 30%。在燃烧过程中，将喷射液喷入炉膛，反应温度为 900～1000℃。NO_x 与尿素生成 CO_2 和水蒸气；同时，SO_2 和 CaO 生成固体 $CaSO_4$，以达到脱硫脱硝的目的。

炉膛石灰/尿素浆液喷射与干 $Ca(OH)_2$ 吸收剂喷射的方法相比，增强了对 SO_2 的脱除，这可能是由于吸收剂磨得更细、更具活性，且外加尿素基溶液脱 NO_x 对 SO_2 脱除有增强的效应。

该技术的成本低于一般的湿法烟气脱硫，但运行中喷头容易结构堵塞，通常脱硫脱硝率在 50%～60%之间。

317 什么是 SNRB 技术? 其优点有哪些?

SNRB 技术本质上是把脱硫、脱硝和除尘三者结合为一体，综合运用于脉冲喷射式布袋除尘室。高温布袋室处于省煤器和空气预热器之间，在布袋室的上游喷入钙基或钠基吸收剂脱除 SO_2，灰尘和反应后的吸附剂用纤维过滤布袋除去。圆柱形整体 SCR 催化剂被包裹在布袋室内的布袋里，NH_3 自布袋室上游喷入，NO_x 在SCR催化剂作用下与氨反应被脱除。

在SNRB技术中，布袋室在运行温度430℃及以上、Ca/S为1.8以上时使用商业脱水石灰吸附剂能达到大于80%的脱硫率，而且钙的利用率能达到40%～45%，大大高于其他传统的干式钙基吸附剂喷射工艺。使用钠基吸附剂，Na/S为2时能达到90%的脱硫率和85%的吸附剂使用率。在设计温度范围内（370～480℃），保证氨泄漏低于3.8mg/m^3（标准）的情况下能够实现90%的脱硝率。

由于在烟气接触SCR催化剂以前通过脱硫大大减少了 SO_2 的量，因此通过SCR催化剂的 SO_2 转化为 SO_3 的量低于0.5%，不会引起下游设备由于硫酸铵沉积导致结渣和腐蚀。SNRB对锅炉运行性能没有影响，占地面积小。使用钠基吸附剂和足够高的 NH_3/NO_x 时，能达到较高脱硫脱硝率，尾部烟道结渣和腐蚀的可能性小，能够在较低出口烟温下运行，进一步加强了能量利用率，提高锅炉效率。但SNRB对脱硫率要求高于85%的机组不经济，当脱硫要求较低时，SNRB则有较大优势。工艺费用分析表明，从机组容量和燃煤含硫量的角度来说，该技术比传统的干式洗涤器、与布袋结合的SCR系统的适用范围更广泛。

318 碳酸氢钠管道喷射工艺的主要原理是什么?

碳酸氢钠管道喷射是将 $NaHCO_3$ 直接喷入管道，$NaHCO_3$ 受热后分解生成碳酸钠，SO_2 与碳酸钠表面反应生成 Na_2SO_3 与 Na_2SO_4。主要反应如下：

$$2NaHCO_3 \longrightarrow Na_2CO_3 + CO_2 + H_2O$$

$$Na_2CO_3 + SO_2 \longrightarrow Na_2SO_3 + CO_2$$

$$Na_2CO_3 + SO_2 + \frac{1}{2}O_2 \longrightarrow Na_2SO_4 + CO_2$$

319 什么是整体干式 SO_2/NO_x 排放控制工艺?

整体干式 SO_2/NO_x 排放控制工艺采用Babcock&Wilcox公司的低 NO_x DRBXCL下置式燃烧器，通过在欠氧环境下喷入部分煤和部分燃烧空气来抑制 NO_x 的生成。其余的燃料和空气在第二级送入，以完成整个燃烧过程。过剩空气的引入是为了完成燃烧过程以及进一步除去 NO_x。向锅炉烟道中注入两种干式吸附剂以减少 SO_2 的排放。可把钙注入空气预热器上游，或者把钠和钙注入空气预热器的下游。顺流加湿的干式吸附剂有助于提高 SO_2 的捕获率，降低烟气温度和流量，并可减小布袋除尘器的压力损失。这种工艺可替代常规湿式脱硫法，成本较低。其需适当的设备投资和较短的改装时间，所需空间较小，可应用于各种容量的机组，但更适合于中小型老机组的改造，能降低烟气中70%以上的 NO_x 和55%～75%的 SO_2。

320 喷雾干燥同时脱硫脱硝工艺条件如何控制？

喷雾干燥同时脱硫脱硝工艺是由日本 Hokkaido 电力公司和 Mitsubishi 重工业有限公司开发的，是一种采用 LIFAC 吸收剂联合脱除 SO_2/NO_x 的工艺。其具体工艺是：将飞灰、消石灰和石膏与 5 倍于总固体重的水在混合箱内混合，在 95℃时将溶液搅拌 3～12h 制得。吸收剂以浆液形式进入喷雾塔，雾化后与烟气接触，蒸发冷却烟气，同时与烟气中的 SO_2 和 NO_x 反应，生成 $CaSO_4$ 和 $Ca(NO_3)_2$，达到脱除 SO_2 和 NO_x 的目的。

喷雾干燥同时脱硫脱硝工艺的投资较少，工艺比较简单，但脱硫率比湿式石灰石-石膏工艺低，制约了该技术的应用。

（五）高能电子活化氧化法

321 电子束辐照法烟气脱硫脱硝技术的工作原理是什么？

电子束辐照法脱硫（EBA）是一种脱硫新工艺。1970 年由日本荏原（Ebara）公司开始研究，经 20 多年的研究已逐步工业化。该法为干法处理过程，且能同时脱硫和脱硝，并可达到 90%以上的脱硫率和 80%以上的脱硝率，对不同含硫量的烟气和烟气量的变化有较好的适应性。在电子束照射的同时，加入氨气，则副产品为硫铵和硝铵混合物，可用作化肥。

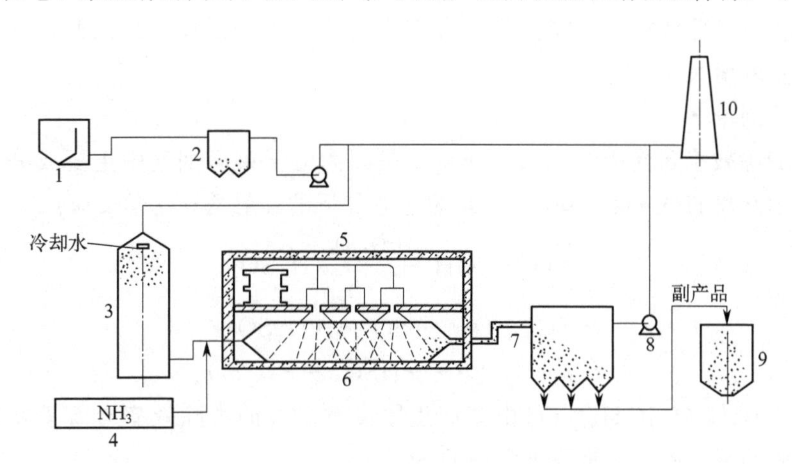

图 6-1 电子束辐照法烟气脱硫工艺流程图

1—锅炉；2—电除尘器；3—冷却塔；4—氨储罐；5—电子加速器；6—反应器；7—电除尘器；8—引风机；9—副产品储罐；10—烟囱

其工艺流程如图 6-1 所示。燃煤锅炉排出的含 SO_2 烟气经除尘后，进入冷却塔，在塔中由喷雾化水冷却到 65～70℃。从冷却塔出来的烟气被加入接近化学计量的氨气后，进入反应器，经受设置在反应器内的电子加速器产生的高能电子束照射，烟气中的 N_2、O_2 和水蒸气等发生辐射反应，生成大量的离子、自由基、原子、电子和各种激发态的原子、分子等活性物质，他们将烟气中的 SO_2 和 NO_x 氧化为 SO_3 和 NO_2。这些高价的硫氧化物和氮氧化物与水蒸气反应生成雾状的硫酸和硝酸，与事先注入的氨反应，生成硫铵和硝铵微粒。最后用电除尘器收集气溶胶形式的硫铵和硝铵作为副产品，净化后的烟气经烟囱排放。副产品经造粒处理后可作化肥销售。

EBA 法是靠电子束发生器产生高能电子的。电子束发生器由直流高压电源和电子束加速管组成，两者之间用高压电缆连接。在高真空下，由加速管端部的灯丝发射出来的热电子，在高压静电场作用下，使热电子加速到任意能级。高速电子束的有效照射空间，可通过调节 x、y 方向的磁场作用来控制，高速电子束通过照射窗进入反应器内，使废气中的 SO_2 和 NO_x 强烈氧化。

322 影响电子束辐照法脱硫脱硝效率的因素有哪些?

影响 EBA 工艺脱硫效率的因素主要有热化学反应、氨投加量、吸收剂量、烟气温度、烟气含水量等。

(1) 热化学反应

热化学反应对 SO_2 总脱除率的贡献较大，扣除漏风等因素，热化学反应对 SO_2 总脱除率的贡献约为 50%～80%。热化学反应对 SO_2 脱除效率的贡献大于辐射诱导化学反应的贡献。

(2) 氨投加量

当吸收剂量一定时，氨投加量对 SO_2 脱除效率影响也较大。氨与 SO_2 既能直接发生热化学反应生成亚硫酸盐，又能与 SO_2 被氧化后生成的硫酸反应。因此，SO_2 的脱除效率随氨投加量的增大而上升。

(3) 吸收剂量

SO_2 的脱除效率还受吸收剂量的影响，是因为电子束同烟气中主要成分作用，产生了大量·OH、O·和 HO_2·自由基，与 SO_2 发生了如下的辐射诱导化学反应：

$$SO_2 + \cdot OH \xrightarrow{H_2O,\ O_2} H_2SO_4$$

$$SO_2 + O\cdot \longrightarrow SO_3 \xrightarrow{H_2O} H_2SO_4$$

$$SO_2 + HO_2\cdot \longrightarrow HSO_4 \longrightarrow H_2SO_4$$

反应器中·OH、O·和 HO_2·自由基产生数量对 SO_2的去除效率有着重要的影响。因此，增大吸收剂量，有利于去除烟气中的 SO_2。

(4) 烟气温度

温度与脱硫率的关系表现为反应器入口烟气温度在较小范围升高时，SO_2 的脱除效率略有下降。

(5) 烟气含水量

SO_2 脱除效率随烟气含水量的增大而上升。这是因为烟气中的水分子受电子束激发，产生·OH 和 HO_2·自由基，对 SO_2 的氧化起着主要作用。此外，烟气含水量的增大有利于增加液相反应概率，促进气溶胶的成核、生长，也有利于烟气中 SO_2 的脱除。

影响脱硝率的主要因素包括吸收剂量、NH_3 的投加化学计量比、反应器入口烟气相对湿度、氮氧化物初始浓度和 SO_2 初始浓度。NO_x 的脱除率随辐射计量和烟气湿度的提高而增大；同 SO_2 相比，NO_x 的脱除率受氨投加量的影响要弱得多，主要原因在于热化学反应对 NO_x 的脱除贡献很小；此外，NO_x 脱除率还与电子束的投加方式有关，多级辐射投加可以提高 NO_x 脱除率。

323 电子束辐照法工艺有哪些优点？还存在哪些不足？

电子束辐照工艺具有以下优点：

① 不产生废水、废渣，脱硫效率可达到90%以上，脱硝率也可达到80%，副产物可作为农肥使用；

② 过程简单，主要设备单元为冷却塔、反应器、加速器及静电除尘器，系统对负载的变化有较好的适应性，启动和停车方便；

③ 经济，占地面积少。

但是该工艺也存在以下不足：

① 需要产生高能电子（$80\times10^{-15}\sim128\times10^{-15}$J）的电子束加速器，需要大功率、长期连续稳定工作的电子枪，需要有严格的庞大的放射线防护设置；

② 电子束加速器昂贵，电能消耗高，处理 $1m^3$ 烟气消耗 10W·h 左右，电子能量需求大约占电厂外输电能的 1%；

③ 维护工作量大，靶窗厚度仅有 30～50μm，由钛金属薄片制成，因烟气腐蚀、内外压差大，易损伤。

324 什么是脉冲电晕等离子体法（PPCP）？

脉冲电晕等离子体烟气脱硫脱硝技术（PPCP）是 20 世纪 80 年代末由日本科学家增田闪一在电子束烟气脱硫脱硝技术基础上提出来的。脉冲电晕技术是在直流高电压（20～80kV）上叠加一脉冲电压（辐值为 200～250kV，周期为 20ms，脉冲宽度为 1μm 左右，脉冲前后沿约 200ns），形成超高压脉冲放电。由于这种脉冲前后陡峭，峰值高，使电晕极附近发生激烈、高频率的脉冲电晕放电，使空间气体形成低温非平衡等离子体。这些低温等离子体中存在着高能电子（2～20eV），它能产生化学活性物质，使反应分子变为活化分子，使许多只能在高温高压、甚至有催化剂存在下才能进行的化学反应能在常温常压、无催化剂存在时进行。由于电晕放电属于低温等离子体，或称弱电离等离子体，其中的电子温度很高，达到几万度，而离子和中性粒子的温度接近室温。因为电子与电子之间的碰撞时间远远小于电子与其他粒子之间的碰撞时间，因此电子可以处于同一热力学平衡状态，这就保证了电子有足够高的能量产生化学活性物质。

脉冲电晕等离子体技术脱硫脱硝的基本原理和电子束照射脱硫脱硝的原理基本一致，都是利用高能电子使烟气中的 H_2O、O_2 等分子激活、电离或裂解，产生强氧化性的自由基，使 SO_2 和 NO_x 氧化并形成相应的酸，在加入 NH_3 的条件下生成硫酸铵和硝酸铵，作为化肥回收利用。它们的差异在于高能电子的来源不同。电子束方法是通过阴极电子发射和外电场加速而获得，而脉冲电晕放电方法是由电晕放电自身产生的。

325 脉冲电晕等离子体工艺流程是怎样的?

脉冲电晕等离子体技术是利用烟气中高压窄脉冲放电产生的高能活性粒子，将烟气中的 SO_2 和 NO_x 氧化为高次氧化物，最终与注入反应器的水蒸气和氨反应生成硫酸铵和硝酸铵，从而达到烟气脱硫脱硝的目的。其工艺过程为：电厂锅炉排放的烟气首先经过除尘器，去除粉尘，然后采用热交换器将烟气降温到 60～80℃之后，加入水蒸气，使烟气含水量增至 10%左右。降温加湿后的烟气与一定化学剂量比的 NH_3 混合进入等离子体化学反应器，反应产物由产物收集器收集。最后将洁净的烟气由风机引出烟道排放掉。

326 脉冲电晕等离子体工艺的影响因素有哪些?

脉冲电晕等离子体工艺的主要影响因素如下。

（1）烟气流量对脱硫效果的影响

烟气流量是脱硫反应器处理能力的一个指标。在注入功率一定的条件下，SO_2 脱除率随烟气量的增加而减少。原因是烟气量增加，烟气在反应器中的停留时间减少，SO_2 分子和自由基之间相互碰撞的概率低，导致 SO_2 被氧化的分子数减少，脱硫率降低。

（2）烟气温度对脱硫效果的影响

温度升高，SO_2 脱除率降低。原因是温度对脱硫反应及产物成分有影响，温度升高，对脱硫不利。

（3）初始浓度对脱硫效果的影响

在注入功率一定的条件下，SO_2 初始浓度升高，脱除率下降。原因是 SO_2 初始浓度升高，烟气中 SO_2 分子增加，但是自由基数量基本不变，导致 SO_2 脱硫率降低。

（4）氨硫比对脱硫效果的影响

在相同条件下，脱硫率随着加氨量的增加而提高。因此，考虑到脱硫效果和氨的作用两方面因素，在实际应用过程中，在保证脱硫效果的同时，适当地减少氨的注入量，一般 NH_3 和 SO_2 摩尔比不高于 2∶1，以提高氨的脱硫作用和减少尾气中氨的排放量。

（5）放电能量对脱硫效果的影响

脱硫率随单位烟气量注入功率的增加而提高。原因是能量增加，脉冲电晕放电产生自由基等活性物种增加，氧化 SO_2 分子数增加，导致脱硫率增加。

327 脉冲电晕等离子体工艺的系统运行有哪些控制参数?

脉冲电晕法反应器中烟气温度、烟气含水量、NH_3 与 SO_2 的化学剂量比、烟气流量、注入单位体积烟气的脉冲电能量等都直接影响到系统的运行情况。

（1）烟气温度

降低烟气温度会使反应器中的热化学反应加快，从而提高脱硫率，但当温度低于露点时，造成烟气中的水蒸气结露，一方面会腐蚀设备，增加设备维护费用；另一方面会溶解产物，使产物收集困难。所以，应将进入反应器的温度控制到略高于露点的温度。

（2）烟气含水量

提高烟气的湿度可提高 SO_2 脱除率，但加入过多的水蒸气增湿，在反应器内凝结，也会造成如前面所述的不良后果。

（3）NH_3 与 SO_2 的化学剂量比

增大注入反应器的氨量可提高 SO_2 脱除率，但过量的 NH_3 不能完全反应，使排空烟气中的 NH_3 含量过高，造成氨泄漏而形成二次污染，应根据烟气条件准确地控制氨硫物质的量之比。

（4）烟气流量

在反应器体积一定时，烟气流量决定烟气在反应器中的停留时间，从而影响化学反应时间。在其他条件相同的情况下，反应时间越长则 SO_2 脱除率越高。

（5）注入单位体积烟气的脉冲电能量

高压脉冲电功率对 SO_2 脱除率的作用机理非常复杂，一般来说，在脉冲电源参数和放电回路参数一定时，大的脉冲电功率注入不仅可提高 SO_2 脱除率，而且可提高产物中 $(NH_4)_2SO_4$ 的比例。但随着电功率的增加，单位功耗的 SO_2 脱除率会降低，从而造成不必要的能量损耗。从经济角度考虑，总功耗应限制为 $3\sim5W\cdot h/(N\cdot m^3)$。

对 SO_2 脱除率（量）而言，这几个主要因素之间具有较复杂的耦合作用，由于其复杂的反应过程，至今还没有完整的反应机理模型。即使通过已建立的试验曲线也很难直观地评定各因素之间的关系，况且运行过程中，系统参数也会有变化，所以，需要借助计算机的运算功能完成运行过程的因素控制。

328 脉冲电晕等离子体工艺的优点有哪些？

脉冲电晕法的最大优点就是能起到电子束法同样的作用而又克服了电子束法的缺点，它省掉了大功率、需长期稳定工作的昂贵电子枪，避免了电子枪寿命和X射线屏蔽问题，而且具有以下优点。

① 具有用简便的干式方法集烟气脱硫脱硝和除尘为一体的能力。

② 可以在发电厂现有的静电除尘设备基础上进一步改造发展而成，投资较小。

③ 产生的最终产物易于处理和获得回收利用，避免了废液、废渣等二次污染问题。

脉冲电晕烟气脱硫技术是目前最具有良好应用前景和国内外广泛关注的技术。

329 脉冲电晕等离子体工艺主要存在哪些问题？如何改进？

（1）能耗

该技术工业化应用的关键，是在保证脱除率的前提下，降低能耗，使之能被广泛应用。有效地利用 NH_3 与 SO_2 的热化学反应，以及利用电晕放电对反应的产物 $(NH_4)_2SO_4$ 进行氧化固定，是该法能否大幅度降低能耗的关键。

（2）氨添加剂

试验表明，氨促进了氧化产物间氨盐的转化，本身也可以脱硫，但只加氨而不加脉冲电晕时，生成物（$(NH_4)_2SO_3$）和 NH_4HSO_3 的热稳定性较差，受热易分解，不能作为肥料使用。而脉冲电晕能促进 SO_2、NO 向 SO_3、NO_2 转化，加氨后的生成物 $(NH_4)_2SO_4$ 的热稳定性高，可作为化肥使用。加氨量的大小，应综合考虑脱除效率、能量效率和副产品的回收。

（3）余氨问题

反应器中未完全反应的氨随烟气排入大气，会造成二次污染。注入过量氨以提高脱硫脱氮效率是不可取的，可以适量加氨和在反应器后加 H_2O_2 的喷淋装置来解决。

（4）脱硫脱氮与除尘一体化

静电除尘与脉冲电晕等离子体脱硫脱氮都是利用电晕放电，电极结构相似，有结合的可能性。方案有：

① 反应器前加氨，省掉除尘器，但回收的产品不是优质肥料，经济上不合理；

② 除尘器后加氨，省掉反应器，但脱除效率低，余氨量大，反应产物正盐比例低；

③ 不加氨且反应器、除尘器采用正脉冲供电，但能耗太大，除尘效率降低。

（5）SO_2、NO_x 脱除过程中放电的作用

传统观点并不能真正反映 SO_2、NO_x 在反应器中的去除过程。氨与等离子体协同作用脱硫脱氮以热化学反应为主，等离子体活化反应为辅。

（6）副产品收集

副产品因粒径很细且吸湿性强，难于收集。反应器本身具有较强的收集作用，但对微细颗粒收集效率低，可在反应器后加副产品收集器。袋式除尘器除有收集功能外，还具有反应器的功能，SO_2 和 NH_3 在布袋上发生化学反应，对提高脱除率、减少余氨是有利的。

（7）高压窄脉冲电源

脉冲电源产生的脉冲电压波形与脉冲电晕场产生的非平衡等离子体形态密切相关，直接影响脱硫脱氮效率和能耗的高低。应采用脉冲电压上升时间短、峰压高（临界击穿）、宽度窄、频率不太高且有直流基压的脉冲电源。

（8）电源与反应器的匹配

要使反应器脱除效率高、能耗低，可通过优化脉冲电源与反应器的合理匹配来实现。

（9）电极结构

应采用电晕放电最强烈，不发生频繁击穿的电极结构。常用的电极结构为线-板和线-筒电极。线-板结构的缺点是电晕激活的空间不均匀，脱硫效率下降；线-筒结构激活的空间大而均匀，更利于脱硫脱氮。理论与试验表明，电晕线曲率半径越小，流注电晕发展越强烈。

（10）处理时间

脱除效率随处理时间增加而提高，但逐渐趋于饱和。能耗随处理时间线性增加，能量效率应有一峰值。可通过试验确定最优时间范围。

（11）处理温度

试验表明，在相同的脉冲峰压下，脱除效率和输入功率随烟气温度升高而增大，但相同输入功率下，脱除效率随烟气温度升高而降低，温度升高使击穿电压降低，能耗迅速增大，综合考虑脱除率和能耗，通常可选 65～100℃。

（12）烟气成分的影响

烟气中大量的 CO_2 可使脱硫脱氮效率下降，因 CO_2 浓度极高，与高能电子碰撞的概率大得多，消耗了大量高能电子和电场能量，使用于脱硫脱氮的高能电子数量大大减少，要使脉冲电晕技术实用化，必须考虑 CO_2 的影响。

烟气中的水蒸气是电负性气体，会降低脱硫脱氮效率，烟气中过饱和的水蒸气亦是技术实用化的障碍。飞灰的存在促进了 SO_2、NO_x 的脱除，SO_2、NO_x 的存在也促进了飞灰的脱除，它们之间具有良好的协同作用。

330 什么是 UPDD 技术?

超高压窄脉冲电晕分解有害气体技术（UPDD）能同时治理 3 种有害气体（SO_2、NO_x 和 CO_2），是国际上一种新的烟气治理技术，但该技术仍处于研究阶段。

UPDD 反应器由耐腐蚀不锈钢制成，并涂有以 Ni 为母体的催化剂。根据实验要求，空气、SO_2、NO_x、CO_2 气体按一定比例配气后，通过反应器进行反应。VD 为直流高压电源，VC 为超高压脉冲电源。波形成形器提供电晕极一定形状的脉冲，为分解反应提供所需的等离子体和定向化学反应条件。

采用超高压脉冲（幅值为 250kV，脉宽为 1μs，脉冲电流为 5A）电晕放电技术，在纳秒数量级内，使容器中烟气分子突然获得“爆炸”式的巨大能量，成为活化分子。只有具有高能量的活化分子，才能在发生频繁有效碰撞瞬间，将动能转化为分子内部势能，破坏了旧的化学键，使一个或几个键断裂。在催化剂作用下，气体分子活化能大幅降低。在定向化学反应条件控制下，SO_2、NO_x、CO_2 分解成单原子气体分子 O_2、N_2 和单质固体微粒子 S、C。

（六）湿法烟气同时脱硫脱硝技术

331 什么是氯酸氧化法?

氯酸氧化法又称 Tri-NO_x-NO_x Sorb 法，该法脱硫脱硝采用氧化吸收塔和碱式吸收塔两段工艺（图 6-2）。氧化吸收塔是采用氧化剂 $HClO_3$ 来氧化 NO、SO_2 及有毒金属，碱式吸收塔则作为后续工艺，采用 Na_2S 和 NaOH 作为吸收剂来吸收残余酸性气体，该工艺的脱除率达 95%以上。

332 氯酸氧化工艺的化学反应机理是什么?

氯酸氧化工艺采用湿式洗涤系统，在一套设备中同时脱除烟气中的 SO_2 和 NO_x，并且没有催化剂中毒、失活或随使用时间的增长催化能力下降等问题。工艺的核心是氯酸氧化过程，氯酸是一种强氧化剂，氧化电位受液相 pH 值控制。脱硫脱硝总反应式可分别表示如下：

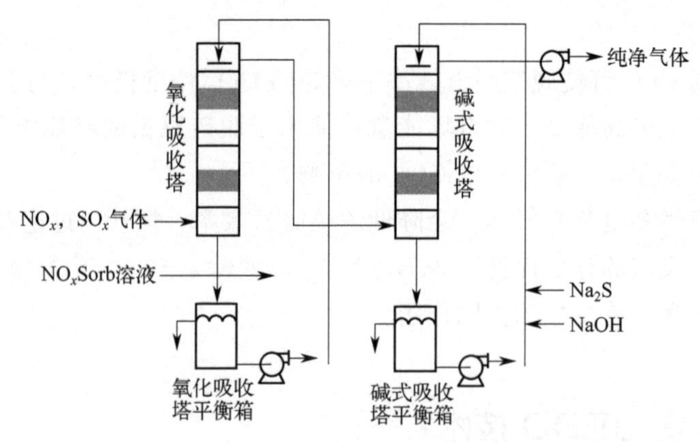

图 6-2 氯酸氧化法示意图

$$6SO_2+2HClO_3+6H_2O \longrightarrow 6H_2SO_4+2HCl$$
$$13NO+6HClO_3+5H_2O \longrightarrow 6HCl+10HNO_3+3NO_2$$

333 氯酸氧化工艺的技术特点有哪些?

氯酸氧化工艺的技术特点如下。

(1) 对入口烟气浓度的限制范围不严格

氯酸氧化法脱除 NO_x 和 SCR、SNCR 工艺相比，可以在更大 NO_x 输入范围内以较高的脱除率脱除 NO_x，而 SCR 和 SNCR 对 NO_x 的浓度范围有较大的限制。

(2) 操作温度低，可在常温下进行

SCR 系统需要在高温下才能进行 NO_x 的有效脱除，而该工艺可在常温低氯酸浓度的条件下进行。

(3) 对 NO_x、SO_2 和有毒金属的脱除率较高

本法可以有效地脱除 NO_x 达 95%以上，另外，同时可以脱除有毒的微量金属元素。

(4) 适应性强

对于现有实施燃煤脱硫的电厂而言，可以在 FGD 前后喷入氯酸氧化吸收液。

334 氯酸氧化工艺面临的问题有哪些?

目前氯酸氧化工艺存在的问题主要有：

① 产生酸性废液，经过浓缩等处理，能作为酸原料，但是存在运输和储存的困难；

② 氯酸对设备的腐蚀性较强，设备需增加防腐内衬，增加了投资；

③ 氯酸氧化吸收液制备的方法采用电解工艺，技术水平较高，对材料和工艺的要求比较严格，运输较为困难。

335 什么是湿式络合吸收工艺?

传统的湿法脱硫工艺可脱除 90%以上的 SO_2，但 NO 在水中的溶解度很低，难以去除。

湿式FGD加金属螯合物工艺是在碱性溶液中加入亚铁离子形成氨基羟酸亚铁螯合物，如Fe（EDTA）和Fe（NTA）。这类螯合物吸收NO形成亚硝酰亚铁螯合物，配位的NO能够和溶解的SO_2和O_2反应生成N_2、N_2O、硫酸盐、各种氮硫化合物以及三价铁螯合物，然后从吸收液中去除，并使三价铁螯合物还原成亚铁螯合物而再生。但是，Fe（EDTA）和Fe（NTA）的再生工艺复杂、成本高。针对这一不足，美国加利福尼亚大学的Chang等人提出用含有—SH基团的亚铁络合物作为吸收液。试验表明，可再生的半胱氨酸亚铁溶液能同时脱除烟气中的NO_x和SO_2，但目前仍处于试验阶段。影响其工业应用的主要障碍是反应过程中螯合物的损失和金属螯合物再生困难、利用率低，造成运行费用高。

SO_2、NO_x 与其他污染物的协同控制

（一）概述

336 什么是协同控制？

协同控制是指具有物质的协同效果的控制措施。简单来说，如果针对某种大气排放物的减排措施对其他大气排放物也达到了减排效果，该措施即为协同控制措施。2009 年 11 月，中国公布了 2020 年控制温室气体排放的行动目标，即单位 GDP CO_2 排放将比 2005 年下降 40%～45%，并将其作为约束性指标纳入国民经济和社会发展中长期规划；2020 年中国政府宣布了“碳达峰”“碳中和”目标，即“二氧化碳排放力争于 2030 年前达到峰值，努力争取 2060 年前实现碳中和”。与此同时，包括中国在内的 92 个国家和地区于 2013 年 10 月签署了《关于汞的水俣公约》，该公约是世界上首个就高毒性金属汞签署的具有法律约束力的公约。2017 年 8 月 16 日，《关于汞的水俣公约》正式对中国生效。这意味着，中国面临着对 SO_2、NO_x 等传统污染物和具有全球性环境影响的温室气体及汞同时进行控制的压力，对这些大气排放物进行协同控制能够统筹协调各项减排措施，提高污染控制成效和经济性。

337 国际上的协同控制发展经历了哪几个阶段？

国际上协同控制的发展进程大致可以分为以下三个阶段。

（1）第一阶段：认识到温室气体减排的次生效益

国际上对协同控制的认识起源于 20 世纪 90 年代对温室气体减排次生效益的研究，即关注温室气体控制措施在 SO_2、NO_x 等局域性污染物减排方面的潜力。并不是所有温室气体控制措施都具有局域性污染物的减排效果，如使用碳捕集与封存（CCS）技术反而可能会因为增大能耗而增加大气污染物的排放。

（2）第二阶段：认识到大气污染控制与温室气体的双向协同效应

2001 年政府间气候变化专业委员会（IPCC）发布的第三次评估报告正式提出协同效应的概念，人们认识到温室气体排放控制和大气污染控制存在双向影响。美国环保局 1998 年启动了国际协同控制分析项目，随后又在全球组织进行综合环境战略项目。

Tollefsen 等人的研究表明，欧盟大气污染物控制措施所产生的减缓气候变化协同效应达到 25 亿欧元。

(3) 第三阶段：追求协同效应最大化的协同控制措施的选取与设计

认识到协同效应的存在并对其进行了定量估算后，人们开始追求使协同效应最大化的控制措施。瑞典环保局在 2009 年召开了“大气介质气候政策”国际研讨会，认为大气污染削减政策与气候变化有明显关联性，开展协同控制可实现较好的减排效果。2007 年 IPCC 发布的第四次气候变化评估报告提出了将空气污染控制与温室气体减排结合起来的政策。目前，协同控制正从理论研究走向应用，协同控制的导则、综合试点、工程技术系统研发、管理体制等急需深入研究。

338 我国的大气污染物协同控制进展如何?

我国对大气污染物协同控制的关注可追溯到 2000 年前后，随着单位 GDP CO_2 排放量控制作为约束性指标被纳入国家“十二五”规划中，国际兲公约谈判不断推进，近年来对协同控制的关注和研究逐渐升温。原环保部环境与经济政策研究中心通过细化分析我国现有节能减排措施开发了污染减排协同效应的评价方法，发现不同烟气脱硫技术对温室气体排放具有不同的影响；一些研究针对不同的燃烧前、燃烧中、燃烧后大气排放物控制技术在 SO_2、NO_x、CO_2 等不同大气排放物削减方面的效果进行分析，并提出了技术的协同控制效果评价指标；原环保部环境与经济政策研究中心以钢铁、水泥、交通行业为案例深入开展了“大气污染与温室气体排放协同控制政策与示范研究”，大气污染物协同控制在我国进入细化应用阶段。

多污染物协同由于不同行业工艺过程相异，排放源成分不同，需采用不同的组合方式；地区经济、能源条件不同也需要采用不同的主流技术。近年来，我国已在燃煤锅炉、烧结炉、水泥窑、垃圾焚烧炉等多个领域开展了多污染物协同控制，并取得一定成绩，逐步形成了多种流派的协同控制技术。

339 如何评价脱硫脱硝技术在其他大气污染物方面的协同控制效果?

可以用大气污染物协同减排当量指标 AP_{eq} 来评估脱硫脱硝技术等污染物控制措施对于 SO_2、NO_x 和 CO_2（或其他需要控制的大气排放物）的综合减排效果：

$$AP_{eq}=\alpha S+\beta N+\gamma C$$

式中，S、N、C 分别代表 SO_2、NO_x 和 CO_2（或其他需要控制的大气排放物）的减排量，α、β 和 γ 分别为 SO_2、NO_x 和 CO_2（或其他需要控制的大气排放物）的效果系数（权重值）。

权重值可以基于污染物的化学、物理、生物、健康影响大小来设定，或者是决策者对污染物控制的紧迫性的认识和判断，体现了协同控制的决策倾向。比如，可以通过排污权交易价格来获取权重值，在2012年北京师范大学与环保部环境与经济政策研究中心合作开展的研究中，研究者给出两种权重选取方式：

① 根据近年山西等地 SO_2 排污权交易案例、我国清洁发展机制碳交易价格等数据，取 $\alpha=\beta=1$，$\gamma=0.02$；

② 根据近年 SO_2、NO_x 排污收费标准和我国清洁发展机制交易价格等数据，取 $\alpha=\beta=1$，$\gamma=0.1583$。

通过计算某种大气排放物控制技术在减排单位 AP_{eq} 时所需的成本，可以对不同的控制技术进行排序，供技术选择时参考。

（二）脱硫脱硝技术的协同减碳

340 脱硫脱硝技术的协同减碳机制有哪些？

（1）通过提高能效、节省燃料来减少 CO_2 排放

燃烧前分选主要利用物理、物理-化学等方法除去煤炭中的灰分和杂质，是最经济的达到降低 SO_2、NO_x 和烟尘污染的方法，同时，用精煤代替原煤发电能使燃烧效率由28%提高到35%，达到节煤的效果，减少 CO_2 排放。研究表明，洗选煤技术能实现约61.14kg CO_2/(MW·h)的减碳效果。配煤技术也是燃烧中控制的重要技术，统计表明锅炉采用配煤后平均节煤达5%。

另外，煤炭转化技术（如煤气化和液化技术）、整体煤气化联合循环发电技术（IGCC）等都是提高能源利用率及转化率，同时实现 CO_2 减排的不错方法。例如，IGCC技术的脱硫效率可达99%，NO_x 排放只有常规电站的15%～20%，发电净效率可达43%～45%，在节煤的同时减少 CO_2 排放。

（2）碱性溶液吸收 CO_2

在使用氨水作为脱硫添加剂时，除了 SO_2 会溶解外，CO_2 也会溶解于氨水生成碳酸铵：

$$CO_2+H_2O \longrightarrow H_2CO_3$$

$$H_2CO_3+2NH_4OH \longrightarrow (NH_4)_2CO_3+2H_2O$$

按照 SO_2 气体和 CO_2 气体的水溶度、相对分子质量等推算，氨水处理法每实现1t SO_2 削减量时，会实现 CO_2 削减量0.0156t。

（3）降低 CO_2 分离难度、便于实现碳捕集

由于IGCC技术燃烧的是煤气化后主要成分为CO和 H_2 的混合气体，燃烧后烟气主要成分为 CO_2 和 H_2O，大大降低了从烟气中分离、捕集 CO_2 的难度，适合与碳捕集与封存技术（CCS）联合使用，所以IGCC有可能成为未来极低排放发电系统的最佳方法。

另外，无氮燃烧技术中的化学链燃烧技术将传统的燃料与空气直接接触反应，借助载体的作用分解为还原反应和氧化反应2个发生在不同反应器中的气固反应，燃料与空气无需接触，在还原反应器内生成的 CO_2 和 H_2O 不会被空气稀释，分离 CO_2 时只需将水蒸气冷凝去除即可，同样大大降低了分离 CO_2 的难度。

341 脱硫脱硝技术增加 CO_2 排放的机制有哪些?

脱硫脱硝技术增加 CO_2 排放主要有以下两种机制。

(1) 以石灰石为脱硫剂，固硫的同时产生 CO_2

对于采用石灰石作为脱硫剂的炉内脱硫、石灰石-石膏湿法脱硫技术等，根据下面的脱硫反应公式，CO_2 排放量不但没有减少反而有所增加：

$$SO_2+CaCO_3+\frac{1}{2}O_2 \longrightarrow CaSO_4+CO_2$$

因为 CO_2 和 SO_2 相对分子质量之比为 44∶64，所以每实现 1t SO_2 削减量时，CO_2 增加量为 44/64=0.6875（t）。

(2) 燃烧后控制措施增大能源消耗和 CO_2 排放

烟气脱硫脱硝技术本身都会消耗一定能量，增大工厂或电厂能耗，从而增大 CO_2 排放。如目前在电厂应用最广泛的石灰石-石膏湿法脱硫技术、SCR 烟气脱硝技术分别会导致 1.2%和 0.13%左右的用电量增加，从而使得供应单位电能的 CO_2 排放量增加。

（三）脱硫脱硝技术的协同脱汞

342 燃煤烟气中汞有哪些形态?如何形成?

燃煤电厂是《关于汞的水俣公约》排放条款附录 D 中的五个重点大气汞排放源之一。这意味着燃煤电厂必须严格按照公约中大气汞排放的相关要求开展履约工作。

燃煤烟气中汞的浓度一般为 $1\sim20\mu g/m^3$，主要以三种形态存在，即气态元素汞（Hg^0）、二价的气态汞（Hg^{2+}，主要为 $HgCl_2$）以及与颗粒物结合的颗粒态汞（Hg_p），三者之和即为总汞（Hg^T）。影响燃煤电厂烟气中汞的形态分布的因素非常复杂，包括煤种及其成分、燃烧方式及燃烧器类型、锅炉运行状态（如锅炉负荷、燃烧温度、空气过量系数等）、污染物控制设备、烟气冷却速率和停留时间等，因此，对于不同电厂而言，烟气中 Hg^0、Hg^{2+} 和 Hg_p 之间的比例并不相同，甚至差别很大。Hg^0 是烟气中气态汞的主要存在形态，难溶于水，一定条件下可被吸附，很难被现有的常规烟气净化设施去除，目前通常是以将烟气中单质 Hg^0 转化为氧化态 Hg^{2+} 进而进行脱除为主要方向；Hg^{2+} 易溶于水、易被湿法烟气脱硫系统捕获，并可吸附在固体表面；Hg_p 则可通过除尘设施脱除。

汞的挥发性强，使其在燃烧过程中与其他微量元素有着不同的化学行为。在燃煤过程中大多数微量元素基本（99.9%以上）残留在底渣和飞灰中。而对于汞来说，情况却不同，十分复杂。电厂煤粉锅炉的燃烧过程中，煤中汞将受热挥发并以汞蒸气的形式存在于烟气中。在通常的炉膛温度范围内（1500～1800K），气态元素汞（Hg^0）是汞的热力学稳定形式，大部分汞的化合物在温度高于 1100K 时处于热不稳定状态并分解成元素汞。也就是说，炉内高温下，几乎所有煤中的汞（有机汞和无机汞）都转化为元素汞并以气态形式停留于烟气中。残留在底渣中的汞含量一般小于总汞的 2%。烟气从炉膛出口流向烟囱出口的过程中，随着烟气流经各换热设备，烟气温度逐渐降低，此时烟气中汞的形式也发生变化。温度降到750～900K范围内时，一部分Hg^0会和烟气中的氧化性物质发生均相氧化反应生成气相氧化汞。这一氧化过程中，烟气中其他的成分（SO_2、NO_x等）以及固相成分（飞灰中的Ca、Fe、Cu等矿物）会起到催化或者抑制的作用。当温度进一步下降时，在400～600K之间时，汞会在飞灰和未燃尽碳的作用下发生异相催化氧化反应。与此同时，飞灰中的固体物质对气态汞有物理吸附和化学吸附作用，形成Hg_p。

343 煤燃前处理技术脱汞的原理是什么?

燃煤前处理技术主要包括洗煤、热处理和使用煤添加剂等。通过这些方法可以尽量减少汞进入到烟气中或者使汞在煤燃烧时生成更易于被后续工艺去除的形态。

煤中汞一般与灰分、黄铁矿及有机碳等结合在一起。采用传统方法选煤时，可以去除大部分硫化铁硫和其他矿物质，从而除去煤中的部分汞，平均去除率为51%。不过浮选法把煤中的汞转移到了废液中，洗煤后产生的浆液的处理是个新的问题，同时该方法无法有效去除煤中与有机碳结合在一起的汞。热处理技术是利用汞高挥发性的特点，在高温环境下把煤中的汞蒸发除去。但是，由于高温环境下煤也将发生热分解造成热值损失，因此，如何在增强汞蒸发的情况下尽量减少煤的热解是研究的重点。除此之外，加入煤添加剂是对煤进行处理的另一种方法。其中由于生物质中含有较丰富的Na、K、Cl、Ca等物质，如果把生物质与煤混合燃烧，可以有效氧化烟气中的汞。另外，添加石灰石也能有效影响烟气中汞的含量。不过，采用煤添加剂方法目前仍没有得到较好的发展，相关机理研究有待进一步深入。

据估计，燃烧前洗煤过程有0～60%的脱汞效率。然而，中国燃煤电厂的洗煤率仅有2%左右。因此，电厂通过使用洗煤减少汞的输入将具有一定的减排潜力。

344 湿法脱硫技术的脱汞机理是怎样的?

根据对燃煤电站的现场实测数据，不同湿法烟气脱硫（WFGD）系统的脱汞效率有较大差别，平均脱除率约为50.9%，可见WFGD系统在脱汞方面可发挥重要作用。脱硫浆液通过吸收氧化态汞来实现烟气脱汞，一般情况下能脱除WFGD系统入口80%～95%的氧化态汞，但对元素汞脱除效果很差，一些情况下已被吸收的氧化态汞被还原而导致汞的再释放。

（1）吸收

在氯离子的存在下，烟气中的Hg^{2+}会与之发生络合反应，使汞固定于液相中：

$$Hg^{2+} + Cl^- \longrightarrow HgCl^+$$

$$HgCl^+ + Cl^- \longrightarrow HgCl_2$$

$$HgCl_2 + Cl^- \longrightarrow Hg(Cl)_3^-$$

$$Hg(Cl)_3^- + Cl^- \longrightarrow Hg(Cl)_4^{2-}$$

烟气中Hg^{2+}还可与H_2S或硫化物反应生成沉淀：

$$H_2S(g) \longrightarrow H^+ + HS^-$$

$$HS^- + Hg^{2+} \longrightarrow HgS\downarrow + H^+$$

硫酸汞还会在水中发生水解反应：

$$3HgSO_4 + 2H_2O \longrightarrow Hg_3O_2SO_4\downarrow + 4H^+ + 2SO_4^{2-}$$

(2) 还原

金属离子（如铁、锰、镍、钴等）、亚硫酸氢盐、亚硫酸盐等会与 Hg^{2+} 反应，使之还原为元素汞排出。

345 如何提高湿法脱硫系统的汞脱除率?

提高 WFGD 系统的汞脱除效率主要从强化氧化态汞的吸收和抑制氧化态汞的还原两方面来实现。可通过向烟气中喷射 H_2S 或将硫氢化钠加入脱硫浆液中来实现对氧化态汞吸收的强化。在选择添加到系统中的氧化剂以抑制氧化态汞还原时，不仅要考虑对汞的氧化能力，还要考虑副产品的二次污染问题，次氯酸和次氯酸钠、$K_2S_2O_8$ 和黄磷乳浊液都可以作为氧化剂添加到 WFGD 系统中，提高汞脱除率。次氯酸和次氯酸钠价格低廉，氧化单质汞的效果较明显，将其作为添加剂时不需对脱硫塔进行改造，但需要处理氯离子；$K_2S_2O_8$ 反应产物为硫酸根，不会产生二次污染，但需要对脱硫塔进行改造，使其循环利用且不被 SO_2 等其他还原性物质所消耗；黄磷乳浊液用于 WFGD 系统时，无需添加设备或改造脱硫塔，操作费用低，反应最终产物为可作为肥料的硫酸盐和磷酸盐。

346 循环流化床炉内脱硫技术的脱汞机理是怎样的? 影响脱汞效果的因素有哪些?

循环流化床掺烧石灰石的炉内脱硫技术对入炉总汞的脱除率能达到 80%～99%，其脱汞机理为：循环流化床燃烧温度比传统的煤粉炉低，掺烧大量石灰石使得烟气中颗粒物含量比煤粉炉高，飞灰中较高含量的残碳以及钙基颗粒对烟气中元素汞和氧化态汞都有较强的吸附能力，而且物料循环过程大大延长了飞灰与烟气的接触时间，延长了吸附过程，导致汞在飞灰上富集而降低了向大气的排放量。

影响汞脱除率的因素主要有钙硫摩尔比和过剩空气系数。随着钙硫摩尔比的增大，循环流化床内固体床料、飞灰中钙基吸附剂颗粒增多，汞脱除率增大。过剩空气系数会影响燃烧温度和飞灰残碳量，对汞脱除率的影响呈现“U 形曲线”，即先下降后上升的复杂特征。

347 增湿灰循环脱硫技术（NID）的脱汞机理是怎样的? 效果如何?

NID 系统能脱除入口烟气总汞的 84%～92%，该系统先将烟气中的汞吸附到脱硫循环灰表面，再由电除尘器系统将脱硫循环灰从烟气中脱除下来，从而达到脱除烟气中汞的目的。循环灰中的 $Ca(OH)_2$ 和飞灰是起主要作用的反应物和吸附剂，SO_2 与 $Ca(OH)_2$ 颗粒发生反应时会在其孔隙结构表面产生吸附活性区域，元素汞在活性区域表面时被催化氧化，形成 Hg^{2+} 化合物：

$$Ca(OH)_2+SO_2+O_2 \longrightarrow CaSO_4+H_2O+O$$

$$2Hg+O \longrightarrow Hg_2O$$

$$Hg_2O+O \longrightarrow 2HgO$$

在 NID 反应器中，烟气温度较低，相对湿度增加到 40%～50%，烟气在电除尘器中的流速较低，吸附剂与烟气接触时间长达数分钟，飞灰中残炭和钙基吸附剂颗粒对烟气中各形态汞存在较强的物理吸附作用。

348 活性焦一体化技术的脱汞机理是什么？工程应用如何？

活性焦处理燃煤烟气是一个复杂的吸附和催化氧化过程。活性焦将 SO_2、NO 吸附于活性位上，存在的 O_2 将其氧化成 SO_3 和 NO_2，烟气中的水分将其进一步转化为 H_2SO_4 和 HNO_3。根据吸附理论，由于 SO_2 的分子直径、沸点、偶极距等都大于 NO，SO_2 优先被吸附。当喷入 NH_3 时，活性焦降低 NO 与 NH_3 反应活化能，通过活性焦的催化作用和表面生成的官能团的还原作用，将 NO_x 还原成 N_2。对于汞的脱除，烟气中的元素态 Hg^0 一方面会通过活性焦树枝状的孔隙结构（大孔→中孔→微孔）物理吸附至微孔中；另一方面，在有 O_2 和 H_2O 存在的条件下，Hg^0 会被以氧化物或络合物的形式化学吸附至活性焦表面。烟气中的 Hg^{2+} 则会与 H_2SO_4 反应生成硫酸汞。反应式如下（* 表示吸附态）：

$$HgO \longrightarrow HgO^*$$

$$Hg^{2+}+H_2SO_4 \longrightarrow HgSO_4^*$$

活性焦一体化脱除技术在美、日、德三国有较多的推广，如在日本横滨 J-Power 公司的矶子电厂（600MW）、竹原电厂（350MW）、德国 Arzberg 电厂（130MW）、美国 GulfPower's Scholz 电厂等。国内的煤炭科学总院研发的活性焦在贵州等地也有一些示范推广。据报道，活性焦脱硫效率一般较高，可达 95%以上，而脱硝效率则相对不足（70%～80%）。目前，该工艺存在活性焦的吸附速率和吸附容量有限的问题，导致吸附器体积庞大，烟气阻力大，同时还有活性焦再生的损耗和能耗大等问题。将活性焦改成比表面积相对更大的活性炭后也存在同样的问题。

349 有机催化烟气综合清洁技术的脱汞机理是什么？工程应用如何？

有机催化烟气综合清洁技术是由以色列 Lextran 公司开发的烟气处理专利技术，该技术能够在同一脱硫塔内同时完成脱硫、脱硝、脱汞处理，是三效合一的烟气减排技术。

有机催化烟气综合清洁利用技术的核心是基于一种专利生产的含有硫、氧基团的有机催化剂，对 SO_2 等酸性气体有强烈捕获能力，并对脱硫脱硝具有正向反应催化作用，同时对重金属具有吸附作用。烟气中的 SO_2 遇水形成亚硫酸（H_2SO_3），NO 难溶于水，需要先被氧化，然后溶于水生成亚硝酸（HNO_2），有机催化剂分别与之结合形成稳定的络合物，它们被持续氧化成硫酸和硝酸，并通过加入碱性中和剂（氨水）与之中和，制成高品质的硫酸铵和硝酸铵化肥，然后催化剂与之分离。利用催化剂对重金属的吸附作用，可以持续地对废气中含量很少的汞和其他重金属进行吸附；有机催化剂对于汞和其他重金属的吸附无论是否饱和，均不影响脱硫和脱硝工艺的正常进行。

有机催化烟气综合清洁利用技术已获得欧盟和美国的专利，适用于治理电厂和其他工业装置所排放的烟气污染物。美国得克萨斯州实验室对 Lextran 有机催化剂进行了检测，充分肯定了其处理效果。有机催化技术在罗马尼亚电厂应用的案例成功后，Lextran 公司与罗马尼亚的 200MW 电厂和一个锌加工厂、南非 ESCOM 电力集团旗下的 100MW 的电厂以及美国工业联盟旗下 200MW 电厂开始了项目合作。

中悦浦利莱环保科技有限公司拥有以色列 Lextran 公司的部分股权，并与 Lextran 公司建立了长期合作关系，国内主要业绩有北京天利动力热力有限公司脱硫脱硝项目、山东泰钢、大唐重庆石柱发电厂脱硫脱硝项目等。

350 氧化吸收协同控制技术主要包括哪几种?

氧化吸收协同控制主要有以下技术。

（1）光催化技术

光催化烟气脱硝技术是面向烟气净化过程的一种环境友好型处理工艺，光催化材料能够利用其自身特殊的半导体能带结构驱动氧化-还原反应，达到烟气净化的目的，目前该技术尚处于实验室研究阶段。

TiO_2 是目前最具应用前景的光催化剂。该技术的基本原理为 TiO_2 被波长小于 387nm 的光照射后，TiO_2 被激发产生电子空穴对。成功分离的电子和空穴与光催化剂表面吸附的 H_2O 或 OH^- 以及 O_2 反应形成羟基自由基和超氧离子自由基，吸附在 TiO_2 表面的 SO_2 被活性自由基氧化为 SO_3，NO 被活性自由基氧化为 NO_2，NO_2 又被氧化成 HNO_3，Hg^0 被氧化为 Hg^{2+}，实现光催化脱硫、脱硝、脱汞过程。

（2）臭氧氧化化学吸收技术

臭氧（O_3）氧化化学吸收技术是一种非常有前途的烟气净化技术，具有显著的多种污染物协同脱除效果，其主要技术原理如下：由于 O_3 氧化 SO_2 的活化能高达 58.17kJ/mol，反应过程中 O_3 很难将 SO_2 氧化脱除。NO 的存在对 O_3 氧化 SO_2 没有促进作用，这是因为 SO_2 与 NO_2 的反应活化能为 113kJ/mol。所以，SO_2 的存在对 NO 的氧化反应影响很小。SO_2 的脱除需要结合尾部吸收技术。O_3 对 NO 的氧化属于快速不可逆过程，NO 被氧化成 NO_2、NO_3。

零价汞被氧化成易吸收和脱除的二价汞，从而达到有效控制燃煤过程中汞的排放目的。

臭氧氧化结合化学吸收同时脱除技术主要包括氧化系统、臭氧发生系统、区域喷射系统和湿法脱除系统四个系统。燃煤烟气由引风机引出，在烟道反应区域与喷入的 O_3 发生反应，进入洗涤塔与喷淋下来的吸收液反应，从而达到联合脱硫、脱硝、脱汞的目的。吸收液通过循环泵循环，重复利用。O_3 通过臭氧发生器产生并输送至洗涤塔前的原烟道内。对于已经安装的湿法或半干法烟气脱硫装置，可在现有脱硫装置前加装臭氧氧化设备，用石灰石浆液吸收烟气中的氧化产物，这样达到多污染物协同控制的目的。

（3）电催化氧化技术

电催化氧化（electro catalytic oxidation，ECO）是一种重要的洁净燃煤技术，可将多种可靠技术结合在一起，同时脱除 SO_2、NO_x、汞等多种污染物。其基本原理是在ECO核心元件反应器内，烟气经高压放电，产生高能电子。高能电子通过与水分子和氧分子碰撞，引发化学反应，产生了活性基团。其包括四个步骤：

① 产生的活性基团将 SO_2 氧化成 SO_3，NO 氧化成 NO_2，单质汞氧化成氧化汞等，形成了更易于收集的不同气体、含微粒的烟雾和各种颗粒；

② 以氨为吸收液，脱除放电器中未转化的 SO_2 和 NO_2，生成硝酸铵和硫酸铵以及 N_2 和水；

③ 湿式静电除尘器捕获放电反应产生的酸性气溶胶；

④ 副产品回收，包括过滤除灰与活性炭吸附脱除 Hg。

351 SCR脱硝装置的协同脱汞机制和效果是怎样的?

燃煤电厂脱硝设施普遍采用选择性催化还原SCR技术。SCR催化剂能够将 Hg^0 催化氧化为 Hg^{2+}，转化率达到30%～80%。少量的 Hg^{2+} 能够吸附在颗粒物上转化为 Hg_p。然而，SCR本身没有副产物的产生，因此对汞并没有脱除效果。但是，其对汞的氧化作用能够促进汞在除尘和脱硫设施中的脱除，从而提高污染控制设施组合的整体脱汞效率。研究显示，前端装有SCR脱硝装置的WFGD系统的汞脱除率，比没有装的高出5%。

附录

附录一　中华人民共和国大气污染防治法

中华人民共和国大气污染防治法
中华人民共和国主席令　第三十二号

第一章　总　则

第一条　为防治大气污染，保护和改善生活环境和生态环境，保障人体健康，促进经济和社会的可持续发展，制定本法。

第二条　国务院和地方各级人民政府，必须将大气环境保护工作纳入国民经济和社会发展计划，合理规划工业布局，加强防治大气污染的科学研究，采取防治大气污染的措施，保护和改善大气环境。

第三条　国家采取措施，有计划地控制或者逐步削减各地方主要大气污染物的排放总量。

地方各级人民政府对本辖区的大气环境质量负责，制定规划，采取措施，使本辖区的大气环境质量达到规定的标准。

第四条　县级以上人民政府环境保护行政主管部门对大气污染防治实施统一监督管理。

各级公安、交通、铁道、渔业管理部门根据各自的职责，对机动车船污染大气实施监督管理。

县级以上人民政府其他有关主管部门在各自职责范围内对大气污染防治实施监督管理。

第五条　任何单位和个人都有保护大气环境的义务，并有权对污染大气环境的单位和个人进行检举和控告。

第六条　国务院环境保护行政主管部门制定国家大气环境质量标准。省、自治区、直辖市人民政府对国家大气环境质量标准中未作规定的项目，可以制定地方标准，并报国务院环境保护行政主管部门备案。

第七条　国务院环境保护行政主管部门根据国家大气环境质量标准和国家经济、技术条件制定国家大气污染物排放标准。

省、自治区、直辖市人民政府对国家大气污染物排放标准中未作规定的项目，可以制定地方排放标准；对国家大气污染物排放标准中已作规定的项目，可以制定严于国家排放标准的地方排放标准。地方排放标准须报国务院环境保护行政主管部门备案。

省、自治区、直辖市人民政府制定机动车船大气污染物地方排放标准严于国家排放标准的，须报经国务院批准。

凡是向已有地方排放标准的区域排放大气污染物的，应当执行地方排放标准。

第八条 国家采取有利于大气污染防治以及相关的综合利用活动的经济、技术政策和措施。

在防治大气污染、保护和改善大气环境方面成绩显著的单位和个人，由各级人民政府给予奖励。

第九条 国家鼓励和支持大气污染防治的科学技术研究，推广先进适用的大气污染防治技术；鼓励和支持开发、利用太阳能、风能、水能等清洁能源。

国家鼓励和支持环境保护产业的发展。

第十条 各级人民政府应当加强植树种草、城乡绿化工作，因地制宜地采取有效措施做好防沙治沙工作，改善大气环境质量。

第二章　大气污染防治的监督管理

第十一条 新建、扩建、改建向大气排放污染物的项目，必须遵守国家有关建设项目环境保护管理的规定。

建设项目的环境影响报告书，必须对建设项目可能产生的大气污染和对生态环境的影响作出评价，规定防治措施，并按照规定的程序报环境保护行政主管部门审查批准。

建设项目投入生产或者使用之前，其大气污染防治设施必须经过环境保护行政主管部门验收，达不到国家有关建设项目环境保护管理规定的要求的建设项目，不得投入生产或者使用。

第十二条 向大气排放污染物的单位，必须按照国务院环境保护行政主管部门的规定向所在地的环境保护行政主管部门申报拥有的污染物排放设施、处理设施和在正常作业条件下排放污染物的种类、数量、浓度，并提供防治大气污染方面的有关技术资料。

前款规定的排污单位排放大气污染物的种类、数量、浓度有重大改变的，应当及时申报；其大气污染物处理设施必须保持正常使用，拆除或者闲置大气污染物处理设施的，必须事先报经所在地的县级以上地方人民政府环境保护行政主管部门批准。

第十三条 向大气排放污染物的，其污染物排放浓度不得超过国家和地方规定的排放标准。

第十四条 国家实行按照向大气排放污染物的种类和数量征收排污费的制度，根据加强大气污染防治的要求和国家的经济、技术条件合理制定排污费的征收标准。

征收排污费必须遵守国家规定的标准，具体办法和实施步骤由国务院规定。

征收的排污费一律上缴财政，按照国务院的规定用于大气污染防治，不得挪作他用，并由审计机关依法实施审计监督。

第十五条 国务院和省、自治区、直辖市人民政府对尚未达到规定的大气环境质量标准的区域和国务院批准划定的酸雨控制区、二氧化硫污染控制区，可以划定为主要大气污染物排放总量控制区。主要大气污染物排放总量控制的具体办法由国务院规定。

大气污染物总量控制区内有关地方人民政府依照国务院规定的条件和程序，按照公开、公平、公正的原则，核定企业事业单位的主要大气污染物排放总量，核发主要大气污染物排放许可证。

有大气污染物总量控制任务的企业事业单位，必须按照核定的主要大气污染物排放总量和许可证规定的排放条件排放污染物。

第十六条 在国务院和省、自治区、直辖市人民政府划定的风景名胜区、自然保护区、文物保护单位附近地区和其他需要特别保护的区域内，不得建设污染环境的工业生产设施；建设其他设施，其污染物排放不得超过规定的排放标准。在本法施行前企业事业单位已经建成的设施，其污染物排放超过规定的排放标准的，依照本法第四十八条的规定限期治理。

第十七条 国务院按照城市总体规划、环境保护规划目标和城市大气环境质量状况，划定大气污染防治重点城市。

直辖市、省会城市、沿海开放城市和重点旅游城市应当列入大气污染防治重点城市。

未达到大气环境质量标准的大气污染防治重点城市，应当按照国务院或者国务院环境保护行政主管部门规定的期限，达到大气环境质量标准。该城市人民政府应当制定限期达标规划，并可以根据国务院的授权或者规定，采取更加严格的措施，按期实现达标规划。

第十八条 国务院环境保护行政主管部门会同国务院有关部门，根据气象、地形、土壤等自然条件，可以对已经产生、可能产生酸雨的地区或者其他二氧化硫污染严重的地区，经国务院批准后，划定为酸雨控制区或者二氧化硫污染控制区。

第十九条 企业应当优先采用能源利用效率高、污染物排放量少的清洁生产工艺，减少大气污染物的产生。

国家对严重污染大气环境的落后生产工艺和严重污染大气环境的落后设备实行淘汰制度。

国务院经济综合主管部门会同国务院有关部门公布限期禁止采用的严重污染大气环境的工艺名录和限期禁止生产、禁止销售、禁止进口、禁止使用的严重污染大气环境的设备名录。

生产者、销售者、进口者或者使用者必须在国务院经济综合主管部门会同国务院有关部门规定的期限内分别停止生产、销售、进口或者使用列入前款规定的名录中的设备。生产工艺的采用者必须在国务院经济综合主管部门会同国务院有关部门规定的期限内停止采用列入前款规定的名录中的工艺。

依照前两款规定被淘汰的设备，不得转让给他人使用。

第二十条 单位因发生事故或者其他突然性事件，排放和泄漏有毒有害气体和放射性物质，造成或者可能造成大气污染事故、危害人体健康的，必须立即采取防治大气污染危害的应急措施，通报可能受到大气污染危害的单位和居民，并报告当地环境保护行政主管部门，接受调查处理。

在大气受到严重污染，危害人体健康和安全的紧急情况下，当地人民政府应当及时向当地居民公告，采取强制性应急措施，包括责令有关排污单位停止排放污染物。

第二十一条 环境保护行政主管部门和其他监督管理部门有权对管辖范围内的排污单位进行现场检查，被检查单位必须如实反映情况，提供必要的资料。检查部门有义务为被检查单位保守技术秘密和业务秘密。

第二十二条 国务院环境保护行政主管部门建立大气污染监测制度，组织监测网络，制定统一的监测方法。

第二十三条 大、中城市人民政府环境保护行政主管部门应当定期发布大气环境质量状况公报，并逐步开展大气环境质量预报工作。

大气环境质量状况公报应当包括城市大气环境污染特征、主要污染物的种类及污染危害程度等内容。

第三章 防治燃煤产生的大气污染

第二十四条 国家推行煤炭洗选加工，降低煤的硫分和灰分，限制高硫分、高灰分煤炭的开采。新建的所采煤炭属于高硫分、高灰分的煤矿，必须建设配套的煤炭洗选设施，使煤炭中的含硫分、含灰分达到规定的标准。

对已建成的所采煤炭属于高硫分、高灰分的煤矿，应当按照国务院批准的规划，限期建成配套的煤炭洗选设施。

禁止开采含放射性和砷等有毒有害物质超过规定标准的煤炭。

第二十五条 国务院有关部门和地方各级人民政府应当采取措施，改进城市能源结构，推广清洁能源的生产和使用。

大气污染防治重点城市人民政府可以在本辖区内划定禁止销售、使用国务院环境保护行政主管部门规定的高污染燃料的区域。该区域内的单位和个人应当在当地人民政府规定的期限内停止燃用高污染燃料，改用天然气、液化石油气、电或者其他清洁能源。

第二十六条 国家采取有利于煤炭清洁利用的经济、技术政策和措施，鼓励和支持使用低硫分、低灰分的优质煤炭，鼓励和支持洁净煤技术的开发和推广。

第二十七条 国务院有关主管部门应当根据国家规定的锅炉大气污染物排放标准，在锅炉产品质量标准中规定相应的要求；达不到规定要求的锅炉，不得制造、销售或者进口。

第二十八条 城市建设应当统筹规划，在燃煤供热地区，统一解决热源，发展集中供热。在集中供热管网覆盖的地区，不得新建燃煤供热锅炉。

第二十九条 大、中城市人民政府应当制定规划，对饮食服务企业限期使用天然气、液化石油气、电或者其他清洁能源。

对未划定为禁止使用高污染燃料区域的大、中城市市区内的其他民用炉灶，限期改用固硫型煤或者使用其他清洁能源。

第三十条 新建、扩建排放二氧化硫的火电厂和其他大中型企业，超过规定的污染物排放标准或者总量控制指标的，必须建设配套脱硫、除尘装置或者采取其他控制二氧化硫排放、除尘的措施。

在酸雨控制区和二氧化硫污染控制区内，属于已建企业超过规定的污染物排放标准排放大气污染物的，依照本法第四十八条的规定限期治理。

国家鼓励企业采用先进的脱硫、除尘技术。

企业应当对燃料燃烧过程中产生的氮氧化物采取控制措施。

第三十一条 在人口集中地区存放煤炭、煤矸石、煤渣、煤灰、砂石、灰土等物料，必须采取防燃、防尘措施，防止污染大气。

第四章　防治机动车船排放污染

第三十二条　机动车船向大气排放污染物不得超过规定的排放标准。

任何单位和个人不得制造、销售或者进口污染物排放超过规定排放标准的机动车船。

第三十三条　在用机动车不符合制造当时的在用机动车污染物排放标准的，不得上路行驶。

省、自治区、直辖市人民政府规定对在用机动车实行新的污染物排放标准并对其进行改造的，须报经国务院批准。

机动车维修单位，应当按照防治大气污染的要求和国家有关技术规范进行维修，使在用机动车达到规定的污染物排放标准。

第三十四条　国家鼓励生产和消费使用清洁能源的机动车船。

国家鼓励和支持生产、使用优质燃料油，采取措施减少燃料油中有害物质对大气环境的污染。单位和个人应当按照国务院规定的期限，停止生产、进口、销售含铅汽油。

第三十五条　省、自治区、直辖市人民政府环境保护行政主管部门可以委托已取得公安机关资质认定的承担机动车年检的单位，按照规范对机动车排气污染进行年度检测。

交通、渔政等有监督管理权的部门可以委托已取得有关主管部门资质认定的承担机动船舶年检的单位，按照规范对机动船舶排气污染进行年度检测。

县级以上地方人民政府环境保护行政主管部门可以在机动车停放地对在用机动车的污染物排放状况进行监督抽测。

第五章　防治废气、尘和恶臭污染

第三十六条　向大气排放粉尘的排污单位，必须采取除尘措施。

严格限制向大气排放含有毒物质的废气和粉尘；确需排放的，必须经过净化处理，不超过规定的排放标准。

第三十七条　工业生产中产生的可燃性气体应当回收利用，不具备回收利用条件而向大气排放的，应当进行防治污染处理。

向大气排放转炉气、电石气、电炉法黄磷尾气、有机烃类尾气的，须报经当地环境保护行政主管部门批准。

可燃性气体回收利用装置不能正常作业的，应当及时修复或者更新。在回收利用装置不能正常作业期间确需排放可燃性气体的，应当将排放的可燃性气体充分燃烧或者采取其他减轻大气污染的措施。

第三十八条　炼制石油、生产合成氨、煤气和燃煤焦化、有色金属冶炼过程中排放含有硫化物气体的，应当配备脱硫装置或者采取其他脱硫措施。

第三十九条　向大气排放含放射性物质的气体和气溶胶，必须符合国家有关放射性防护的规定，不得超过规定的排放标准。

第四十条　向大气排放恶臭气体的排污单位，必须采取措施防止周围居民区受到污染。

第四十一条　在人口集中地区和其他依法需要特殊保护的区域内，禁止焚烧沥青、油毡、橡胶、塑料、皮革、垃圾以及其他产生有毒有害烟尘和恶臭气体的物质。

禁止在人口集中地区、机场周围、交通干线附近以及当地人民政府划定的区域露天焚烧秸秆、落叶等产生烟尘污染的物质。

除前两款外，城市人民政府还可以根据实际情况，采取防治烟尘污染的其他措施。

第四十二条 运输、装卸、贮存能够散发有毒有害气体或者粉尘物质的，必须采取密闭措施或者其他防护措施。

第四十三条 城市人民政府应当采取绿化责任制、加强建设施工管理、扩大地面铺装面积、控制渣土堆放和清洁运输等措施，提高人均占有绿地面积，减少市区裸露地面和地面尘土，防治城市扬尘污染。

在城市市区进行建设施工或者从事其他产生扬尘污染活动的单位，必须按照当地环境保护的规定，采取防治扬尘污染的措施。

国务院有关行政主管部门应当将城市扬尘污染的控制状况作为城市环境综合整治考核的依据之一。

第四十四条 城市饮食服务业的经营者，必须采取措施，防治油烟对附近居民的居住环境造成污染。

第四十五条 国家鼓励、支持消耗臭氧层物质替代品的生产和使用，逐步减少消耗臭氧层物质的产量，直至停止消耗臭氧层物质的生产和使用。

在国家规定的期限内，生产、进口消耗臭氧层物质的单位必须按照国务院有关行政主管部门核定的配额进行生产、进口。

第六章 法律责任

第四十六条 违反本法规定，有下列行为之一的，环境保护行政主管部门或者本法第四条第二款规定的监督管理部门可以根据不同情节，责令停止违法行为，限期改正，给予警告或者处以五万元以下罚款：

（一）拒报或者谎报国务院环境保护行政主管部门规定的有关污染物排放申报事项的；

（二）拒绝环境保护行政主管部门或者其他监督管理部门现场检查或者在被检查时弄虚作假的；

（三）排污单位不正常使用大气污染物处理设施，或者未经环境保护行政主管部门批准，擅自拆除、闲置大气污染物处理设施的；

（四）未采取防燃、防尘措施，在人口集中地区存放煤炭、煤矸石、煤渣、煤灰、砂石、灰土等物料的。

第四十七条 违反本法第十一条规定，建设项目的大气污染防治设施没有建成或者没有达到国家有关建设项目环境保护管理的规定的要求，投入生产或者使用的，由审批该建设项目的环境影响报告书的环境保护行政主管部门责令停止生产或者使用，可以并处一万元以上十万元以下罚款。

第四十八条 违反本法规定，向大气排放污染物超过国家和地方规定排放标准的，应当限期治理，并由所在地县级以上地方人民政府环境保护行政主管部门处一万元以上十万元以下罚款。限期治理的决定权限和违反限期治理要求的行政处罚由国务院规定。

第四十九条 违反本法第十九条规定，生产、销售、进口或者使用禁止生产、销售、进口、使用的设备，或者采用禁止采用的工艺的，由县级以上人民政府经济综合主管部门责令改正；情节严重的，由县级以上人民政府经济综合主管部门提出意见，报请同级人民政府按照国务院规定的权限责令停业、关闭。

将淘汰的设备转让给他人使用的，由转让者所在地县级以上地方人民政府环境保护行政主管部门或者其他依法行使监督管理权的部门没收转让者的违法所得，并处违法所得两倍以下罚款。

第五十条 违反本法第二十四条第三款规定，开采含放射性和砷等有毒有害物质超过规定标准的煤炭的，由县级以上人民政府按照国务院规定的权限责令关闭。

第五十一条 违反本法第二十五条第二款或者第二十九条第一款的规定，在当地人民政府规定的期限届满后继续燃用高污染燃料的，由所在地县级以上地方人民政府环境保护行政主管部门责令拆除或者没收燃用高污染燃料的设施。

第五十二条 违反本法第二十八条规定，在城市集中供热管网覆盖地区新建燃煤供热锅炉的，由县级以上地方人民政府环境保护行政主管部门责令停止违法行为或者限期改正，可以处五万元以下罚款。

第五十三条 违反本法第三十二条规定，制造、销售或者进口超过污染物排放标准的机动车船的，由依法行使监督管理权的部门责令停止违法行为，没收违法所得，可以并处违法所得一倍以下的罚款；对无法达到规定的污染物排放标准的机动车船，没收销毁。

第五十四条 违反本法第三十四条第二款规定，未按照国务院规定的期限停止生产、进口或者销售含铅汽油的，由所在地县级以上地方人民政府环境保护行政主管部门或者其他依法行使监督管理权的部门责令停止违法行为，没收所生产、进口、销售的含铅汽油和违法所得。

第五十五条 违反本法第三十五条第一款或者第二款规定，未取得所在地省、自治区、直辖市人民政府环境保护行政主管部门或者交通、渔政等依法行使监督管理权的部门的委托进行机动车船排气污染检测的，或者在检测中弄虚作假的，由县级以上人民政府环境保护行政主管部门或者交通、渔政等依法行使监督管理权的部门责令停止违法行为，限期改正，可以处五万元以下罚款；情节严重的，由负责资质认定的部门取消承担机动车船年检的资格。

第五十六条 违反本法规定，有下列行为之一的，由县级以上地方人民政府环境保护行政主管部门或者其他依法行使监督管理权的部门责令停止违法行为，限期改正，可以处五万元以下罚款：

（一）未采取有效污染防治措施，向大气排放粉尘、恶臭气体或者其他含有有毒物质气体的；

（二）未经当地环境保护行政主管部门批准，向大气排放转炉气、电石气、电炉法黄磷尾气、有机烃类尾气的；

（三）未采取密闭措施或者其他防护措施，运输、装卸或者贮存能够散发有毒有害气体或者粉尘物质的；

（四）城市饮食服务业的经营者未采取有效污染防治措施，致使排放的油烟对附近居民的居住环境造成污染的。

第五十七条 违反本法第四十一条第一款规定，在人口集中地区和其他依法需要特殊保护的区域内，焚烧沥青、油毡、橡胶、塑料、皮革、垃圾以及其他产生有毒有害烟尘和恶臭气体的物质的，由所在地县级以上地方人民政府环境保护行政主管部门责令停止违法行为，处二万元以下罚款。

违反本法第四十一条第二款规定，在人口集中地区、机场周围、交通干线附近以及当地人民政府划定的区域内露天焚烧秸秆、落叶等产生烟尘污染的物质的，由所在地县级以上地方人民政府环境保护行政主管部门责令停止违法行为；情节严重的，可以处二百元以下罚款。

第五十八条 违反本法第四十三条第二款规定，在城市市区进行建设施工或者从事其他产生扬尘污染的活动，未采取有效扬尘防治措施，致使大气环境受到污染的，限期改正，处二万元以下罚款；对逾期仍未达到当地环境保护规定要求的，可以责令其停工整顿。

前款规定的对因建设施工造成扬尘污染的处罚，由县级以上地方人民政府建设行政主管部门决定；对其他造成扬尘污染的处罚，由县级以上地方人民政府指定的有关主管部门决定。

第五十九条 违反本法第四十五条第二款规定，在国家规定的期限内，生产或者进口消耗臭氧层物质超过国务院有关行政主管部门核定配额的，由所在地省、自治区、直辖市人民政府有关行政主管部门处二万元以上二十万元以下罚款；情节严重的，由国务院有关行政主管部门取消生产、进口配额。

第六十条 违反本法规定，有下列行为之一的，由县级以上人民政府环境保护行政主管部门责令限期建设配套设施，可以处二万元以上二十万元以下罚款：

（一）新建的所采煤炭属于高硫分、高灰分的煤矿，不按照国家有关规定建设配套的煤炭洗选设施的；

（二）排放含有硫化物气体的石油炼制、合成氨生产、煤气和燃煤焦化以及有色金属冶炼的企业，不按照国家有关规定建设配套脱硫装置或者未采取其他脱硫措施的。

第六十一条 对违反本法规定，造成大气污染事故的企业事业单位，由所在地县级以上地方人民政府环境保护行政主管部门根据所造成的危害后果处直接经济损失百分之五十以下罚款，但最高不超过五十万元；情节较重的，对直接负责的主管人员和其他直接责任人员，由所在单位或者上级主管机关依法给予行政处分或者纪律处分；造成重大大气污染事故，导致公私财产重大损失或者人身伤亡的严重后果，构成犯罪的，依法追究刑事责任。

第六十二条 造成大气污染危害的单位，有责任排除危害，并对直接遭受损失的单位或者个人赔偿损失。

赔偿责任和赔偿金额的纠纷，可以根据当事人的请求，由环境保护行政主管部门调解处理；调解不成的，当事人可以向人民法院起诉。当事人也可以直接向人民法院起诉。

第六十三条 完全由于不可抗拒的自然灾害，并经及时采取合理措施，仍然不能避免造成大气污染损失的，免于承担责任。

第六十四条 环境保护行政主管部门或者其他有关部门违反本法第十四条第三款的规定，将征收的排污费挪作他用的，由审计机关或者监察机关责令退回挪用款项或者采取其他措施予以追回，对直接负责的主管人员和其他直接责任人员依法给予行政处分。

第六十五条 环境保护监督管理人员滥用职权、玩忽职守的，给予行政处分；构成犯罪的，依法追究刑事责任。

第七章　附则

第六十六条 本法自 2000 年 9 月 1 日起施行。

附录二　燃煤二氧化硫排放污染防治技术政策

燃煤二氧化硫排放污染防治技术政策
环发[2002]26号

1　总则

1.1　我国目前燃煤二氧化硫排放量占二氧化硫排放总量的90%以上，为推动能源合理利用、经济结构调整和产业升级，控制燃煤造成的二氧化硫大量排放，遏制酸沉降污染恶化趋势，防治城市空气污染，根据《中华人民共和国大气污染防治法》以及《国民经济和社会发展第十个五年计划纲要》的有关要求，并结合相关法规、政策和标准，制定本技术政策。

1.2　本技术政策是为实现2005年全国二氧化硫排放量在2000年基础上削减10%，"两控区"二氧化硫排放量减少20%，改善城市环境空气质量的控制目标提供技术支持和导向。

1.3　本技术政策适用于煤炭开采和加工、煤炭燃烧、烟气脱硫设施建设和相关技术装备的开发应用，并作为企业建设和政府主管部门管理的技术依据。

1.4　本技术政策控制的主要污染源是燃煤电厂锅炉、工业锅炉和窑炉以及对局地环境污染有显著影响的其他燃煤设施。重点区域是"两控区"，及对"两控区"酸雨的产生有较大影响的周边省、市和地区。

1.5　本技术政策的总原则是：推行节约并合理使用能源、提高煤炭质量、高效低污染燃烧以及末端治理相结合的综合防治措施，根据技术的经济可行性，严格二氧化硫排放污染控制要求，减少二氧化硫排放。

1.6　本技术政策的技术路线是：电厂锅炉、大型工业锅炉和窑炉使用中、高硫分燃煤的，应安装烟气脱硫设施；中小型工业锅炉和炉窑，应优先使用优质低硫煤、洗选煤等低污染燃料或其他清洁能源；城市民用炉灶鼓励使用电、燃气等清洁能源或固硫型煤替代原煤散烧。

2　能源合理利用

2.1　鼓励可再生能源和清洁能源的开发利用，逐步改善和优化能源结构。

2.2　通过产业和产品结构调整，逐步淘汰落后工艺和产品，关闭或改造布局不合理、污染严重的小企业；鼓励工业企业进行节能技术改造，采用先进洁净煤技术，提高能源利用效率。

2.3　逐步提高城市用电、燃气等清洁能源比例，清洁能源应优先供应民用燃烧设施和小型工业燃烧设施。

2.4　城镇应统筹规划，多种方式解决热源，鼓励发展地热、电热膜供暖等采暖方式；城市市区应发展集中供热和以热定电的热电联产，替代热网区内的分散小锅炉；热网区外和未进行集中供热的城市地区，不应新建产热量在2.8MW以下的燃煤锅炉。

2.5　城镇民用炊事炉灶、茶浴炉以及产热量在0.7MW以下采暖炉应禁止燃用原煤，提倡使用电、燃气等清洁能源或固硫型煤等低污染燃料，并应同时配套高效炉具。

2.6　逐步提高煤炭转化为电力的比例，鼓励建设坑口电厂并配套高效脱硫设施，变输煤为输电。

2.7　到2003年，基本关停50MW以下（含50MW）的常规燃煤机组；到2010年，逐步淘汰不能满足环保要求的100MW以下的燃煤发电机组（综合利用电厂除外），提高火力发电的煤炭使用效率

3　煤炭生产、加工和供应

3.1　各地不得新建煤层含硫分大于3%的矿井。对现有硫分大于3%的高硫小煤矿，应予关闭。对现有硫分大于3%的高硫大煤矿，近期实行限产，到2005年仍未采取有效降硫措施、或无法定点供应安装有脱硫设施并达到污染物排放标准的用户的，应予关闭。

3.2　除定点供应安装有脱硫设施并达到国家污染物排放标准的用户外，对新建硫分大于1.5%的煤矿，应配套建设煤炭洗选设施。对现有硫分大于2%的煤矿，应补建配套煤炭洗选设施。

3.3　现有选煤厂应充分利用其洗选煤能力，加大动力煤的入洗量。

3.4　鼓励对现有高硫煤选煤厂进行技术改造，提高选煤除硫率。

3.5　鼓励选煤厂根据洗选煤特性采用先进洗选技术和装备，提高选煤除硫率。

3.6　鼓励煤炭气化、液化，鼓励发展先进煤气化技术用于城市民用煤气和工业燃气。

3.7　煤炭供应应符合当地县级以上人民政府对煤炭含硫量的要求。鼓励通过加入固硫剂等措施降低二氧化硫的排放。

3.8　低硫煤和洗后动力煤，应优先供应给中小型燃煤设施。

4　煤炭燃烧

4.1　国务院划定的大气污染防治重点城市人民政府按照国家环保总局《关于划分高污染燃料的规定》，划定禁止销售、使用高污染燃料区域（简称“禁燃区”），在该区域内停止燃用高污染燃料，改用天然气、液化石油气、电或其他清洁能源。

4.2　在城市及其附近地区电、燃气尚未普及的情况下，小型工业锅炉、民用炉灶和采暖小煤炉应优先采用固硫型煤，禁止原煤散烧。

4.3　民用型煤推广以无烟煤为原料的下点火固硫蜂窝煤技术，在特殊地区可应用以烟煤、褐煤为原料的上点火固硫蜂窝煤技术。

4.4　在城市和其他煤炭调入地区的工业锅炉鼓励采用集中配煤炉前成型技术或集中配煤集中成型技术，并通过耐高温固硫剂达到固硫目的。

4.5　鼓励研究解决固硫型煤燃烧中出现的着火延迟、燃烧强度降低和高温固硫效率低的技术问题。

4.6　城市市区的工业锅炉更新或改造时应优先采用高效层燃锅炉，产热量7MW的热效率应在80%以上，产热量<7MW的热效率应在75%以上。

4.7　使用流化床锅炉时，应添加石灰石等固硫剂，固硫率应满足排放标准要求。

4.8　鼓励研究开发基于煤气化技术的燃气-蒸汽联合循环发电等洁净煤技术。

5　烟气脱硫

5.1　电厂锅炉

5.1.1　燃用中、高硫煤的电厂锅炉必须配套安装烟气脱硫设施进行脱硫。

5.1.2　电厂锅炉采用烟气脱硫设施的适用范围是：

① 新、扩、改建燃煤电厂，应在建厂同时配套建设烟气脱硫设施，实现达标排放，并满足 SO_2 排放总量控制要求，烟气脱硫设施应在主机投运同时投入使用。

② 已建的火电机组，若 SO_2 排放未达排放标准或未达到排放总量许可要求、剩余寿命（按照设计寿命计算）大于 10 年（包括 10 年）的，应补建烟气脱硫设施，实现达标排放，并满足 SO_2 排放总量控制要求。

③ 已建的火电机组，若 SO_2 排放未达排放标准或未达到排放总量许可要求、剩余寿命（按照设计寿命计算）低于 10 年的，可采取低硫煤替代或其他具有同样 SO_2 减排效果的措施，实现达标排放，并满足 SO_2 排放总量控制要求。否则，应提前退役停运。

④ 超期服役的火电机组，若 SO_2 排放未达排放标准或未达到排放总量许可要求，应予以淘汰。

5.1.3 电厂锅炉烟气脱硫的技术路线是：

① 燃用含硫量 2%煤的机组、或大容量机组（200MW）的电厂锅炉建设烟气脱硫设施时，宜优先考虑采用湿式石灰石-石膏法工艺，脱硫率应保证在 90%以上，投运率应保证在电厂正常发电时间的 95%以上。

② 燃用含硫量＜2%煤的中小电厂锅炉（＜200MW），或是剩余寿命低于 10 年的老机组建设烟气脱硫设施时，在保证达标排放，并满足 SO_2 排放总量控制要求的前提下，宜优先采用半干法、干法或其他费用较低的成熟技术，脱硫率应保证在 75%以上，投运率应保证在电厂正常发电时间的 95%以上。

5.1.4 火电机组烟气排放应配备二氧化硫和烟尘等污染物在线连续监测装置，并与环保行政主管部门的管理信息系统联网。

5.1.5 在引进国外先进烟气脱硫装备的基础上，应同时掌握其设计、制造和运行技术，各地应积极扶持烟气脱硫的示范工程。

5.1.6 应培育和扶持国内有实力的脱硫工程公司和脱硫服务公司，逐步提高其工程总承包能力，规范脱硫工程建设和脱硫设备的生产和供应。

5.2 工业锅炉和窑炉

5.2.1 中小型燃煤工业锅炉（产热量＜14MW）提倡使用工业型煤、低硫煤和洗选煤。对配备湿法除尘的，可优先采用如下的湿式除尘脱硫一体化工艺：

① 燃中低硫煤锅炉，可采用利用锅炉自排碱性废水或企业自排碱性废液的除尘脱硫工艺。

② 燃中高硫煤锅炉，可采用双碱法工艺。

5.2.2 大中型燃煤工业锅炉（产热量 14MW）可根据具体条件采用低硫煤替代、循环流化床锅炉改造（加固硫剂）或采用烟气脱硫技术。

5.2.3 应逐步淘汰敞开式炉窑，炉窑可采用改变燃料、低硫煤替代、洗选煤或根据具体条件采用烟气脱硫技术。

5.2.4 大中型燃煤工业锅炉和窑炉应逐步安装二氧化硫和烟尘在线监测装置。

5.3 采用烟气脱硫设施时，技术选用应考虑以下主要原则：

5.3.1 脱硫设备的寿命在 15 年以上。

5.3.2 脱硫设备有主要工艺参数（pH 值、液气比和 SO_2 出口浓度）的自控装置。

5.3.3 脱硫产物应稳定化或经适当处理，没有二次释放二氧化硫的风险。

5.3.4 脱硫产物和外排液无二次污染且能安全处置。

5.3.5 投资和运行费用适中。

5.3.6 脱硫设备可保证连续运行，在北方地区的应保证冬天可正常使用。

5.4 脱硫技术研究开发

5.4.1 鼓励研究开发适合当地资源条件、并能回收硫资源的技术。

5.4.2 鼓励研究开发对烟气进行同时脱硫脱氮的技术。

5.4.3 鼓励研究开发脱硫副产品处理、处置及资源化技术和装备。

6 二次污染防治

6.1 选煤厂洗煤水应采用闭路循环，煤泥水经二次浓缩，絮凝沉淀处理，循环使用。

6.2 选煤厂的洗矸和尾矸应综合利用，供锅炉集中燃烧并高效脱硫，回收硫铁矿等有用组分，废弃时应用土覆盖，并植被保护。

6.3 型煤加工时，不得使用有毒有害的助燃或固硫添加剂。

6.4 建设烟气脱硫装置时，应同时考虑副产品的回收和综合利用，减少废弃物的产生量和排放量。

6.5 不能回收利用的脱硫副产品禁止直接堆放，应集中进行安全填埋处置，并达到相应的填埋污染控制标准。

6.6 烟气脱硫中的脱硫液应采用闭路循环，减少外排；脱硫副产品过滤、增稠和脱水过程中产生的工艺水应循环使用。

6.7 烟气脱硫外排液排入海水或其他水体时，脱硫液应经无害化处理，并须达到相应污染控制标准要求，应加强对重金属元素的监测和控制，不得对海域或水体生态环境造成有害影响。

6.8 烟气脱硫后的排烟应避免温度过低对周边环境造成不利影响。

6.9 烟气脱硫副产品用作化肥时其成分指标应达到国家、行业相应的肥料等级标准，并不得对农田生态产生有害影响。

附录三 火电厂氮氧化物防治技术政策

火电厂氮氧化物防治技术政策

环发［2010］ 10号

1 总则

1.1 为贯彻《中华人民共和国大气污染防治法》，防治火电厂氮氧化物排放造成的污染，改善大气环境质量，保护生态环境，促进火电行业可持续发展和氮氧化物减排及控制技术进步，制定本技术政策。

1.2 本技术政策适用于燃煤发电和热电联产机组氮氧化物排放控制。燃用其他燃料的发电和热电联产机组的氮氧化物排放控制，可参照本技术政策执行。

1.3 本技术政策控制重点是全国范围内200MW及以上燃煤发电机组和热电联产机组以及大气污染重点控制区域内的所有燃煤发电机组和热电联产机组。

1.4　加强电源结构调整力度，加速淘汰100MW及以下燃煤凝汽机组，继续实施“上大压小”政策，积极发展大容量、高参数的大型燃煤机组和以热定电的热电联产项目，以提高能源利用率。

2　防治技术路线

2.1　倡导合理使用燃料与污染控制技术相结合、燃烧控制技术和烟气脱硝技术相结合的综合防治措施，以减少燃煤电厂氮氧化物的排放。

2.2　燃煤电厂氮氧化物控制技术的选择应因地制宜、因煤制宜、因炉制宜，依据技术上成熟、经济上合理及便于操作来确定。

2.3　低氮燃烧技术应作为燃煤电厂氮氧化物控制的首选技术。当采用低氮燃烧技术后，氮氧化物排放浓度不达标或不满足总量控制要求时，应建设烟气脱硝设施。

3　低氮燃烧技术

3.1　发电锅炉制造厂及其他单位在设计、生产发电锅炉时，应配置高效的低氮燃烧技术和装置，以减少氮氧化物的产生和排放。

3.2　新建、改建、扩建的燃煤电厂，应选用装配有高效低氮燃烧技术和装置的发电锅炉。

3.3　在役燃煤机组氮氧化物排放浓度不达标或不满足总量控制要求的电厂，应进行低氮燃烧技术改造。

4　烟气脱硝技术

4.1　位于大气污染重点控制区域内的新建、改建、扩建的燃煤发电机组和热电联产机组应配置烟气脱硝设施，并与主机同时设计、施工和投运。非重点控制区域内的新建、改建、扩建的燃煤发电机组和热电联产机组应根据排放标准、总量指标及建设项目环境影响报告书批复要求建设烟气脱硝装置。

4.2　对在役燃煤机组进行低氮燃烧技术改造后，其氮氧化物排放浓度仍不达标或不满足总量控制要求时，应配置烟气脱硝设施。

4.3　烟气脱硝技术主要有：选择性催化还原技术（SCR）、选择性非催化还原技术（SNCR）、选择性非催化还原与选择性催化还原联合技术（SNCR-SCR）及其他烟气脱硝技术。

4.3.1　新建、改建、扩建的燃煤机组，宜选用SCR；小于等于600MW时，也可选用SNCR-SCR。

4.3.2　燃用无烟煤或贫煤且投运时间不足20年的在役机组，宜选用SCR或SNCR-SCR。

4.3.3　燃用烟煤或褐煤且投运时间不足20年的在役机组，宜选用SNCR或其他烟气脱硝技术。

4.4　烟气脱硝还原剂的选择

4.4.1　还原剂的选择应综合考虑安全、环保、经济等多方面因素。

4.4.2　选用液氨作为还原剂时，应符合《重大危险源辨识》（GB 18218）及《建筑设计防火规范》（GB 50016）中的有关规定。

4.4.3　位于人口稠密区的烟气脱硝设施，宜选用尿素作为还原剂。

4.5　烟气脱硝二次污染控制

4.5.1　SCR和SNCR-SCR氨逃逸控制在2.5mg/m^3（干基，标准状态）以下；

SNCR 氨逃逸控制在 8mg/m^3（干基，标准状态）以下。

4.5.2 失效催化剂应优先进行再生处理，无法再生的应进行无害化处理。

5 新技术开发

5.1 鼓励高效低氮燃烧技术及适合国情的循环流化床锅炉的开发和应用。

5.2 鼓励具有自主知识产权的烟气脱硝技术、脱硫脱硝协同控制技术以及氮氧化物资源化利用技术的研发和应用。

5.3 鼓励低成本高性能催化剂原料、新型催化剂和失效催化剂的再生与安全处置技术的开发和应用。

5.4 鼓励开发具有自主知识产权的在线连续监测装置。

5.5 鼓励适合于烟气脱硝的工业尿素的研究和开发。

6 运行管理

6.1 燃煤电厂应采用低氮燃烧优化运行技术，以充分发挥低氮燃烧装置的功能。

6.2 烟气脱硝设施应与发电主设备纳入同步管理，并设置专人维护管理，并对相关人员进行定期培训。

6.3 建立、健全烟气脱硝设施的运行检修规程和台账等日常管理制度，并根据工艺要求定期对各类设备、电气、自控仪表等进行检修维护，确保设施稳定可靠地运行。

6.4 燃煤电厂应按照《火电厂烟气排放连续监测技术规范》（HJ/T 75）装配氮氧化物在线连续监测装置，采取必要的质量保证措施，确保监测数据的完整和准确，并与环保行政主管部门的管理信息系统联网，对运行数据、记录等相关资料至少保存 3 年。

6.5 采用液氨作为还原剂时，应根据《危险化学品安全管理条例》的规定编制本单位事故应急救援预案，配备应急救援人员和必要的应急救援器材、设备，并定期组织演练。

6.6 电厂对失效且不可再生的催化剂应严格按照国家危险废物处理处置的相关规定进行管理。

7 监督管理

7.1 烟气脱硝设施不得随意停止运行。由于紧急事故或故障造成脱硝设施停运，电厂应立即向当地环境保护行政主管部门报告。

7.2 各级环境保护行政主管部门应加强对氮氧化物减排设施运行和日常管理制度执行情况的定期检查和监督，电厂应提供烟气脱硝设施的运行和管理情况，包括监测仪器的运行和校验情况等资料。

7.3 电厂所在地的环境保护行政主管部门应定期对烟气脱硝设施的排放和投运情况进行监测和监管。

附录四 火电厂污染防治技术政策

火电厂污染防治技术政策

环境保护部 公告 2017 年第 1 号

一、总则

（一）为贯彻《中华人民共和国环境保护法》等法律法规，防治火电厂排放废气、废水、噪声、固体废物等造成的污染，改善环境质量，保护生态环境，促进火电行业健康持续发展及污染防治技术进步，制定本技术政策。

（二）本技术政策适用于以煤、煤矸石、泥煤、石油焦及油页岩等为燃料的火电厂，以油、气等为燃料的火电厂可参照执行。不适用于以生活垃圾、危险废物为主要燃料的火电厂。

（三）本技术政策为指导性技术文件，可为火电行业污染防治规划制定、污染物达标排放技术选择、环境影响评价和排污许可制度贯彻实施等环境管理及企业污染防治工作提供技术支撑。

（四）火电厂的污染防治应遵循和提倡源头控制与末端治理相结合的技术路线；污染防治技术的选择应因煤制宜、因炉制宜、因地制宜，并统筹兼顾技术先进、经济合理、便于维护的原则。

二、源头控制

（一）全国新建燃煤发电项目原则上应采用60万千瓦以上超超临界机组，平均供电煤耗低于300克标准煤/千瓦时。

（二）进一步提高小火电机组淘汰标准，对经整改仍不符合能耗、环保、质量、安全等要求的，由地方政府予以淘汰关停。优先淘汰改造后仍不符合能效、环保等标准的30万千瓦以下机组。

（三）坚持“以热定电”，建设高效燃煤热电机组，科学制定热电联产规划和供热专项规划，同步完善配套供热管网，对集中供热范围内的分散燃煤小锅炉实施替代和限期淘汰。

（四）进一步加大煤炭的洗选量，提高动力煤的质量。加强对煤炭开采、运输、存储、输送等过程中的环境管理，防治煤粉扬尘污染。

三、大气污染防治

（一）燃煤电厂大气污染防治应以实施达标排放为基本要求，以全面实施超低排放为目标。

（二）火电厂达标排放技术路线选择应遵循以下原则：

1. 火电厂除尘技术：

火电厂除尘技术包括电除尘、电袋复合除尘和袋式除尘。若飞灰工况比电阻超出$1\times10^{4}\sim1\times10^{11}\Omega\cdot cm$范围，建议优先选择电袋复合或袋式技术；否则，应通过技术经济分析，选择适宜的除尘技术。

2. 火电厂烟气脱硫技术：

(1) 石灰石－石膏法烟气脱硫技术宜在有稳定石灰石来源的燃煤发电机组建设烟气脱硫设施时选用。

(2) 氨法烟气脱硫技术宜在环境不敏感、有稳定氨来源地区的30万千瓦及以下燃煤发电机组建设烟气脱硫设施时选用，但应采取措施防止氨大量逃逸。

(3) 海水法烟气脱硫技术在满足当地环境功能区划的前提下，宜在我国东、南部沿海海水扩散条件良好地区，燃用低硫煤种机组建设烟气脱硫设施时选用。

(4) 烟气循环流化床法脱硫技术宜在干旱缺水及环境容量较大地区，燃用中低硫煤种且容量在30万千瓦及以下机组建设烟气脱硫设施时选用。

3. 火电厂烟气氮氧化物控制技术：

（1）火电厂氮氧化物治理应采用低氮燃烧技术与烟气脱硝技术配合使用的技术路线。

（2）煤粉锅炉烟气脱硝宜选用选择性催化还原技术（SCR）；循环流化床锅炉烟气脱硝宜选用非选择性催化还原技术（SNCR）。

（三）燃煤电厂超低排放技术路线选择时应充分考虑炉型、煤种、排放要求、场地等因素，必要时可采取“一炉一策”。具体原则如下：

1. 超低排放除尘技术宜选用高效电源电除尘、低低温电除尘、超净电袋复合除尘、袋式除尘及移动电极电除尘等，必要时在脱硫装置后增设湿式电除尘。

2. 超低排放脱硫技术宜选用增效的石灰石-石膏法、氨法、海水法及烟气循环流化床法，并注重湿法脱硫技术对颗粒物的协同脱除作用。

（1）石灰石-石膏法应在传统空塔喷淋技术的基础上，根据煤种硫含量等参数，选择能够改善气液分布和提高传质效率的复合塔技术或可形成物理分区和自然分区的 pH 分区技术。

（2）氨法、海水法及烟气循环流化床法应在传统工艺的基础上进行提效优化。

3. 超低排放脱硝技术煤粉锅炉宜选用高效低氮燃烧与 SCR 配合使用的技术路线，若不能满足排放要求，可采用增加催化剂层数、增加喷氨量等措施，应有效控制氨逃逸；循环流化床锅炉宜优先选用 SNCR，必要时可采用 SNCR-SCR 联合技术。

（四）火电厂灰场及脱硫剂石灰石或石灰在装卸、存储及输送过程中应采取有效措施防治扬尘污染。

（五）粉煤灰运输须使用专用封闭罐车，并严格遵守有关部门规定和要求。

（六）火电厂烟气中汞等重金属的去除应以脱硝、除尘及脱硫等设备的协同脱除作用为首选，若仍未满足排放要求，可采用单项脱汞技术。

（七）火电厂除尘、脱硫及脱硝等设施在运行过程中，应统筹考虑各设施之间的协同作用，全流程优化装备。

四、水污染防治

（一）火电厂水污染防治应遵循分类处理、一水多用的原则。鼓励火电厂实现废水的循环使用不外排。

（二）煤泥废水、空预器及省煤器冲洗废水等宜采用混凝、沉淀或过滤等方法处理后循环使用。

（三）含油废水宜采用隔油或气浮等方式进行处理；化学清洗废水宜采用氧化、混凝、澄清等方法进行处理，应避免与其他废水混合处理。

（四）脱硫废水宜经石灰处理、混凝、澄清、中和等工艺处理后回用。鼓励采用蒸发干燥或蒸发结晶等处理工艺，实现脱硫废水不外排。

（五）火电厂生活污水经收集后，宜采用二级生化处理，经消毒后可采用绿化、冲洗等方式回用。

五、固体废物污染防治

（一）火电厂固体废物主要包括粉煤灰、脱硫石膏、废旧布袋和废烟气脱硝催化剂等，应遵循优先综合利用的原则。

（二）粉煤灰、脱硫石膏、废旧布袋应使用专门的存放场地，贮存设施应参照《一般工业固体废物贮存、处置场污染控制标准》（GB 18599）的相关要求进行管理。

（三）粉煤灰综合利用应优先生产普通硅酸盐水泥、粉煤灰水泥及混凝土等，其指标应满足《用于水泥和混凝土中的粉煤灰》（GB/T 1596）的要求。

（四）应强化脱硫石膏产生、贮存、利用等过程中的环境管理，确保脱硫石膏的综合利用。

1. 石灰石-石膏法脱硫技术所用的石灰石中碳酸钙含量应不小于90%。

2. 燃煤电厂石灰石-石膏法烟气脱硫工艺产生的脱硫石膏的技术指标应满足《烟气脱硫石膏》（JC/T 2074）的相关要求。

3. 脱硫石膏宜优先用于石膏建材产品或水泥调凝剂的生产。

（五）袋式或电袋复合除尘器产生的废旧布袋应进行无害化处理。

（六）失活烟气脱硝催化剂（钒钛系）应优先进行再生，不可再生且无法利用的废烟气脱硝催化剂（钒钛系）在贮存、转移及处置等过程中应按危险废物进行管理。

六、噪声污染防治

（一）火电厂噪声污染防治应遵循“合理布局、源头控制”的原则。

（二）应通过合理的生产布局减少对厂界外噪声敏感目标的影响。鼓励采用低噪声设备，对于噪声较大的各类风机、磨煤机、冷却塔等应采取隔振、减振、隔声、消声等措施。

七、二次污染防治

（一）SCR、SNCR-SCR、SNCR脱硝技术及氨法脱硫技术的氨逃逸浓度应满足相关标准要求。

（二）火电厂应加强脱硝设施运行管理，并注重低低温电除尘器、电袋复合除尘器及湿法脱硫等措施对三氧化硫的协同脱除作用。

（三）脱硫石膏无综合利用条件时，应经脱水贮存，附着水含量（湿基）不应超过10%。若在灰场露天堆放时，应采取措施防治扬尘污染，并按相关要求进行防渗处理。

八、新技术开发

鼓励以下新技术、新材料和新装备研发和推广：

（一）火电厂低浓度颗粒物、细颗粒物排放检测技术及在线监测技术，烟气中三氧化硫、氨及可凝结颗粒物等的检测与控制技术。

（二）W型火焰锅炉氮氧化物防治技术。

（三）烟气中汞等重金属控制技术与在线监测设备。

（四）脱硫石膏高附加值产品制备技术。

（五）火电厂多污染物协同治理技术。

（六）火电厂低温脱硝催化剂。

附录五　锅炉大气污染物排放标准（GB 13271—2014）

锅炉大气污染物排放标准
（GB 13271—2014）

1　适用范围

本标准规定了锅炉烟气中颗粒物、二氧化硫、氮氧化物、汞及其化合物的最高允许排放浓度限值和烟气黑度限值。

本标准适用于以燃煤、燃油和燃气为燃料的单台出力65t/h及以下蒸汽锅炉、各种容量的热水锅炉及有机热载体锅炉；各种容量的层燃炉、抛煤机炉。

使用型煤、水煤浆、煤矸石、石油焦、油页岩、生物质成型燃料等的锅炉，参照本标准中燃煤锅炉排放控制要求执行。

本标准不适用于以生活垃圾、危险废物为燃料的锅炉。

本标准适用于在用锅炉的大气污染物排放管理，以及锅炉建设项目环境影响评价、环境保护设施设计、竣工环境保护验收及其投产后的大气污染物排放管理。

本标准适用于法律允许的污染物排放行为；新设立污染源的选址和特殊保护区域内现有污染源的管理，按照《中华人民共和国大气污染防治法》、《中华人民共和国水污染防治法》、《中华人民共和国海洋环境保护法》、《中华人民共和国固体废物污染环境防治法》、《中华人民共和国放射性污染防治法》、《中华人民共和国环境影响评价法》等法律、法规、规章的相关规定执行。

2 规范性引用文件

本标准内容引用了下列文件或其中的条款。凡是不注日期的引用文件，其有效版本适用于本标准。

GB 5468　锅炉烟尘测试方法

GB/T 16157 固定污染源排气中颗粒物测定与气态污染物采样方法

HJ/T 42　固定污染源排气中氮氧化物的测定　紫外分光光度法

HJ/T 43　同定污染源排气中氮氧化物的测定　盐酸萘乙二胺分光光度法

HJ/T 56　固定污染源排气中二氧化硫的测定　碘量法

HJ/T 57　固定污染源排气中二氧化硫的测定　定电位电解法

HJ/T 373　固定污染源监测质量保证与质量控制技术规范

HJ/T 397　固定源废气监测技术规范

HJ/T 398　固定污染源排放烟气黑度的测定　林格曼烟气黑度图法

HJ 543　固定污染源废气　汞的测定　冷原子吸收分光光度法（暂行）

HJ 629　固定污染源废气　二氧化硫的测定　非分散红外吸收法

HJ 692　固定污染源废气中氮氧化物的测定　非分散红外吸收法

HJ 693　固定污染源排气中氮氧化物的测定　定电位电解法

《污染源自动监控管理办法》（国家环境保护总局令　第28号）

《环境监测管理办法》（国家环境保护总局令　第39号）

3 术语和定义

下列术语和定义适用于本标准。

3.1 锅炉　boiler

锅炉是利用燃料燃烧释放的热能或其他热能加热热水或其他工质，以生产规定参数（温度，压力）和品质的蒸汽、热水或其他工质的设备。

3.2 在用锅炉　in-use boiler

指本标准实施之日前，已建成投产或环境影响评价文件已通过审批的锅炉。

3.3 新建锅炉 new boiler

本标准实施之日起，环境影响评价文件通过审批的新建、改建和扩建的锅炉建设项目。

3.4 有机热载体锅炉 organic fluid boiler

以有机质液体作为热载体工质的锅炉。

3.5 标准状态 standard condition

锅炉烟气在温度为273K，压力为101325Pa时的状态，简称“标态”。本标准规定的排放浓度均指标准状态下干烟气中的数值。

3.6 烟囱高度 stack height

指从烟囱（或锅炉房）所在的地平面至烟囱出口的高度。

3.7 氧含量 O_2 content

燃料燃烧后，烟气中含有的多余的自由氧，通常以干基容积百分数来表示。

3.8 重点地区 key region

根据环境保护工作的要求，在国土开发密度较高，环境承载能力开始减弱，或大气环境容量较小、生态环境脆弱，容易发生严重大气环境污染问题而需要严格控制大气污染物排放的地区。

3.9 大气污染物特别排放限值 special limitation for air pollutants

为防治区域性大气污染、改善环境质量、进一步降低大气污染源的排放强度、更加严格地控制排污行为而制定并实施的大气污染物排放限值，该限值的控制水平达到国际先进或领先程度，适用于重点地区。

4 大气污染物排放控制要求

4.1 10t/h以上在用蒸汽锅炉和7MW以上在用热水锅炉2015年9月30日前执行GB 13271—2001中规定的排放限值，10t/h及以下在用蒸汽锅炉和7MW及以下在用热水锅炉2016年6月30日前执行GB 13271—2001中规定的排放限值。

4.2 10t/h以上在用蒸汽锅炉和7MW以上在用热水锅炉自2015年10月1日起执行表1规定的大气污染物排放限值，10t/h及以下在用蒸汽锅炉和7MW及以下在用热水锅炉自2016年7月1日起执行表1规定的大气污染物排放限值。

表1 在用锅炉大气污染物排放浓度限值 单位：mg/m^3

污染物项目	限值			污染物排放监控位置
	燃煤锅炉	燃油锅炉	燃气锅炉	
颗粒物	80	60	30	烟囱或烟道
二氧化硫	400 550①	300	100	
氮氧化物	400	400	400	
汞及其化合物	0.05	—	—	
烟气黑度（林格曼黑度）/级	≤1			烟囱排放口

① 位于广西壮族自治区、重庆市、四川省和贵州省的燃煤锅炉执行该限值。

4.3 自2014年7月1日起，新建锅炉执行表2规定的大气污染物排放限值。

表2 新建锅炉大气污染物排放浓度限值 单位：mg/m^3

污染物项目	限值			污染物排放监控位置
	燃煤锅炉	燃油锅炉	燃气锅炉	
颗粒物	50	30	20	烟囱或烟道
二氧化硫	300	200	50	
氮氧化物	300	250	200	
汞及其化合物	0.05	—	—	
烟气黑度(林格曼黑度)/级	≤1			烟囱排放口

4.4 重点地区锅炉执行表3规定的大气污染物特别排放限值。

执行大气污染物特别排放限值的地域范围、时间，由国务院环境保护主管部门或省级人民政府规定。

表3 大气污染物特别排放限值 单位：mg/m^3

污染物项目	限值			污染物排放监控位置
	燃煤锅炉	燃油锅炉	燃气锅炉	
颗粒物	30	30	20	烟囱或烟道
二氧化硫	200	100	50	
氮氧化物	200	200	150	
汞及其化合物	0.05	—	—	
烟气黑度(林格曼黑度)/级	≤1			烟囱排放口

4.5 每个新建燃煤锅炉房只能设一根烟囱，烟囱高度应根据锅炉房装机总容量，按表4规定执行，燃油、燃气锅炉烟囱不低于8m，锅炉烟囱的具体高度按批复的环境影响评价文件确定。新建锅炉房的烟囱周围半径200m距离内有建筑物时，其烟囱应高出最高建筑物3m以上。

表4 燃煤锅炉房烟囱最低允许高度

锅炉房装机总容量	MW	<0.7	0.7～<1.4	1.4～<2.8	2.8～<7	7～<14	≥14
	t/h	<1	1～<2	2～<4	4～<10	10～<20	≥20
烟囱最低允许高度	m	20	25	30	35	40	45

4.6 不同时段建设的锅炉，若采用混合方式排放烟气，且选择的监控位置只能监测混合烟气中的大气污染物浓度，应执行各个时段限值中最严格的排放限值。

5 大气污染物监测要求

5.1 污染物采样与监测要求

5.1.1 锅炉使用企业应按照有关法律和《环境监测管理办法》等规定，建立企业监测制度，制定监测方案，对污染物排放状况及其对周边环境质量的影响开展自行监测，保存原始监测记录，并公布监测结果。

5.1.2 锅炉使用企业应按照环境监测管理规定和技术规范的要求，设计、建设、维护永久性采样口、采样测试平台和排污口标志。

5.1.3 对锅炉排放废气的采样，应根据监测污染物的种类，在规定的污染物排放监控位置进行，有废气处理设施的，应在该设施后监测。排气筒中大气污染物的监测采样按 GB 5468、GB/T 16157 或 HJ/T 397 规定执行。

5.1.4 20t/h 及以上蒸汽锅炉和 14MW 及以上热水锅炉应安装污染物排放自动监控设备，与环保部门的监控中心联网，并保证设备正常运行，按有关法律和《污染源自动监控管理办法》的规定执行。

5.1.5 对大气污染物的监测，应按照 HJ/T 373 的要求进行监测质量保证和质量控制。

5.1.6 对大气污染物排放浓度的测定采用表 5 所列的方法标准。

表 5 大气污染物浓度测定方法标准

序号	污染物项目	方法标准名称	标准编号
1	颗粒物	锅炉烟尘测试方法	GB 5468
		固定污染源排气中颗粒物测定与气态污染物采样方法	GB/T 16157
2	烟气黑度	固定污染源排放烟气黑度的测定 林格曼烟气黑度图法	HJ/T 398
3	二氧化硫	固定污染源排气中二氧化硫的测定 碘量法	HJ/T 56
		固定污染源排气中二氧化硫的测定 定电位电解法	HJ/T 57
		固定污染源废气 二氧化硫的测定 非分散红外吸收法	HJ 629
4	氮氧化物	固定污染源排气中氮氧化物的测定 紫外分光光度法	HJ/T 42
		固定污染源排气中氮氧化物的测定 盐酸萘乙二胺分光光度法	HJ/T 43
		固定污染源废气中氮氧化物的测定 非分散红外吸收法	HJ 692
		固定污染源排气中氮氧化物的测定 定电位电解法	HJ 693
5	汞及其化合物	固定污染源废气 汞的测定 冷原子吸收分光光度法(暂行)	HJ 543

5.2 大气污染物基准含氧量排放浓度折算方法

实测的锅炉颗粒物、二氧化硫、氮氧化物、汞及其化合物的排放浓度，应执行 GB 5468 或 GB/T 16157 规定，按公式(1) 折算为基准氧含量排放浓度。各类燃烧设备的基准氧含量按表 6 的规定执行。

表 6 基准含氧量

锅炉类型	基准氧含量(O_2)/%
燃煤锅炉	9
燃油、燃气锅炉	3.5

$$\rho=\rho'\frac{21-\varphi(O_2)}{21-\varphi'(O_2)} \tag{1}$$

式中，ρ 为大气污染物基准氧含量排放浓度，mg/m^3；ρ' 为实测的大气污染物排放浓度，mg/m^3；$\varphi'(O_2)$ 为实测的氧含量；$\varphi(O_2)$ 为基准氧含量。

6 实施与监督

6.1 本标准由县级以上人民政府环境保护行政主管部门负责监督实施。

6.2 在任何情况下，锅炉使用单位均应遵守本标准的大气污染物排放控制要求，采取必要措施保证污染防治设施正常运行。各级环保部门在对锅炉使用单位进行监督性检查时，可以现场即时采样或监测的结果，作为判断排污行为是否符合排放标准以及实施相关环境保护管理措施的依据。

附录六　火电厂大气污染物排放标准

火电厂大气污染物排放标准
(GB 13223—2011)

1　适用范围

本标准规定了火电厂大气污染物排放浓度限值、监测和监控要求，以及标准的实施与监督等相关规定。

本标准适用于现有火电厂的大气污染物排放管理以及火电厂建设项目的环境影响评价、环境保护工程设计、竣工环境保护验收及其投产后的大气污染物排放管理。

本标准适用于使用单台出力65t/h以上除层燃炉、抛煤机炉外的燃煤发电锅炉；各种容量的煤粉发电锅炉；单台出力65t/h以上燃油、燃气发电锅炉；各种容量的燃气轮机组的火电厂；单台出力65t/h以上采用煤矸石、生物质、油页岩、石油焦等燃料的发电锅炉，参照本标准中循环流化床火力发电锅炉的污染物排放控制要求执行。整体煤气化联合循环发电的燃气轮机组执行本标准中燃用天然气的燃气轮机组排放限值。

本标准不适用于各种容量的以生活垃圾、危险废物为燃料的火电厂。

本标准适用于法律允许的污染物排放行为。新设立污染源的选址和特殊保护区域内现有污染源的管理，按照《中华人民共和国大气污染防治法》、《中华人民共和国水污染防治法》、《中华人民共和国海洋环境保护法》、《中华人民共和国固体废物污染环境防治法》、《中华人民共和国环境影响评价法》等法律、法规和规章的相关规定执行。

2　规范性引用文件

本标准引用下列文件或其中的条款。凡是不注日期的引用文件，其最新版本适用于本标准。

GB/T 16157　固定污染源排气中颗粒物测定与气态污染物采样方法
HJ/T 42　固定污染源排气中氮氧化物的测定　紫外分光光度法
HJ/T 43　固定污染源排气中氮氧化物的测定　盐酸萘乙二胺分光光度法
HJ/T 56　固定污染源排气中二氧化硫的测定　碘量法
HJ/T 57　固定污染源排气中二氧化硫的测定　定电位电解法
HJ/T 75　固定污染源烟气排放连续监测技术规范
HJ/T 76　固定污染源烟气排放连续监测系统技术要求及检测方法
HJ/T 373　固定污染源监测质量保证与质量控制技术规范（试行）
HJ/T 397　固定源废气监测技术规范
HJ/T 398　固定污染源排放烟气黑度的测定　林格曼烟气黑度图法
HJ 543　固定污染源废气　汞的测定　冷原子吸收分光光度法（暂行）
HJ 629　固定污染源废气　二氧化硫的测定　非分散红外吸收法
《污染源自动监控管理办法》（国家环境保护总局令　第28号）
《环境监测管理办法》（国家环境保护总局令　第39号）

3 术语和定义

下列术语和定义适用于本标准。

3.1 火电厂 thermal power plant

燃烧固体、液体、气体燃料的发电厂。

3.2 标准状态 standard condition

烟气在温度为273K，压力为101325Pa时的状态，简称“标态”。本标准中所规定的大气污染物浓度均指标准状态下干烟气的数值。

3.3 氧含量 oxygen content

燃料燃烧时，烟气中含有的多余的自由氧，通常以干基容积百分数表示。

3.4 现有火力发电锅炉及燃气轮机组 existing plant

指本标准实施之日前，建成投产或环境影响评价文件已通过审批的火力发电锅炉及燃气轮机组。

3.5 新建火力发电锅炉及燃气轮机组 new plant

指本标准实施之日起，环境影响评价文件通过审批的新建、扩建和改建的火力发电锅炉及燃气轮机组。

3.6 W形火焰炉膛 arch fired furnace

燃烧器置于炉膛前后墙拱顶，燃料和空气向下喷射，燃烧产物转折180°后从前后拱中间向上排出而形成W形火焰的燃烧空间。

3.7 重点地区 key region

指根据环境保护工作的要求，在国土开发密度较高，环境承载能力开始减弱，或大气环境容量较小、生态环境脆弱，容易发生严重大气环境污染问题而需要严格控制大气污染物排放的地区。

3.8 大气污染物特别排放限值 special limitation for air pollutants

指为防治区域性大气污染、改善环境质量、进一步降低大气污染源的排放强度、更加严格地控制排污行为而制定并实施的大气污染物排放限值，该限值的排放控制水平达到国际先进或领先程度，适用于重点地区。

4 污染物排放控制要求

4.1 自2014年7月1日起，现有火力发电锅炉及燃气轮机组执行表1规定的烟尘、二氧化硫、氮氧化物和烟气黑度排放限值。

4.2 自2012年1月1日起，新建火力发电锅炉及燃气轮机组执行表1规定的烟尘、二氧化硫、氮氧化物和烟气黑度排放限值。

4.3 自2015年1月1日起，燃煤锅炉执行表1规定的汞及其化合物污染物排放限值。

表1 火力发电锅炉及燃气轮机组大气污染物排放浓度限值

单位：mg/m^3（烟气黑度除外）

序号	燃料和热能转化设施类型	污染物项目	适用条件	限值	污染物排放监控位置
1	燃煤锅炉	烟尘	全部	30	烟囱或烟道
		二氧化硫	新建锅炉	100 200①	

续表

序号	燃料和热能转化设施类型	污染物项目	适用条件	限值	污染物排放监控位置
1	燃煤锅炉	二氧化硫	现有锅炉	100 400①	烟囱或烟道
		氮氧化物（以 NO_2 计）	全部	100 200②	
		汞及其化合物	全部	0.03	
2	以油为燃料的锅炉或燃气轮机组	烟尘	全部	30	
		二氧化硫	新建锅炉及燃气轮机组	100	
			现有锅炉及燃气轮机组	200	
		氮氧化物（以 NO_2 计）	新建锅炉	100	
			现有锅炉	200	
			燃气轮机组	120	
3	以气体为燃料的锅炉或燃气轮机组	烟尘	天然气锅炉及燃气轮机组	5	
			其他气体燃料锅炉及燃气轮机组	10	
		二氧化硫	天然气锅炉及燃气轮机组	35	
			其他气体燃料锅炉及燃气轮机组	100	
		氮氧化物（以 NO_2 计）	天然气锅炉	100	
			其他气体燃料锅炉	100	
			天然气燃气轮机组	200	
			其他气体燃料燃气轮机组	120	
4	燃煤锅炉，以油、气体为燃料的锅炉或燃气轮机组	烟气黑度（林格曼黑度，级）	全部	1	烟囱排放口

① 位于广西壮族自治区、重庆市、四川省和贵州省的火力发电锅炉执行该限值。

② 采用 W 形火焰炉膛的火力发电锅炉，现有循环流化床火力发电锅炉，以及 2003 年 12 月 31 日前建成投产或通过建设项目环境影响报告书审批的火力发电锅炉执行该限值。

4.4 重点地区的火力发电锅炉及燃气轮机组执行表 2 规定的大气污染物特殊排放限值。

执行大气污染物特别排放限值的具体地域范围、实施时间，由国务院环境保护行政主管部门规定。

表 2 大气污染物特别排放限值 单位：mg/m^3（烟气黑度除外）

序号	燃料和热能转化设施类型	污染物项目	适用条件	限值	污染物排放监控位置
1	燃煤锅炉	烟尘	全部	20	烟囱或烟道
		二氧化硫	全部	50	
		氮氧化物（以 NO_2 计）	全部	100	
		汞及其化合物	全部	0.03	
2	以油为燃料的锅炉或燃气轮机组	烟尘	全部	20	
		二氧化硫	全部	50	
		氮氧化物（以 NO_2 计）	燃油锅炉	100	
			燃气轮机组	120	
3	以气体为燃料的锅炉或燃气轮机组	烟尘	全部	5	
		二氧化硫	全部	35	
		氮氧化物（以 NO_2 计）	燃气锅炉	100	
			燃气轮机组	50	
4	燃煤锅炉，以油、气体为燃料的锅炉或燃气轮机组	烟气黑度（林格曼黑度）/级	全部	1	烟囱排放口

4.5　在现有火力发电锅炉及燃气轮机组运行、建设项目竣工环保验收及其后的运行过程中，负责监管的环境保护行政主管部门，应对周围居住、教学、医疗等用途的敏感区域环境质量进行监测。建设项目的具体监控范围为环境影响评价确定的周围敏感区域；未进行过环境影响评价的现有火力发电企业，监控范围由负责监管的环境保护行政主管部门，根据企业排污的特点和规律及当地的自然、气象条件等因素，参照相关环境影响评价技术导则确定。地方政府应对本辖区环境质量负责，采取措施确保环境状况符合环境质量标准要求。

4.6　不同时段建设的锅炉，若采用混合方式排放烟气，且选择的监控位置只能监测混合烟气中的大气污染物浓度，则应执行各时段限值中最严格的排放限值。

5　污染物监测要求

5.1　污染物采样与监测要求

5.1.1　对企业排放废气的采样，应根据监测污染物的种类，在规定的污染物排放监控位置进行，有废气处理设施的，应在该设施后监控。在污染物排放监控位置须设置规范的永久性测试孔、采样平台和排污口标志。

5.1.2　新建和现有火力发电锅炉及燃气轮机组安装污染物排放自动监控设备的要求，应按有关法律和《污染源自动监控管理办法》的规定执行。

5.1.3　污染物排放自动监控设备通过验收并正常运行的，应按照 HJ/T 75 和 HJ/T 76 的要求，定期对自动监控设备进行监督考核。

5.1.4　对企业污染物排放情况进行监测的采样方法、采样频次、采样时间和运行负荷等要求，按 GB/T 16157 和 HJ/T 397 的规定执行。

5.1.5　火电厂大气污染物监测的质量保证与质量控制，应按照 HJ/T 373 的要求进行。

5.1.6　企业应按照有关法律和《环境监测管理办法》的规定，对排污状况进行监测，并保存原始监测记录。

5.1.7　对火电厂大气污染物排放浓度的测定采用表 3 所列的方法标准。

表 3　火电厂大气污染物浓度测定方法标准

序号	污染物项目	方法标准名称	标准编号
1	烟尘	固定污染源排气中颗粒物测定与气态污染物采样方法	GB/T 16157
2	烟气黑度	固定污染源排放烟气黑度的测定　林格曼烟气黑度图法	HJ/T 398
3	二氧化硫	固定污染源排气中二氧化硫的测定　碘量法	HJ/T 56
		固定污染源排气中二氧化硫的测定　定电位电解法	HJ/T 57
		固定污染源废气　二氧化硫的测定　非分散红外吸收法	HJ 629
4	氮氧化物	固定污染源排气中氮氧化物的测定　紫外分光光度法	HJ/T 42
		固定污染源排气中氮氧化物的测定　盐酸萘乙二胺分光光度法	HJ/T 43
5	汞及其化合物	固定污染源废气　汞的测定　冷原子吸收分光光度法(暂行)	HJ 543

5.2　大气污染物基准氧含量排放浓度折算方法

实测的火电厂烟尘、二氧化硫、氮氧化物和汞及其化合物排放浓度，必须执行 GB/T 16157 的规定，按式(1) 折算为基准氧含量排放浓度。各类热能转化设施的基准氧含量按表 4 的规定执行。

表4 基准氧含量

序号	热能转化设施类型	基准氧含量(O_2)/%
1	燃煤锅炉	6
2	燃油锅炉及燃气锅炉	3
3	燃气轮机组	15

$$\rho=\rho'\frac{21-\varphi(O_2)}{21-\varphi'(O_2)} \tag{1}$$

式中，ρ 为大气污染物基准氧含量排放浓度，mg/m^3；ρ' 为实测的大气污染物排放浓度，mg/m^3；$\varphi'(O_2)$ 为实测的氧含量；$\varphi(O_2)$ 为基准氧含量。

6 实施与监督

6.1 本标准由县级以上人民政府环境保护行政主管部门负责监督实施。

6.2 在任何情况下，火力发电企业均应遵守本标准的大气污染物排放控制要求，采取必要措施保证污染防治设施正常运行。各级环保部门在对企业进行监督性检查时，可以现场即时采样或监测结果，作为判定排污行为是否符合排放标准以及实施相关环境保护管理措施的依据。

参考文献

[1] 郝吉明，马广大，王书肖．大气污染控制工程（第四版）．北京：高等教育出版社，2021.

[2] 马广大．大气污染控制技术手册．北京：化学工业出版社，2010.

[3] 郝吉明，王书肖，陆永琪．燃煤二氧化硫污染控制技术手册．北京：化学工业出版社，2001.

[4] 张楚莹，王书肖，邢佳，等．中国能源相关的氮氧化物排放现状与发展趋势分析．环境科学学报，2008，28（12）：2470-2479.

[5] 杨春雪，阚海东，陈仁杰．我国大气细颗粒物水平、成分、来源及污染特征．环境与健康杂志，2011，28（8）：735-738.

[6] 龙辉，黄飞，黄晶晶. 欧洲、日本燃煤火电机组大气污染物控制标准及技术路线选择. 电力科技与环保，2018，34（1）：9-13.

[7] 李兴华，郭浩然，刘海培，等. 燃煤机组超低排放烟气脱硫系统主要运行问题分析．2020中国环境科学学会科学技术年会论文集（第一卷），2020，1472-1477.

[8] 单玉龙，彭悦，楚碧武，等. 我国重点行业氮氧化物管控现状及减排策略，环境科学研究，2023，36（3）：431-438.

[9] 陈鹏. 中国煤炭性质、分类和利用（第二版）. 北京：化学工业出版社，2006.

[10] 刘静宇. 关于我国重介质选煤技术发展的综述. 碳素，2016，167（2）：20-21，31.

[11] 李勃. 论我国选煤机械装备应用现状及发展趋势. 内燃机与配件，2020（3）：177-178.

[12] 黄格省，李顶杰，乔明，等. 煤油共炼技术发展现状及产业化前景分析. 石化技术与应用，2020，38（1）：1-8.

[13] 王文飚，许月阳，薛建明，等．燃煤电厂脱硫技术研究进展及建议．电力科技与环保，2020，36（30）：1-5.

[14] HJ 2053—2018. 燃煤电厂超低排放烟气治理工程技术规范．

[15] 张全斌，周琼芳．中国燃煤烟气脱硫技术回顾与展望．可持续发展．2020，316（5）：27-32.

[16] 蒋文举．烟气脱硫脱硝技术手册．北京：化学工业出版社，2012.

[17] 周晓猛．烟气脱硫脱硝工艺手册．北京：化学工业出版社，2016.

[18] 关维竹，陈鸥，祝业青．中国燃煤电厂二氧化硫污染控制工作分析与建议．中国电力，2017，50（5）：172-177.

[19] 薛建明，王小明，刘建民，等．湿法烟气脱硫设计及设备选型手册．北京：中国电力出版社，2011

[20] 李继莲．烟气脱硫实用技术．北京：中国电力出版社，2008.

[21] 钟秦．燃煤烟气脱硫脱硝技术及工程实例．北京：化学工业出版社，2002.

[22] 赵毅，沈艳梅．湿式石灰石/石膏法烟气脱硫系统的防腐蚀措施．腐蚀与防护．2009，30（7）：495-498.

[23] HJ 179—2018. 石灰石/石灰—石膏湿法烟气脱硫工程通用技术规范．

[24] 陈欢哲，何海霞，万亚萌，等．燃煤烟气脱硫技术研究进展．无机盐工业，2019，51（5）：6-11.

[25] 郭江源，姜冉，张志勇，等．基于石灰石-石膏湿法脱硫的超低改造技术分析．能源环境保护，2019，133（6）：36-38，64.

[26] 杨冬蕾，杨再银．我国脱硫石膏的综合利用现状．硫酸工业，2018，（9）：4-8.

[27] 冯雅丽，廖圣德，李浩然，等. 镁法脱硫及脱硫产物多元化利用研究现状. 无机盐工业. 2019，51（3）：1-6.

[28] 姜琦，何永美，吴泳霖，等. 海水烟气脱硫技术的研究进展. 盐业与化工，2022，51（4）：9-12，4

[29] 暴月鹏，王紫薇，康智姮，等. 氨法脱硫工艺烟气颗粒物监测存在问题探讨. 山西化工，2024，44（1）：258-260，3.

[30] 张全斌，周琼芳. 基于“双碳”目标的中国火力发电技术发展路径研究. 发电技术，2023，44（2）：143-154，12.

[31] 潘岳．环境保护ABC. 北京：中国环境科学出版社，2004.

[32] 王修文，李露露，孙敬方，等. 我国氮氧化物排放控制及脱硝催化剂研究进展. 工业催化. 2019，27（2）：1-23，23.

[33] 井鹏，岳涛，李晓岩，等．火电厂氮氧化物控制标准、政策分析及研究．中国环保产业．2009，4：19-23.

[34] 江建平，杜振，张杨，等．火电厂超低排放形势下SCR脱硝催化剂全寿命管理模式研究与实践．第三届全国热电产业年会暨节能环保技术成果交流研讨会论文集，2016：113-117，5.

[35] 唐潇，徐仁博，张发捷，等. SCR脱硝氨转化、吸附及飞灰氨脱除技术研究现状 SCR法脱硝技术在燃煤锅炉中的应用研究．洁净煤技术，2022，28（4）：75-85，11.

[36] 张涛，陈晓利，孙超，等．废钒钛系SCR催化剂有价金属回收与再利用研究进展．现代化工，2021，41（0z1）：67-77，7.

[37] 李枭鸣．高温除尘脱硝一体化技术的开发及应用研究. 环境科学与管理．2022，47（12）：101-105，5.

[38] 叶春波，涂先红，李朝恒，等．$NaClO_2$ 水溶液脱硝的工业条件及机理．化学反应工程与工艺．2016，32（2）：176-182.

[39] 李庆，姜龙，郭玥，等．燃煤电厂超低排放应用现状及关键问题．高压电技术．2017，43（8）：2630-2637，8.

[40] 李国峰，仲超，郭凯凌，等．可再生SCR催化剂在烟气脱硝优化改造中的应用．能源化工，2023，44（6）：68-72，5.

[41] 魏国强，何方，黄振，等．化学链燃烧技术的研究进展．化工进展．2012，31（4）：713-725.

[42] 彭犇，高华东，张殿印．工业烟气协同减排技术．北京：化学工业出版社．2020.

[43] 毛显强，邢有凯，胡涛，等．中国电力行业硫、氮、碳协同减排的环境经济路径分析．中国环境科学，2012，32（4）：748-756.

[44] 屈伟平．洁净煤发电的CCS和IGCC联产技术．上海电器技术．2010，3（1）：55-62.

[45] 李丽平，周国梅，季浩宇．污染减排的协同效应评价研究——以攀枝花市为例．中国人口·资源与环境，2010，20（5）：91-95.

[46] 吴清茹，赵子鹰，杨帆，等．中国燃煤电厂履行《关于汞的水俣公约》的差距与展望．中国人口·资源与环境，2019，29（10）：52-60.

[47] 刘玉坤，禚玉群，陈昌和，等．燃煤电站脱硫系统的脱汞性能．中国电力，2011，44（12）：68-72.

[48] 徐芸菲，何宽，檀玉，等．燃煤电厂烟气污染物协同脱除方法综述．电力科技与环保，2018，34（3）：36-38.

[49] 李启良，柏源，李忠华．应对新标准燃煤电厂多污染物协同控制技术研究．电力科技与环保，2013，29（3）：6-9.

[50] 周旭健，李清毅，徐灏，等．固体吸附剂在烟气污染物一体化脱除中的研究评述及展望．中国电力．2018，51（12）：163-169.